中国气象局成都高原气象研究所基本科研业务费专项资助
项目名称：西南低涡年鉴的研编
项目编号：BROP201523

2014 西南低涡年鉴

中国气象局成都高原气象研究所
中国气象学会高原气象学委员会 编著

李跃清 闵文彬 彭 骏 徐会明 肖递祥 罗 清 向朔育 张虹娇

科 学 出 版 社
北 京

内 容 简 介

西南低涡是影响我国灾害性天气的重要天气系统。本年鉴根据对2014年西南低涡的系统分析，得出该年西南低涡的编号、名称、日期对照表、概况、影响简表、影响地区分布表、中心位置资料表及活动路径图，计算得出该年西南低涡影响降水的各次西南低涡过程的总降水量图、总降水日数图。

本年鉴可供气象、水文、水利、农业、林业、环保、航空、军事、地质、国土、民政、高原山地等方面的科技人员参考，也可作为相关专业教师、研究生、本科生的基本资料。

审图号：GS(2009)1573号

图书在版编目(CIP)数据

西南低涡年鉴. 2014 / 中国气象局成都高原气象研究所，中国气象学会高原气象学委员会编著. --北京：科学出版社，2016.3

ISBN 978-7-03-047573-2

Ⅰ. ①西… Ⅱ. ①中… ②中… Ⅲ. ①低涡－天气图－西南地区－2014－年鉴 Ⅳ. ①P447-54

中国版本图书馆CIP数据核字(2016)第046617号

责任编辑：罗 吉 许 瑞

责任校对：刘亚琦 / 责任印制：肖 兴

科学出版社出版

北京东黄城根北街16号

邮政编码：100717

http://www.sciencep.com

北京佳信达欣艺术印刷有限公司 印刷

科学出版社编务公司排版制作

科学出版社发行 各地新华书店经销

*

2016年3月第 一 版 开本：A4（880×1230）

2016年3月第一次印刷 印张：12 1/4

字数：415 000

定价：498.00元

（如有印装质量问题，我社负责调换）

前　言

西南低涡（简称西南涡）是在青藏高原特殊地形影响下，我国西南地区生成的特有的天气系统。其发生、发展和移动常常伴随暴雨、洪涝等气象灾害。并且，我国夏季多发泥石流、滑坡等地质灾害，在很大程度上也与西南低涡的发展、东移密切相关。西南低涡不仅影响我国西南地区，而且东移影响我国青藏高原以东广大地区，是我国主要的灾害性天气系统，它造成的暴雨强度、频次、范围仅次于台风及残余低压。

新中国成立以来，随着观测站网的建立，卫星资料的应用，以及我国第一、第二次青藏高原大气科学试验的开展，尤其是中国气象局成都高原气象研究所近几年实施的西南低涡加密观测科学试验，关于西南低涡的科研工作也取得了一些新的成果，使我国西南低涡的科学研究、业务预报水平不断提升，在气象服务中做出了显著的贡献。

为了进一步适应经济社会发展、人民生活生产的需要，满足广大气象、农业、水利、国防、经济等部门科研、业务和教学的要求，更好地掌握西南低涡的演变规律，系统地认识西南低涡发生、发展的基本特征，提高科学研究水平和预报技术能力，做好气象灾害的防御工作，由中国气象局成都高原气象研究所负责，四川省气象台等单位参加、组织人员，开展了西南低涡年鉴的研编工作。

经过项目组的共同努力，以及有关省、市、自治区气象局的大力协助，西南低涡年鉴顺利完成。它的整编出版，将为我国西南低涡研究和应用提供基础性保障，推动我国灾害性天气研究与业务的深入发展，发挥对国家防灾减灾、环境保护、公共安全的气象支撑作用。

本年鉴由中国气象局成都高原气象研究所李跃清、闵文彬、彭骏、罗清、向朔育，四川省气象台肖递祥，成都市气象台徐会明，四川省气象服务中心张虹娇完成。

本册《西南低涡年鉴2014》的内容主要包括西南低涡概况、路径以及西南低涡引起的降水等资料图表。

Foreword

As a unique weather system, the Southwest China Vortex (SCV) is originated in Southwest China due to the terrain effect of Tibetan Plateau. Rain storms, floods and other meteorological disasters are usually caused by the generation, development and movement of SCV, frequently resulting in the natural disasters such as mud-rock flow and landslide in summer. The moving SCV could bring strong rainfall over the vast areas east of Tibetan Plateau stretching from Southwest China to Central-Eastern China. As a severe weather system, the SCV is known just to be inferior to the typhoon and its residual low in respect of intensity, periods and areas of rainfall in China.

After the foundation of P. R. China, the enormous advances of scientific research and operational prediction on the SCV have been made along with the establishment of meteorological monitoring network and the application of satellite data. The achievements from the First and the Second Tibetan Plateau Experiment of Atmospheric Sciences, especially the intensive observation scientific experiment of SCV organized by Institute of Plateau Meteorology, China Meteorological Administration, Chengdu (IPM) during recent years have already benefited the scientific research of SCV, its operational weather prediction and the meteorological service in disaster prevention and the public safety.

To further adapt to the economic social development with the people life and production requirements and to meet the demands of research, teaching and professional work in meteorological agricultural, hydrological, military, and economic sectors, the characterizations of SCV generation and evolution should be better and comprehensively understood, improving the scientific level and forecast capacity of SCV for more efficient disaster prevention, Therefore, IPM organized to compile the SCV Yearbook with the participation of Sichuan Provincial Meteorological Observatory (SPMO) and the other groups.

With the joint efforts of all research groups and the great support from related meteorological bureaus of provinces, autonomous Regions and cities, this *SCV Yearbook* has been completed successfully. It provides the basis summary for the SCV research and the application, promoting our scientific research and operational forecast of hazardous weather. And it could be useful to the natural disaster prevention, environment protection and public safety service in China.

The *SCV Yearbook* has been accomplished by Li Yueqing, Min Wenbin , Peng Jun, Luo Qing and Xiang Shuoyu of IPM, Xiao Dixiang of SPMO, Xu Huiming of Chengdu municipal Meteorological Observatory and Zhang Hongjiao of Sichuan Meteorological Service Center.

The *SCV Yearbook* is mainly composed of figures, tables and data of SCV-survey, -tracks and -rainfall.

说　明

本年鉴主要整编西南低涡生成的位置、路径及西南低涡引起的降水量、降水日数等基本资料。

西南低涡是指700hPa等压面上反映的生成于青藏高原背风坡(99°~109°E、26°~33°N)，连续出现两次或者只出现一次但伴有云涡,有闭合等高线的低压或有三个站风向呈气旋式环流的低涡。

冬半年指1~4月和11~12月，夏半年指5~10月。

本年鉴所用时间一律为北京时间。

● 西南低涡概况

西南低涡根据低涡生成区域可以分为九龙低涡、四川盆地低涡(简称盆地涡)和小金低涡。

九龙低涡是指生成于99°E以东至＜104°E、26°N以北至≤30.5°N范围内的低涡。

小金低涡是指生成于99°E以东至＜104°E、30.5°N以北至≤33°N范围内的低涡。

四川盆地低涡是指生成于104°E以东至109°E、26°N以北至33°N范围内的低涡。

西南低涡移出是指九龙低涡、四川盆地低涡、小金低涡移出其生成的区域。

西南低涡编号是以“D”字母开头，按年份的后二位数与当年低涡顺序三位数组成。

西南低涡移出几率是指某月西南低涡移出个数与该年西南低涡个数的百分比。

西南低涡月移出率是指某月西南低涡移出个数与该年西南低涡移出个数的百分比。

西南低涡当月移出率是指某月西南低涡移出个数与该月西南低涡个数的百分比。

九龙低涡或四川盆地低涡或小金低涡移出几率是指某月移出其生成区域的低涡个数与该年其生成区域低涡个数的百分比。

九龙低涡或四川盆地低涡或小金低涡月移出率是指某月移出其生成区域的低涡个数与该年移出其生成区域低涡个数的百分比。

九龙低涡或四川盆地低涡或小金低涡当月移出率是指某月移出其生成区域的低涡个数与该月其生成区域低涡个数的百分比。

西南低涡中心位势高度最小值频率分布指按各时次西南低涡700hPa等压面上位势高度（单位：位势什米）最小值统计的频率分布。

说 明

西南低涡中心位置资料表

“中心强度”指在700hPa等压面上低涡中心位势高度，单位：位势什米。

西南低涡纪要表

1.“发现点”指不同涡源的西南低涡活动路径的起始点，由于资料所限，此点不一定是真正的源地。

2.西南低涡活动的发现点、移出涡源的地点，一般准确到县、市。

3.“转向”指路径总的趋向由向某一个方向移动转为向另一个方向移动。

4.“移出涡源区”指西南低涡移出其发现点所属的低涡(九龙低涡或四川盆地低涡或小金低涡)生成的范围。

西南低涡降水及移动路径

1.降水量统计使用的是12小时雨量资料。

2.西南低涡和其他天气系统共同造成的降水，仍列入整编。

3.“总降水量及移动路径图”指一次西南低涡活动过程的移动路径和在我国引起的总降水量分布图。总降水量一般按0.1mm、10mm、25mm、50mm、100mm等级，以色标示出，绘出降水区外廓线，标注出中心最大的总降水量数值。

4.“总降水日数图”指一次西南低涡活动过程在我国引起的总降水量≥0.1mm的降水日数区域分布图。

目录 Contents

目　录 Contents

目录 Contents

目 录 Contents

目录 Contents

2014年 西南低涡概况

2014年发生在西南地区的低涡共有70个，其中在四川九龙附近生成的低涡有33个，在四川盆地生成的低涡有28个，在四川小金附近生成的低涡有9个（表1~表4）。

2014年西南低涡最早生成在1月初，最迟生成在12月底。虽然每月都有西南低涡生成，但生成个数存在较大差异，6月最多，生成11个，3月次之，生成9个，这两个月生成的低涡个数占到全年的28.58%，10月西南低涡生成个数最少，只有1个，占全年的1.43%（表1）。

2014年九龙低涡最早生成在1月上旬，最迟生成在12月下旬；九龙低涡6~8月生成个数较多，分别是7个、6个和5个，共18个，占全年的54.55%，2月和9月均没有九龙低涡生成（表2）。四川盆地低涡最早生成在1月上旬，最迟生成在12月上旬；3月和4月生成个数最多，都是5个，各占全年的17.86%，10月没有四川盆地低涡生成（表3）。小金低涡最早生成在2月下旬，最迟生成在11月下旬，9月生成个数最多，有3个，占全年的33.34%，1月、6月、7月、10月和12月均没有小金低涡生成（表4）。

2014年移出的西南低涡共有36个（表5），其中九龙低涡移出18个，四川盆地低涡移出10个，小金低涡移出8个（表6~表8）。西南低涡移出的地点分布于四川、陕西、重庆、贵州、云南、湖北、湖南、甘肃、安徽和河南10个省市，四川18个，陕西4个，湖北4个，重庆3个，云南2个，贵州、湖南、甘肃、安徽和河南各1个（表9）。九龙低涡移出的地点分布于四川、重庆、贵州和云南4个省市，四川12个，重庆3个，云南2个，贵州1个（表10）；四川盆地低涡移出的地点分布于四川、陕西、湖北、湖南、安徽和河南6个省，陕西和湖北各3个，四川、安徽、湖南、甘肃和河南各1个（表11）；小金低涡移出的地点分布于四川、陕西、湖北和甘肃4个省，四川5个，陕西、湖北和甘肃各1个（表12）。

2014年西南低涡中心位势高度最小值在304~311位势什米范围内最

多，占78.86%（表13）。夏半年的西南低涡，其中心位势高度最小值在304~311位势什米范围内最多，占81.81%（表14）；冬半年的西南低涡，其中心位势高度最小值也是在304~311位势什米范围内最多，占74.75%（表15）。

2014年西南低涡偏南风最大风速在4~14m/s的频率最多，占86.18%（表16）。夏半年，西南低涡偏南风最大风速在6~12m/s的频率最多，占70.63%（表17）。冬半年，西南低涡偏南风最大风速在4~14m/s的频率最多，占83.48%（表18）。

2014年的70次西南低涡过程，造成明显降水的有68次，微量降水的有1次，无降水的有1次。西南低涡过程降水量在100mm以上的有27次，200mm以上的有7次，300mm以上的有2次，其对应的西南低涡编号分别是D14049和D14061。D14049号西南低涡造成贵州清镇过程降水量达300.7mm，降水日数为2天；D14061号西南低涡造成四川广安过程降水量达318.7mm，降水日数为4天。D14052号西南低涡只在一个探空观测时次观测到完整低涡环流，却造成了四川峨眉山225.1mm的强降水。

就西南低涡造成的过程降水量、影响范围和持续时间而言，D14061、D14027和D14044号西南低涡较为突出。

D14061号小金低涡是本年度单站过程降水量最大的西南低涡，生成于四川道孚，历时4天。该低涡于9月12日20时生成，中心强度为304位势什米，生成后向东北移动，13日08时，移出源地至青川，中心强度减弱为310位势什米，然后转为东南移，13日20时移至阆中后，转向西北移，14日08时移至甘肃武都，之后，在四川三台和阆中之间移动，中心强度维持在311位势什米，直到15日20时逐渐减弱消失。受其影响，四川大部、甘肃南部、陕西南部、湖北西部和重庆均有降水，在四川盆地及相邻的陕西和重庆有降水量大于100mm的成片区域，其中四川广安过程降水量最大，为318.7mm，降水日数为4天。

D14027号九龙低涡是本年度对我国降水影响范围最大、持续时间最长的西南低涡，生成于四川雅江，历时7天。该低涡生成于5月8日08时，中心强度为306位势什米，低涡向东北移动；8日20时移出九龙低涡源区，到达四川内江，中心强度增强为304位势什米，然后继续向东北移动；9日20时，低涡中心移出四川到达重庆潼南，中心强度增至303位势什米；10日20时，低涡进入山西，中心强度保持在303位势什米；11日08时，该低涡和南压的蒙古低压相遇合并，移至河北，中心强度增强到296位势什米，并继续向东北移动；12日20时，低涡进入黑龙江，中心强度增至280位势什米，转为东南移动；13日08时，低涡向东移动；13日20时，低涡继续向东移出我国；14日20时，进入鞑靼海峡消失。受其影响，在低涡的移动路径上造成大范围降水，其分布区域主要在西藏东南部、四川南部至东部、云南北部、贵州大部、重庆、湖北大部、湖南西南部、陕西大部、山西、河南、河北、北京、山东、江苏北部、安徽北部、辽宁、吉林、黑龙江、内蒙古东部。在山东、江苏和辽宁有降水量大于50mm的成片区域，其中山东黄岛降水量最大，为135.9mm，降水日数为3天。

D14044号九龙低涡对我国降水影响范围也比较大、持续时间也比较长，在四川雅江生成，历时6天。该低涡生成后，从川西高原一直东移到黄海，穿越整个长江流域，消失于韩国。该低涡在7月2日20时生成，中心强度为307位势什米，向东北移动；3日08时，低涡移出九龙低涡源区，到达四川南充，中心强度为308位势什米，转为东南移动；3日20时，低涡达到重庆南川，中心强度为306位势什米，并再次转为东北行，至此，低涡一直保持东北方向移动；5日20时后，低涡移动到黄海上空，到7日20时中心强度为308位势什米，随后在韩国上空消失。该低涡造成长江流域大范围降水，影响区域主要在西藏东南部、四川南部、云南北部、重庆、贵州、广西北部、湖北、湖南大部、河南南部、安徽、江苏、江西北部、浙江北部、上海和山东东部沿海。在贵州、重庆、广西、湖北、安徽、江苏有降水量大于100mm的成片区域，其中安徽怀宁降水量最大，为284.7mm，降水日数为2天。

表1　西南低涡出现频次

	1月	2月	3月	4月	5月	6月	7月	8月	9月	10月	11月	12月	全年
次数	4	4	9	8	7	11	7	8	4	1	5	2	70
频率 / %	5.71	5.71	12.86	11.43	10.00	15.72	10.00	11.43	5.71	1.43	7.14	2.86	100

表2　九龙低涡出现频次

	1月	2月	3月	4月	5月	6月	7月	8月	9月	10月	11月	12月	全年
次数	2	0	3	2	3	7	6	5	0	1	3	1	33
频率 / %	6.06	0.00	9.09	6.06	9.09	21.22	18.18	15.15	0.00	3.03	9.09	3.03	100

表3　四川盆地低涡出现频次

	1月	2月	3月	4月	5月	6月	7月	8月	9月	10月	11月	12月	全年
次数	2	3	5	5	3	4	1	2	1	0	1	1	28
频率 / %	7.14	10.71	17.86	17.86	10.71	14.30	3.57	7.14	3.57	0.00	3.57	3.57	100

表4　小金低涡出现频次

	1月	2月	3月	4月	5月	6月	7月	8月	9月	10月	11月	12月	全年
次数	0	1	1	1	1	0	0	1	3	0	1	0	9
频率 / %	0.00	11.11	11.11	11.11	11.11	0.00	0.00	11.11	33.34	0.00	11.11	0.00	100

表5 西南低涡移出源地次数

	1月	2月	3月	4月	5月	6月	7月	8月	9月	10月	11月	12月	全年
次数	3	1	5	3	4	4	3	5	4	1	3	0	36
移出几率 / %	4.29	1.43	7.14	4.29	5.71	5.71	4.29	7.14	5.71	1.43	4.29	0.00	51.43
月移出率 / %	8.33	2.78	13.89	8.33	11.11	11.11	8.33	13.89	11.11	2.79	8.33	0.00	100
当月移出率 / %	75.00	25.00	55.56	37.5	57.14	36.36	42.86	62.5	100.00	100.00	60.00	0.00	/

表6 九龙低涡移出源地次数

	1月	2月	3月	4月	5月	6月	7月	8月	9月	10月	11月	12月	全年
次数	2	0	1	0	2	4	3	3	0	1	2	0	18
移出几率 / %	6.06	0.00	3.03	0.00	6.06	12.12	9.09	9.09	0.00	3.03	6.06	0.00	54.54
月移出率 / %	11.11	0.00	5.56	0.00	11.11	22.22	16.67	16.67	0.00	5.55	11.11	0.00	100
当月移出率 / %	100.00	0.00	33.33	0.00	66.67	57.14	50.00	60.00	0.00	100.00	66.67	0.00	/

表7 四川盆地低涡移出源地次数

	1月	2月	3月	4月	5月	6月	7月	8月	9月	10月	11月	12月	全年
次数	1	1	3	2	1	0	0	1	1	0	0	0	10
移出几率 / %	3.57	3.57	10.71	7.14	3.57	0.00	0.00	3.57	3.57	0.00	0.00	0.00	35.70
月移出率 / %	10.00	10.00	30.00	20.00	10.00	0.00	0.00	10.00	10.00	0.00	0.00	0.00	100
当月移出率 / %	50.00	33.33	60.00	40.00	33.33	0.00	0.00	50.00	100.00	0.00	0.00	0.00	/

表8 小金低涡移出源地次数

	1月	2月	3月	4月	5月	6月	7月	8月	9月	10月	11月	12月	全年
次数	0	0	1	1	1	0	0	1	3	0	1	0	8
移出几率 / %	0.00	0.00	11.11	11.11	11.11	0.00	0.00	11.11	33.33	0.00	11.11	0.00	88.88
月移出率 / %	0.00	0.00	12.50	12.50	12.50	0.00	0.00	12.50	37.50	0.00	12.50	0.00	100
当月移出率 / %	0.00	0.00	100.00	100.00	100.00	0.00	0.00	100.00	100.00	0.00	100.00	0.00	/

表9 西南低涡移出源地的地区分布

	四川	陕西	重庆	贵州	云南	湖北	湖南	甘肃	安徽	河南	合计
次数	18	4	3	1	2	4	1	1	1	1	36
出源地率 / %	50.00	11.11	8.33	2.78	5.55	11.11	2.78	2.78	2.78	2.78	100

表10 九龙低涡移出源地的地区分布

	四川	陕西	重庆	贵州	云南	湖北	湖南	甘肃	安徽	河南	合计
次数	12	0	3	1	2	0	0	0	0	0	18
出源地率 / %	66.67	0.00	16.67	5.55	11.11	0.00	0.00	0.00	0.00	0.00	100

表11　四川盆地低涡移出源地的地区分布

	四川	陕西	重庆	贵州	云南	湖北	湖南	甘肃	安徽	河南	合计
次数	1	3	0	0	0	3	1	0	1	1	10
出源地率 / %	10.00	30.00	0.00	0.00	0.00	30.00	10.00	0.00	10.00	10.00	100

表12　小金低涡移出源地的地区分布

	四川	陕西	重庆	贵州	云南	湖北	湖南	甘肃	安徽	河南	合计
次数	5	1	0	0	0	1	0	1	0	0	8
出源地率 / %	62.50	12.50	0.00	0.00	0.00	12.50	0.00	12.50	0.00	0.00	100

表13　西南低涡中心强度频率分布

位势高度 / 位势什米	315–312	311–308	307–304	303–300	299–296	295–292	291–288	287–284	283–280
频率 / %	3.66	39.43	39.43	10.57	4.07		0.41	0.81	1.62

表14　夏半年西南低涡中心强度频率分布

位势高度 / 位势什米	315–312	311–308	307–304	303–300	299–296	295–292	291–288	287–284	283–280
频率 / %	4.90	48.95	32.86	6.99	1.40		0.70	1.40	2.80

表15 冬半年西南低涡中心强度频率分布

位势高度/位势什米	315–312	311–308	307–304	303–300	299–296	295–292	291–288	287–284	283–280
频率/%	1.94	26.21	48.54	15.53	7.78				

表16 西南低涡偏南风最大风速频率分布

最大风速/(m/s)	2	4	6	8	10	12	14	16	18	20	22	24
频率/%	2.85	11.79	14.63	19.11	13.82	16.26	10.57	6.50	2.44	0.41	0.81	0.81

表17 夏半年西南低涡偏南风最大风速频率分布

最大风速/(m/s)	2	4	6	8	10	12	14	16	18	20	22	24
频率/%	3.50	9.79	13.99	20.98	15.38	20.28	7.68	4.20	2.80		0.70	0.70

表18 冬半年西南低涡偏南风最大风速频率分布

最大风速/(m/s)	2	4	6	8	10	12	14	16	18	20	22	24
频率/%	1.94	14.56	15.53	16.50	11.65	10.68	14.56	9.71	1.94	0.97	0.98	0.98

西南低涡纪要表

序号	编号	中英文名称	起止日期 (月/日)	中心最小位势高度 /位势什米	发现点经纬度	移出涡源的地点	移出涡源的时间 (月/日^{时})	移出涡源中心位势高度 /位势什米	路径趋向
1	D14001	天全, Tianquan	1/1～1/2	300	30.24°N,102.42°E	平武	$1/1^{20}$	300	东北行转东南行移出涡源区
2	D14002	盐亭, Yanting	1/6～1/7	298	31.13°N,105.65°E				东北行
3	D14003	理塘, Litang	1/9～1/11	303	29.37°N,100.89°E	松潘	$1/9^{20}$	303	东北行转西北行转东南行移出涡源区
4	D14004	合江, Hejiang	1/16	307	28.83°N,105.67°E	咸丰	$1/16^{20}$	308	东北行移出涡源区
5	D14005	安岳, Anyue	2/8～2/9	296	30.02°N,105.49°E				东北行
6	D14006	仁寿, Renshou	2/12～2/13	298	29.80°N,104.23°E	天门	$2/12^{20}$	300	东北行移出涡源区
7	D14007	蓬溪, Pengxi	2/16	298	30.69°N,105.78°E				东北行
8	D14008	道孚, Daofu	2/27	304	30.83°N,101.15°E				源地生消
9	D14009	资中, Zizhong	3/5～3/6	303	29.84°N,104.80°E				东北行
10	D14010	蓬安, Pengan	3/13	308	31.14°N,106.27°E				南行
11	D14011	松潘, Songpan	3/17～3/18	306	32.60°N,103.67°E	蓬溪	$3/18^{08}$	306	东南行移出涡源区
12	D14012	广安, Guangan	3/20～3/23	305	30.58°N,106.61°E	松潘	$3/21^{08}$	309	西北行转东北行转东南行移出涡源区
13	D14013	石棉, Shimian	3/25	307	29.22°N,102.34°E				源地生消

西南低涡纪要表（续-1）

序号	编号	中英文名称	起止日期（月/日）	中心最小位势高度/位势什米	发现点经纬度	移出涡源的地点	移出涡源的时间（月/日^{时}）	移出涡源中心位势高度/位势什米	路径趋向
14	D14014	合江，Hejiang	3/28～3/29	302	28.80°N,106.18°E	澧县	$3/28^{20}$	304	东北行移出涡源区
15	D14015	稻城，Daocheng	3/29	306	28.63°N,100.36°E				源地生消
16	D14016	岳池，Yuechi	3/30～4/1	303	30.64°N,106.17°E	太湖	$3/31^{08}$	305	东南行转东行转东南行移出涡源区
17	D14017	盐源，Yanyuan	3/31～4/2	304	27.40°N,101.90°E	邻水	$4/1^{08}$	307	东北行转西北行转东行移出涡源区
18	D14018	米易，Miyi	4/3～4/4	310	27.05°N,101.80°E				西北行
19	D14019	安岳，Anyue	4/5	308	29.99°N,105.69°E				源地生消
20	D14020	剑阁，Jiange	4/10～4/13	304	31.64°N,105.53°E	太白	$4/11^{08}$	306	东北行转东南行转北行转东行移出涡源区
21	D14021	通江，Tongjiang	4/19	308	32.09°N,107.19°E				源地生消
22	D14022	松潘，Songpan	4/20～4/21	305	32.65°N,103.90°E	十堰	$4/21^{08}$	306	东行移出涡源区
23	D14023	广安，Guangan	4/24～4/30	298	30.45°N,106.55°E	淇县	$4/25^{20}$	309	东北行转东南行转东北行移出涡源区
24	D14024	乡城，Xiangcheng	4/27～4/28	304	29.40°N,99.68°E				东南行
25	D14025	乐至，Lezhi	4/27～4/28	311	30.34°N,105.13°E				源地附近活动
26	D14026	乡城，Xiangcheng	5/1～5/3	304	29.37°N,99.77°E				东南行转东北行转西南行

西南低涡纪要表（续-2）

序号	编号	中英文名称	起止日期（月/日）	中心最小位势高度/位势什米	发现点经纬度	移出涡源的地点	移出涡源的时间（月/日^{时}）	移出涡源中心位势高度/位势什米	路径趋向
27	D14027	雅江，Yajiang	5/8～5/14	280	29.19°N,100.93°E	内江	$5/8^{20}$	304	东北行转东南行转东北行移出涡源区
28	D14028	松潘，Songpan	5/12～5/13	302	32.46°N,103.81°E	勉县	$5/13^{08}$	304	东北行移出涡源区
29	D14029	巴中，Bazhong	5/14	304	31.61°N,106.51°E				源地生消
30	D14030	广元，Guangyuan	5/16	304	32.62°N,106.24°E	西安	$5/16^{20}$	306	东北行移出涡源区
31	D14031	康定，Kangding	5/23～5/25	300	29.59°N,101.58°E	潼南	$5/24^{20}$	311	东南行转东北行移出涡源区
32	D14032	垫江，Dianjiang	5/29	309	30.34°N,107.40°E				西行
33	D14033	安岳，Anyue	6/3	306	29.85°N,105.13°E				源地生消
34	D14034	九龙，Jiulong	6/4～6/6	307	29.03°N,101.34°E	合江	$6/4^{20}$	308	东行转北行转东北行移出涡源区
35	D14035	德昌，Dechang	6/5～6/6	305	27.13°N,101.96°E				源地附近活动
36	D14036	岳池，Yuechi	6/8～6/10	307	30.41°N,106.45°E				西南行转北行转东北行转西南行
37	D14037	盐源，Yanyuan	6/10	301	27.42°N,101.23°E				西北行
38	D14038	隆昌，Longchang	6/19～6/20	305	29.65°N,105.47°E				东行转西南行
39	D14039	稻城，Daocheng	6/22～6/23	300	28.51°N,100.44°E				源地附近活动

西南低涡纪要表（续-3）

序号	编号	中英文名称	起止日期(月/日)	中心最小位势高度/位势什米	发现点经纬度	移出涡源的地点	移出涡源的时间(月/日^{时})	移出涡源中心位势高度/位势什米	路径趋向
40	D14040	九龙，Jiulong	6/24～6/25	299	29.18°N,101.28°E	西充	6/25^{08}	305	东北行转东南行移出涡源区
41	D14041	木里，Muli	6/27～6/29	302	27.89°N,100.52°E	新平	6/29^{08}	309	东南行转西北行转东南行移出涡源区
42	D14042	盐源，Yanyuan	6/28	309	27.26°N,101.78°E	潼南	6/28^{20}	309	东北行移出涡源区
43	D14043	仪陇，Yilong	6/30	311	31.46°N,106.47°E				源地生消
44	D14044	雅江，Yajiang	7/2～7/7	306	29.32°N,100.89°E	南充	7/3^{08}	308	东北行转东南行转东北行移出涡源区
45	D14045	会理，Huili	7/3	307	26.78°N,102.36°E				源地生消
46	D14046	稻城，Daocheng	7/5～7/7	304	29.26°N,100.07°E	道孚	7/5^{20}	304	东北行转东南行转西南行转东南行移出涡源区
47	D14047	乐山，Leshan	7/9～7/11	308	29.67°N,103.75°E	绵阳	7/10^{08}	308	东北行转南行转东北行移出涡源区
48	D14048	木里，Muli	7/10	305	28.57°N,100.58°E				源地生消
49	D14049	珙县，Gongxian	7/16～7/17	310	28.09°N,104.82°E				东行
50	D14050	理塘，Litang	7/28～7/29	303	29.51°N,100.63°E				源地附近活动
51	D14051	盐源，Yanyuan	8/1～8/3	309	27.61°N,101.03°E	祥云	8/1^{20}	309	南行转西北行转南行移出涡源区

西南低涡纪要表（续-4）

序号	编号	中英文名称	起止日期（月/日）	中心最小位势高度/位势什米	发现点经纬度	移出涡源的地点	移出涡源的时间（月/日^{时}）	移出涡源中心位势高度/位势什米	路径趋向
52	D14052	雅江，Yajiang	8/4	307	29.90°N,100.97°E				源地生消
53	D14053	理塘，Litang	8/7	308	29.41°N,100.72°E				源地生消
54	D14054	广元，Guangyuan	8/8～8/13	306	32.62°N,106.28°E	随州	8/12^{20}	307	西南行转东北行转西南行转东行转西北行转东北行移出涡源区
55	D14055	木里，Muli	8/17～8/18	305	28.62°N,100.53°E	绥阳	8/18^{08}	311	东南行移出涡源区
56	D14056	新龙，Xinlong	8/20～8/23	305	30.53°N,100.72°E	雅江	8/21^{08}	308	东南行转东北行转南行转东北行移出涡源区
57	D14057	仁寿，Renshou	8/26～8/27	312	29.88°N,104.15°E				东北行
58	D14058	九龙，Jiulong	8/31～9/1	307	29.15°N,102.13°E	苍溪	9/1^{08}	311	东北行移出涡源区
59	D14059	松潘，Songpan	9/3～9/4	310	32.98°N,103.47°E	遂宁	9/4^{08}	311	东南行转东行移出涡源区
60	D14060	丹巴，Danba	9/7～9/9	309	30.73°N,102.02°E	三台	9/7^{20}	310	东北行转西北行转东南行转东北行移出涡源区
61	D14061	道孚，Daofu	9/12～9/15	304	31.01°N,101.03°E	青川	9/13^{08}	310	东北行转东南行转西北行转西南行转东北行转西南行移出涡源区
62	D14062	剑阁，Jiange	9/26～9/28	309	31.79°N,105.54°E	咸阳	9/28^{08}	311	东南行转西北行转东北行移出涡源区
63	D14063	青神，Qingshen	10/19～10/20	309	29.79°N,103.78°E	阆中	10/20^{08}	309	东北行移出涡源区

西南低涡纪要表（续-5）

序号	编号	中英文名称	起止日期(月/日)	中心最小位势高度/位势什米	发现点经纬度	移出涡源的地点	移出涡源的时间(月/日 时)	移出涡源中心位势高度/位势什米	路径趋向
64	D14064	九龙, Jiulong	11/6～11/8	309	29.21°N,101.46°E	小金	11/6[20]	310	东北行移出涡源区
65	D14065	蓬溪, Pengxi	11/14～11/15	306	30.54°N,105.10°E				东南行
66	D14066	木里, Muli	11/15～11/17	305	28.16°N,100.45°E	丰都	11/17[08]	314	东北行转东行移出涡源区
67	D14067	康定, Kangding	11/20	305	29.94°N,101.68°E				源地生消
68	D14068	松潘, Songpan	11/22～11/23	306	32.84°N,103.59°E	礼县	11/22[20]	306	东北行转南行移出涡源区
69	D14069	南充, Nanchong	12/10～12/11	307	30.94°N,106.04°E				南行
70	D14070	理塘, Litang	12/30～12/31	307	29.33°N,100.83°E				东行

西南低涡对我国影响简表

序号	编号	简述活动的情况	西南低涡对我国降水的影响		
			时间（月/日）	概况	极值
1	D14001	九龙低涡东北行转东南行	1/1~1/3	降水区域有四川中东部、重庆、贵州西北部和云南东北部等地区，降水日数为1~2天	四川洪雅 1.1mm（2天）
2	D14002	盆地低涡东北行	1/6~1/7	降水区域有四川东部、甘肃南部、陕西南部、湖北西部、重庆、贵州西北部和云南东北部地区，降水日数为1~2天	湖北来凤 10.0mm（1天）
3	D14003	九龙低涡东北行转东南行	1/9~1/11	降水区域有四川东部、陕西南部、湖北西部、湖南北部、重庆、贵州北部和云南东北部地区，降水日数为1~3天	四川江安 6.9mm（2天）
4	D14004	盆地低涡东北行	1/16~1/17	降水区域有四川东部、重庆大部、湖北西南部、湖南北部、贵州西北部和云南东北部等地区，降水日数为1~2天	四川高县 3.4mm（2天）
5	D14005	盆地低涡东北行	2/8~2/9	降水区域有四川东部、甘肃南部、陕西南部、湖北西部、湖南西北部、重庆、贵州西北部和云南东北部等地区，降水日数为1~2天	重庆铜梁 9.8mm（2天）
6	D14006	盆地低涡东北行	2/12~2/13	降水区域有四川东部、重庆、湖北大部、河南东南部、安徽大部、江苏南部、上海、浙江北部、江西西北部、湖南北部、贵州和云南东部，降水日数为1~2天	安徽黄山 18.5mm（1天）
7	D14007	盆地低涡东北行	2/16~2/17	降水区域有四川东部、甘肃南部、陕西西南部、重庆北部、贵州西北部和云南东北部等地区，降水日数为1~2天	四川若尔盖 7.2mm（1天）
8	D14008	小金低涡源地生消	2/27	降水区域有四川东部、重庆西部、贵州西北部和云南东北部等地区，降水日数为1天	四川江安 9.1mm（1天）
9	D14009	盆地低涡东北行	3/5~3/6	降水区域有四川东部、陕西南部、重庆大部、湖北西南部和云南东北部，降水日数为1~2天	四川洪雅 13.0mm（2天）

西南低涡对我国影响简表（续-1）

序号	编号	简述活动的情况	西南低涡对我国降水的影响		
			时间（月/日）	概况	极值
10	D14010	盆地低涡南行	3/13~3/14	降水区域有四川中东部、重庆、湖北西南部、湖南西部、贵州北部和云南东北部，降水日数为1~2天	重庆长寿 27.0mm（2天）
11	D14011	小金低涡东南行	3/17~3/19	微量降水	
12	D14012	盆地低涡西北行转东北行转东南行	3/20~3/23	降水区域有四川大部、甘肃南部、重庆、湖北西部和贵州北部等地区，降水日数为1~3天。其中四川、重庆有成片降水量大于50mm的区域，中心降水量达到102.5mm	重庆涪陵 102.5mm（2天）
13	D14013	九龙低涡源地生消	3/25~3/26	降水区域有四川南部、贵州大部和湖南西南部地区，降水日数为1~2天	贵州惠水 40.6mm（1天）
14	D14014	盆地低涡东北行	3/28~3/29	降水区域有四川东部、重庆、陕西南部、湖北大部、安徽大部、江苏、上海、浙江、江西北部、湖南大部、贵州大部和云南东北部，降水日数为1~2天。其中四川、重庆、湖北、湖南、安徽、江苏有成片降水量大于50mm的区域，三个降水中心：重庆荣昌59.7mm，湖北石首100.3mm，安徽桐城88.0mm	湖北石首 100.3mm（2天）
15	D14015	九龙低涡源地生消	3/29	降水区域有西藏东南部、四川南部、贵州西部和云南北部，降水日数为1天	贵州普安 27.9mm（1天）
16	D14016	盆地低涡东南行转东行转东南行	3/30~4/2	降水区域有四川东部、重庆、湖北南部、安徽南部、上海、浙江、福建北部、江西北部、湖南北部、贵州大部和云南东北部等地区，降水日数为1~3天。其中安徽、浙江、江西有成片降水量大于25mm的区域，中心降水量达到50.2mm	浙江仙居 50.2mm（2天）

西南低涡对我国影响简表（续-2）

序号	编号	简述活动的情况	西南低涡对我国降水的影响		
			时间（月/日）	概况	极值
17	D14017	九龙低涡东北行转西北行转东行	3/31~4/3	降水区域有四川大部、陕西南部、湖北大部、江西北部、湖南北部、重庆、贵州和云南北部，降水日数为1~2天	贵州桐梓 25.6mm（1天）
18	D14018	九龙低涡西北行	4/3~4/4	降水区域有四川中南部、重庆西部、贵州西北部和云南北部等地区，降水日数为1~2天	四川雅安 28.0mm（2天）
19	D14019	盆地低涡源地生消	4/5~4/6	降水区域有四川东部、陕西南部、重庆、湖北西部和贵州北部等地区，降水日数为1~2天	重庆彭水 41.3mm（2天）
20	D14020	盆地低涡东北行转东南行转北行转东行	4/10~4/13	降水区域有四川东部、重庆大部、甘肃南部、宁夏大部、陕西大部、山西南部、河北南部、河南、山东大部、江苏、上海、浙江北部、安徽、江西北部和湖北部分周边等地区，降水日数为1~2天。其中四川、陕西、江苏、安徽有成片降水量大于50mm的区域，两个降水中心：安徽合肥87.6mm，陕西宁强70.6mm	安徽合肥 87.6mm（1天）
21	D14021	盆地低涡源地生消	4/19	降水区域有四川东部、重庆、陕西南部、湖北西南部、湖南西北部和贵州北部等地区，降水日数为1天。其中四川、重庆、湖北、贵州有成片降水量大于25mm的区域，三个降水中心：四川井研62.4mm，贵州道真58.7mm和重庆涪陵52.9mm	四川井研 62.4mm（1天）
22	D14022	小金低涡东行	4/20~4/21	降水区域有四川东部、甘肃南部、重庆大部、湖北、江西西北部、安徽西南部、江西西北部和湖南北部等地区，降水日数为1~2天。其中湖北有成片降水量大于50mm的区域，中心降水量达到72.1mm	湖北黄陂 72.1mm（1天）
23	D14023	盆地低涡东北行转东南行转东北行	4/24~4/30	降水区域有四川东部、重庆、陕西南部、山西南部、河北南部、山东、江苏、河南、安徽大部、湖北和贵州北部等地区，降水日数为1~4天。其中山东有成片降水量大于50mm的降水区域，中心降水量达到127.9mm。另外安徽固镇52.9mm，江苏沭阳58.9mm	山东荣成 127.9mm（4天）

西南低涡对我国影响简表（续-3）

序号	编号	简述活动的情况	西南低涡对我国降水的影响		
			时间（月/日）	概况	极值
24	D14024	九龙低涡东南行	4/27~4/28	降水区域有四川中、西部、云南西部和西藏东南部等地区，降水日数为1天	云南福贡 10.3mm（1天）
25	D14025	盆地低涡源地附近活动	4/27~4/28	降水区域有四川中、东部、重庆中、西部、贵州西北部和云南东北部等地区，降水日数为1~2天	四川甘洛 20.2mm（1天）
26	D14026	九龙低涡东南行转东北行转西南行	5/1~5/4	降水区域有四川南部、重庆西部、贵州西北部和云南大部等地区，降水日数为1~3天。其中四川、贵州、云南有成片降水量大于25mm的区域，中心降水量达到55.0mm	云南嵩明 55.0mm（2天）
27	D14027	九龙低涡东北行转东南行转东北行	5/8~5/15	降水区域有西藏东南部、四川东南部、云南北部、贵州大部地区、重庆、湖北大部、湖南西南部、陕西大部、山西、河南、河北、北京、山东、江苏北部、安徽北部、辽宁、吉林、黑龙江和内蒙古东南部等地区，降水日数为1~4天。其中山东、江苏、辽宁有成片降水量大于50mm的区域，两个降水中心：山东黄岛135.9mm，辽宁庄河71.8mm。另外吉林白城50.3mm，黑龙江五常55.8mm，重庆彭水57.1mm	山东黄岛 135.9mm（1天）
28	D14028	小金低涡东北行	5/12~5/13	降水区域有青海东部、四川北部、甘肃南部、宁夏南部和陕西西南部，降水日数为1~2天	甘肃合作 30.8mm（2天）
29	D14029	盆地低涡源地生消	5/14	降水区域有四川东部、陕西南部和重庆中北部等地区，降水日数为1天	重庆忠县 15.1mm（1天）
30	D14030	盆地低涡东北行	5/16~5/17	降水区域有甘肃南部、陕西南部、河南南部、安徽西北部、湖北大部、重庆北、西部和四川东部等地区，降水日数为1~2天	安徽阜南 9.6mm（1天）
31	D14031	九龙低涡东南行转东北行	5/23~5/25	降水区域有四川东部、甘肃南部、陕西南部、湖北西部、重庆、湖南西部、贵州大部和云南东北部，降水日数为1~3天。其中贵州、重庆、湖南有成片降水量大于50mm的区域，中心降水量达到147.5mm	贵州清溪 147.5mm（2天）

西南低涡对我国影响简表（续-4）

序号	编号	简述活动的情况	西南低涡对我国降水的影响		
			时间（月/日）	概况	极值
32	D14032	盆地低涡西行	5/29~5/30	降水区域有四川东部、重庆南部、湖北西南部、湖南西北部和贵州北部，降水日数为1~2天	四川理县 8.8mm（1天）
33	D14033	盆地低涡源地生消	6/3	降水区域有四川东部、甘肃南部、陕西西南部、重庆大部和贵州大部等地区，降水日数为1天。其中四川、贵州有成片降水量大于50mm的区域，两个降水中心：贵州平坝187.8mm，贵州桐梓99.6mm。另外四川什邡55.2mm	贵州平坝 187.8mm（1天）
34	D14034	九龙低涡东行转北行转东北行	6/4~6/6	降水区域有四川南部至东部、陕西南部、湖北西部、河南西部、重庆、湖南西部、贵州大部和云南东北部等地区，降水日数为1~3天。其中四川、贵州有成片降水量大于50mm的区域，三个降水中心：四川叙永108.5mm，四川青神88.8mm，四川丹棱71.1mm	四川叙永 108.5mm（2天）
35	D14035	九龙低涡源地附近活动	6/5~6/6	降水区域有四川南部、贵州西部和云南大部地区，降水日数为1~2天。其中四川、云南有降水量大于50mm的区域，中心降水量达到101.0mm。另外云南盈江54.0mm，云南双城55.0mm	四川米易 101.0mm（1天）
36	D14036	盆地低西南行转北行转东北行转西南行	6/8~6/10	降水区域有四川南部、东部、重庆、湖北西南部、湖南西部、贵州和云南北部，降水日数为1~3天。其中四川、重庆、贵州有成片降水量大于25mm的区域，中心降水量达到67.1mm。另外贵州晴隆88.3mm，四川绵阳104.7mm，四川峨眉53.2mm	四川绵阳 104.7mm（3天）
37	D14037	九龙低涡西北行	6/10~6/11	降水区域有四川西南部、云南北部和西藏东南部，降水日数为1~2天	四川米易 61.8mm（2天）
38	D14038	盆地低涡东行转西南行	6/19~6/20	降水区域有四川南部至东部、陕西南部、湖北西部、湖南西部、重庆、贵州和云南东北部，降水日数1~2天。其中四川、湖南、贵州有成片降水量大于50mm的区域，三个降水中心：四川峨眉107.9mm，贵州镇宁113.9mm，湖南麻阳159.4mm。另外湖北恩施54.1mm，陕西平利58.2mm	湖南麻阳 159.4mm（2天）

西南低涡对我国影响简表（续-5）

序号	编号	简述活动的情况	西南低涡对我国降水的影响		
			时间（月/日）	概况	极值
39	D14039	九龙低涡源地附近活动	6/22~6/23	降水区域有西藏东南部、四川西南部、云南北部和贵州西北部地区，降水日数为1~2天	四川雅江 29.3mm（2天）
40	D14040	九龙低涡东北行转东南行	6/24~6/26	降水区域有四川南东部、陕西南部、湖北西部、重庆、贵州北部、云南北部等地区，降水日数为1~2天。其中四川有成片降水量大于50mm的区域，中心降水量达到82.8mm	四川大竹 82.8mm（1天）
41	D14041	九龙低涡东南行转西北行转东南行	6/27~6/29	降水区域有西藏东南部、四川南部、云南、贵州大部、广西中西部，降水日数为1~3天。其中四川、贵州、云南有成片降水量大于50mm的区域，两个降水中心：云南建水129.4mm，云南华坪106.0mm，云南罗平83.9mm	云南建水 129.4mm（1天）
42	D14042	九龙低涡东北行	6/28~6/29	降水区域有四川东部、重庆西部、云南东部、贵州西部和广西西北部，降水日数为1~2天。其中四川、云南有成片降水量大于50mm的区域，两个降水中心：四川会理90.1mm，云南宜良144.8mm	云南宜良 144.8mm（1天）
43	D14043	盆地低涡源地生消	6/30~7/1	降水区域有四川东部、陕西南部、湖北西部、重庆、贵州北部和云南东北部，降水日数为1~2天	四川盐亭 32.0mm（2天）
44	D14044	九龙低涡东北行转东南行转东北行	7/2~7/8	降水区域有西藏东南部、四川南部、云南北部、重庆、贵州、广西北部、湖北、湖南大部、河南南部、安徽、江苏、江西北部、浙江北部、上海和山东沿海地区，降水日数为1~3天。其中贵州、重庆、广西、湖北、安徽、江苏有成片降水量大于100mm的区域，三个降水中心：湖南沅陵206.5mm，湖北应城121.4mm，安徽怀宁284.7mm。另外贵州贵定116.9mm，江苏大丰118.2mm	安徽怀宁 284.7mm（2天）
45	D14045	九龙低涡源地生消	7/3~7/4	降水区域有四川南部、贵州西部和云南北部，降水日数为1~2天	四川昭觉 47.1mm（2天）

西南低涡对我国影响简表（续-6）

序号	编号	简述活动的情况	西南低涡对我国降水的影响		
			时间（月/日）	概况	极值
46	D14046	九龙低涡东北行转东南行转西南行转东南行	7/5~7/7	降水区域有西藏东南部、四川中南部、重庆西部、贵州西部和云南北部，降水日数为1~3天。其中四川、云南有成片降水量大于50mm的区域，中心降水量达到101.1mm	云南华坪 101.1mm（2天）
47	D14047	九龙低涡东北行转南行转东北行	7/9~7/12	降水区域有四川东部、陕西南部、湖北西部、重庆、湖南西北部、贵州北部和云南东北部，降水日数为1~3天。其中四川、陕西、重庆、湖北、贵州有成片降水量大于50mm的区域，中心降水量达到172.7mm	四川武胜 172.7mm（2天）
48	D14048	九龙低涡源地生消	7/10~7/11	降水区域有四川南部和云南北部，降水日数为1~2天	四川冕宁 36.7mm（2天）
49	D14049	盆地低涡东行	7/16~7/17	降水区域有四川南部、重庆南部、湖北南部、湖南西北部、贵州、广西北部、云南东北部，降雨日数为1~2天。其中贵州、湖南有成片降水量大于100mm的区域，中心降水量达到300.7mm	贵州清镇 300.7mm（2天）
50	D14050	九龙低涡源地附近活动	7/28~7/29	降水区域有西藏东南部、四川南部和云南北部等地区，降水日数为1~2天	云南兰坪 50.5mm（1天）
51	D14051	九龙低涡南行转西北行转南行	8/1~8/3	降水区域有西藏东南部，四川南东部、重庆西部、贵州中部至西半部、云南、广西西北部，降水日数为1~3天。其中四川、贵州、云南有成片降水量大于50mm的区域，三个降水中心：云南元江133.7mm，云南会理127.6mm，四川峨眉119.7mm	云南元江 133.7mm（2天）
52	D14052	九龙低涡源地生消	8/4	降水区域有四川中南部、重庆西部、贵州北部和云南东北部，降水日数为1天。其中四川有成片降水量大于50mm的区域，中心降水量达到225.1mm	四川峨眉 225.1mm（1天）
53	D14053	九龙低涡源地生消	8/7	降水区域有四川中西部、西藏东南部和云南北部，降水日数为1天。其中四川有成片降水量大于50mm的区域，中心降水量达到146.4mm	四川新都 146.4mm（1天）

西南低涡对我国影响简表（续-7）

序号	编号	简述活动的情况	西南低涡对我国降水的影响		
			时间（月/日）	概况	极值
54	D14054	盆地低涡西南行转东北行转西南行转东行转西北行转东北行	8/8~8/13	降水区域有四川中东部、甘肃南部、陕西南部、重庆、湖北、河南南部至东部、山东南部、江苏、安徽、江西北部、湖南北部、贵州北部和云南东北部，降水日数为1~5天。其中四川、重庆有成片降水量大于100mm的区域，两个降水中心：四川蓬溪262.1mm，重庆开县239.4mm。另外四川荣县100.0mm，江苏金湖102.0mm	四川蓬溪 262.1mm（2天）
55	D14055	九龙低涡东南行	8/17~8/19	降水区域有西藏东南部、四川南部、重庆南部、湖北西南部、湖南西部、贵州、广西北部和云南北部，降水日数为1~2天。其中四川、贵州，湖南、广西有成片降水量大于50mm的区域，两个降水中心：湖南古丈227.4mm，贵州晴隆122.6mm。另外四川峨眉70.4mm，四川德昌65.3mm，贵州荔波58.5mm，湖南冷水江82.0mm	湖南古丈 227.4mm（1天）
56	D14056	小金低涡东南行转东北行转南行转东北行	8/20~8/23	降水区域有西藏东南部、云南北部、四川大部、甘肃南部、陕西南部、湖北西部、湖南北部、重庆和贵州北部，降水日数为1~3天。其中四川有成片降水量大于50mm的区域，中心降水量达到98.9mm。另外四川马边105.4mm，湖北荆州54.7mm	四川马边 105.4mm（3天）
57	D14057	盆地低涡东北行	8/26~8/27	降水区域有四川东部、陕西南部、湖北西部、重庆、贵州北部和云南东北部等地区，降水日数为1~2天。其中四川、重庆有成片降水量大于50mm的区域，中心降水量达到173.1mm。另外贵州仁怀103.5mm	四川岳池 173.1mm（2天）
58	D14058	九龙低涡东北行	8/31~9/1	降水区域有四川东南部、陕西南部、重庆北部和贵州西北部等地区，降水日数为1~2天。其中四川、陕西、重庆有成片降水量大于50mm的区域，中心降水量达到197.5mm。另外四川金堂52.6mm，四川苍溪64.9mm	重庆巫溪 197.5mm（1天）
59	D14059	小金低涡东南行转东行	9/3~9/5	降水区域有四川西北、东南部、重庆、湖北西南部、湖南北部、贵州北部和云南东北部，降水日数为1~2天	重庆秀山 48.0mm（1天）

西南低涡对我国影响简表（续-8）

序号	编号	简述活动的情况	西南低涡对我国降水的影响		
			时间（月/日）	概况	极值
60	D14060	小金低涡东北行转西北行转东南行转东北行	9/7~9/10	降水区域有甘肃南部、宁夏南部、陕西南部、四川东、西南部和云南北部等地区，降水日数为1~4天。其中陕西、四川有成片降水量大于50mm的区域，中心降水量达到264.2mm	四川南江 264.2mm（4天）
61	D14061	小金低涡东北行转东南行转西北行转西南行转东北行转西南行	9/12~9/16	降水区域有四川大部、甘肃南部、陕西南部、湖北西部、重庆，降雨日数为1~4天。其中四川、陕西、重庆有成片降水量大于100mm的区域，中心降水量达到318.7mm	四川广安 318.7mm（4天）
62	D14062	盆地低涡东南行转西北行转东北行	9/26~9/29	降水区域有四川东部、重庆、甘肃南部、宁夏南部、陕西大部、山西大部、河北南部、山东、江苏、安徽北部、河南、湖北北部和西部，降水日数为1~3天。其中四川、陕西、重庆、湖北、河南、山东、江苏、安徽有成片降水量大于50mm的区域，两个降水中心：重庆梁平112.3mm，安徽蒙城180.1mm。另外河南杞县68.9mm，山东青岛53.1mm	安徽蒙城 180.1mm（2天）
63	D14063	九龙低涡东北行	10/19~10/20	降水区域有四川东部、陕西南部、湖北西部、重庆、贵州北部和云南东北部等地区，降水日数为1~2天	重庆巫溪 54.9mm（2天）
64	D14064	九龙低涡东北行	11/6~11/8	降水区域有四川东部、重庆、湖北、湖南北部、河南东南部、安徽大部、江苏南部、上海和浙江北部，降水日数为1~2天	安徽南陵 28.5mm（1天）
65	D14065	盆地低涡东南行	11/14~11/15	降水区域有四川东部、重庆、湖北西南部、湖南西部、贵州北部和云南东北部，降水日数为1~2天	四川沐川 11.5mm（2天）
66	D14066	九龙低涡东北行转东行	11/15~11/17	降水区域有四川西东部、重庆大部、湖北西南部、贵州北部和云南东北部，降水日数为1~2天	重庆璧山 24.7mm（2天）
67	D14067	九龙低涡源地生消	11/20~11/21	降水区域有四川中、东南部等地区，降水日数为1天	四川犍为 2.0mm（1天）

西南低涡对我国影响简表（续-9）

序号	编号	简述活动的情况	西南低涡对我国降水的影响		
			时间（月/日）	概况	极值
68	D14068	小金低涡东北行转南行	11/22~11/24	降水区域有贵州北部、云南东北部、四川东部、重庆、湖北西南部、陕西南部、甘肃东南部和宁夏南部，降水日数为1~3天	四川开江 29.2mm（3天）
69	D14069	盆地低涡南行	12/10~12/12	降水区域有四川中东部、重庆大部、湖北西南部、贵州北部和云南东北部，降水日数为1~3天	重庆丰都 21.0mm（3天）
70	D14070	九龙低涡东行	12/30~12/31	无降水	

2014年西南低涡编号、名称、日期对照表

未移出九龙的西南低涡		移出九龙的西南低涡	
⑬D14013石棉，Shimian	㊽D14048木里，Muli	①D14001天全，Tianquan	㊹D14044雅江，Yajiang
3/25	7/10	1/1~1/2	7/2~7/7
⑮D14015稻城，Daocheng	(50)D14050理塘，Litang	③D14003理塘，Litang	㊻D14046稻城，Daocheng
3/29	7/28~7/29	1/9~1/11	7/5~7/7
⑱D14018米易，Miyi	(52)D14052雅江，Yajiang	⑰D14017盐源，Yanyuan	㊼D14047乐山，Leshan
4/3~4/4	8/4	3/31~4/2	7/9~7/11
㉔D14024乡城，Xiangcheng	(53)D14053理塘，Litang	㉗D14027雅江，Yajiang	(51)D14051盐源，Yanyuan
4/27~4/28	8/7	5/8~5/14	8/1~8/3
㉖D14026乡城，Xiangcheng	(67)D14067康定，Kangding	㉛D14031康定，Kangding	(55)D14055木里,Muli
5/1~5/3	11/20	5/23~5/25	8/17~8/18
㉟D14035德昌，Dechang	(70)D14070理塘，Litang	㉞D14034九龙，Jiulong	(58)D14058九龙，Jiulong
6/5~6/6	12/30~12/31	6/4~6/6	8/31~9/1
㊲D14037盐源，Yanyuan		㊵D14040九龙，Jiulong	(63)D14063青神,Qingshen
6/10		6/24~6/25	10/19~10/20
㊴D14039稻城，Daocheng		㊶D14041木里，Muli	(64)D14064九龙，Jiulong
6/22~6/23		6/27~6/29	11/6~11/8
㊺D14045会理，Huili		㊷D14042盐源，Yanyuan	(66)D14066木里，Muli
7/3		6/28	11/15~11/17

2014年西南低涡编号、名称、日期对照表（续-1）

未移出四川盆地的西南低涡		移出四川盆地的西南低涡
②D14002盐亭，Yanting	㉜D14032垫江，Dianjiang	④D14004合江，Hejiang
1/6~1/7	5/29	1/16
⑤D14005安岳，Anyue	㉝D14033安岳，Anyue	⑥D14006仁寿，Renshou
2/8~2/9	6/3	2/12~2/13
⑦D14007蓬溪，Pengxi	㊱D14036岳池，Yuechi	⑫D14012广安，Guangan
2/16	6/8~6/10	3/20~3/23
⑨D14009资中，Zizhong	㊳D14038隆昌，Longchang	⑭D14014合江，Hejiang
3/5~3/6	6/19~6/20	3/28~3/29
⑩D14010蓬安，Pengan	㊸D14043仪陇，Yilong	⑯D14016岳池，Yuechi
3/13	6/30	3/30~4/1
⑲D14019安岳，Anyue	㊾D14049珙县，Gongxian	⑳D14020剑阁，Jiange
4/5	7/16~7/17	4/10~4/13
㉑D14021通江，Tongjiang	㊼D14057仁寿，Renshou	㉓D14023广安，Guangan
4/19	8/26~8/27	4/24~4/30
㉕D14025乐至，Lezhi	65 D14065蓬溪，Pengxi	㉚D14030广元，Guangyuan
4/27~4/28	11/14~11/15	5/16
㉙D14029巴中，Bazhong	69 D14069南充，Nanchong	54 D14054广元，Guangyuan
5/14	12/10~12/11	8/8~8/13
		62 D14062剑阁，Jiange
		9/26~9/28

2014年西南低涡编号、名称、日期对照表（续-2）

未移出小金的西南低涡	移出小金的西南低涡	
⑧D14008道孚，Daofu	⑪D14011松潘，Songpan	㉒D14022松潘，Songpan
2/27	3/17~3/18	4/20~4/21
	㉘D14028松潘，Songpan	㊽D14056新龙，Xinlong
	5/12~5/13	8/20~8/23
	(59)D14059松潘，Songpan	(60)D14060丹巴，Danba
	9/3~9/4	9/7~9/9
	(61)D14061道孚，Daofu	(68)D14068松潘，Songpan
	9/12~9/15	11/22~11/23

西南低涡降水及移动路径资料

西南低涡全年路径图

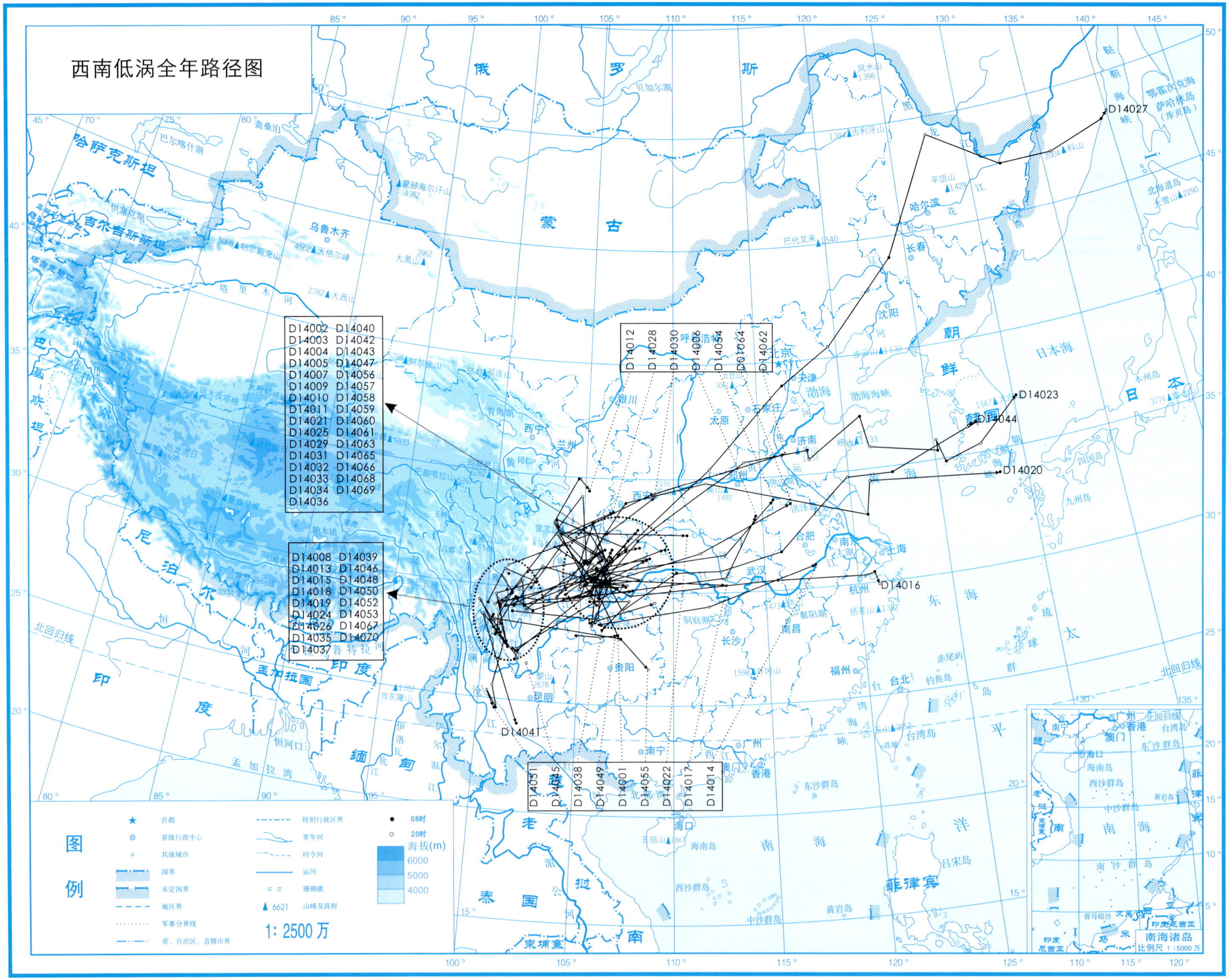
西南低涡全年路径图
D14002 D14040
D14003 D14042
D14004 D14043
D14005 D14047
D14007 D14056
D14009 D14057
D14010 D14058
D14011 D14059
D14021 D14060
D14025 D14061
D14029 D14063
D14031 D14065
D14032 D14066
D14033 D14068
D14034 D14069
D14036
D14008 D14039
D14013 D14046
D14015 D14048
D14018 D14050
D14019 D14052
D14024 D14053
D14026 D14067
D14035 D14070
D14037
D14012 D14028 D14030 D14006 D14054 D01064 D14062
D14051 D14045 D14038 D14049 D14001 D14055 D14022 D14017 D14014
D14027
D14023
D14044
D14020
D14016
D14041
俄 罗 斯
蒙 古
哈萨克斯坦
吉尔吉斯斯坦
朝 鲜
韩国
日 本
印 度
孟加拉国
缅 甸
老
泰 国
菲律宾
日本海
东 海
太 平 洋
南 海
北京
天津
石家庄
太原
呼和浩特
银川
兰州
西宁
西安
郑州
济南
合肥
南京
上海
杭州
武汉
长沙
南昌
福州
台北
贵阳
昆明
南宁
广州
香港
澳门
海口
沈阳
长春
哈尔滨
乌鲁木齐
图例
首都
省级行政中心
其他城市
国界
未定国界
地区界
军事分界线
省、自治区、直辖市界
特别行政区界
常年河
时令河
运河
珊瑚礁
6621 山峰及高程
08时
20时
海拔(m)
6000
5000
4000
1: 2500 万
南海诸岛
比例尺 1 : 5000 万

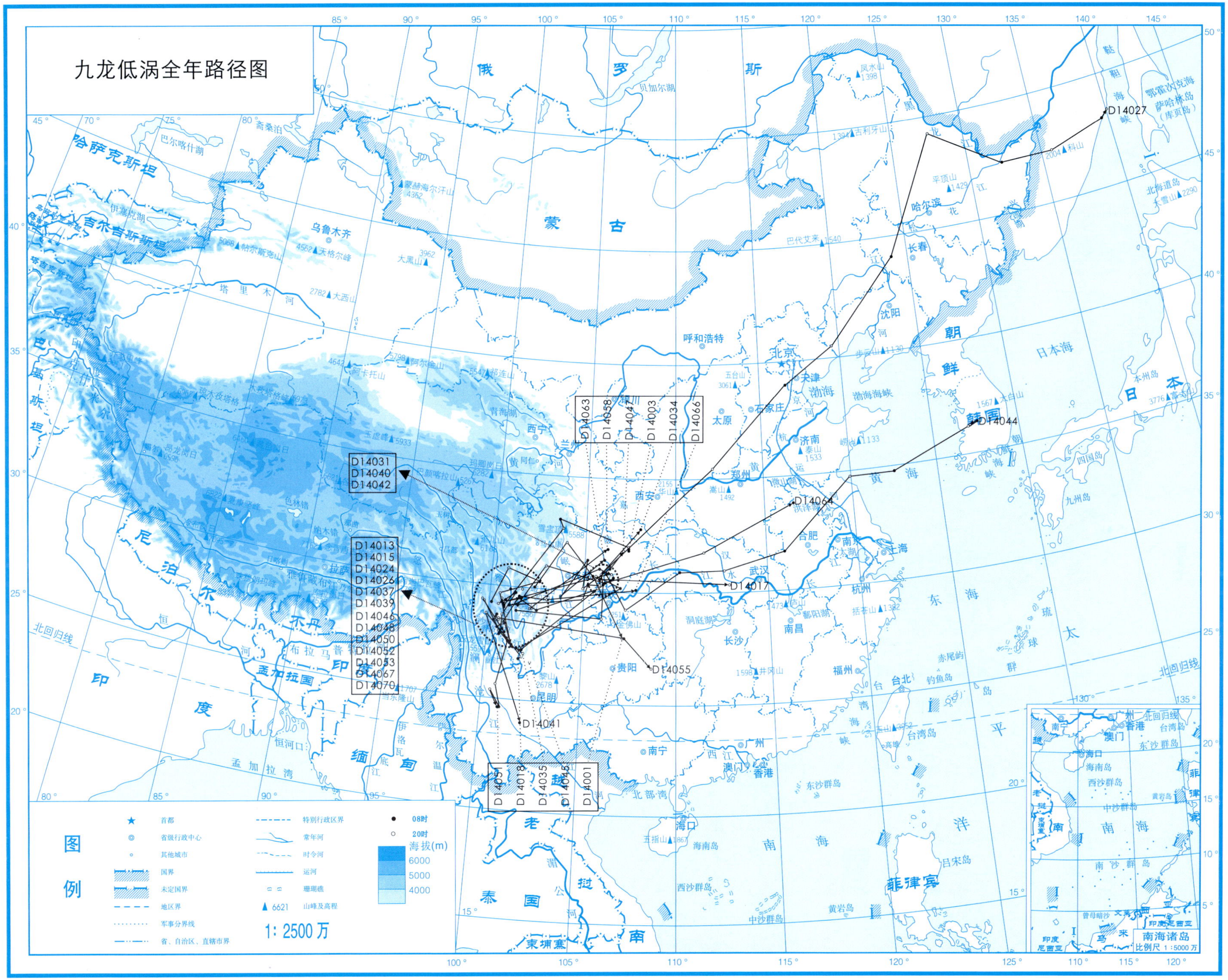
九龙低涡全年路径图
D14027
D14044
D14064
D14017
D14055
D14041
D14063
D14058
D14047
D14003
D14034
D14066
D14031
D14040
D14042
D14013
D14015
D14024
D14026
D14037
D14039
D14046
D14048
D14050
D14052
D14053
D14067
D14070
D14051
D14018
D14035
D14045
D14001
图例
首都
省级行政中心
其他城市
国界
未定国界
地区界
军事分界线
省、自治区、直辖市界
特别行政区界
常年河
时令河
运河
珊瑚礁
6621 山峰及高程
08时
20时
海拔(m)
6000
5000
4000
1: 2500 万
南海诸岛
比例尺 1 :5000 万

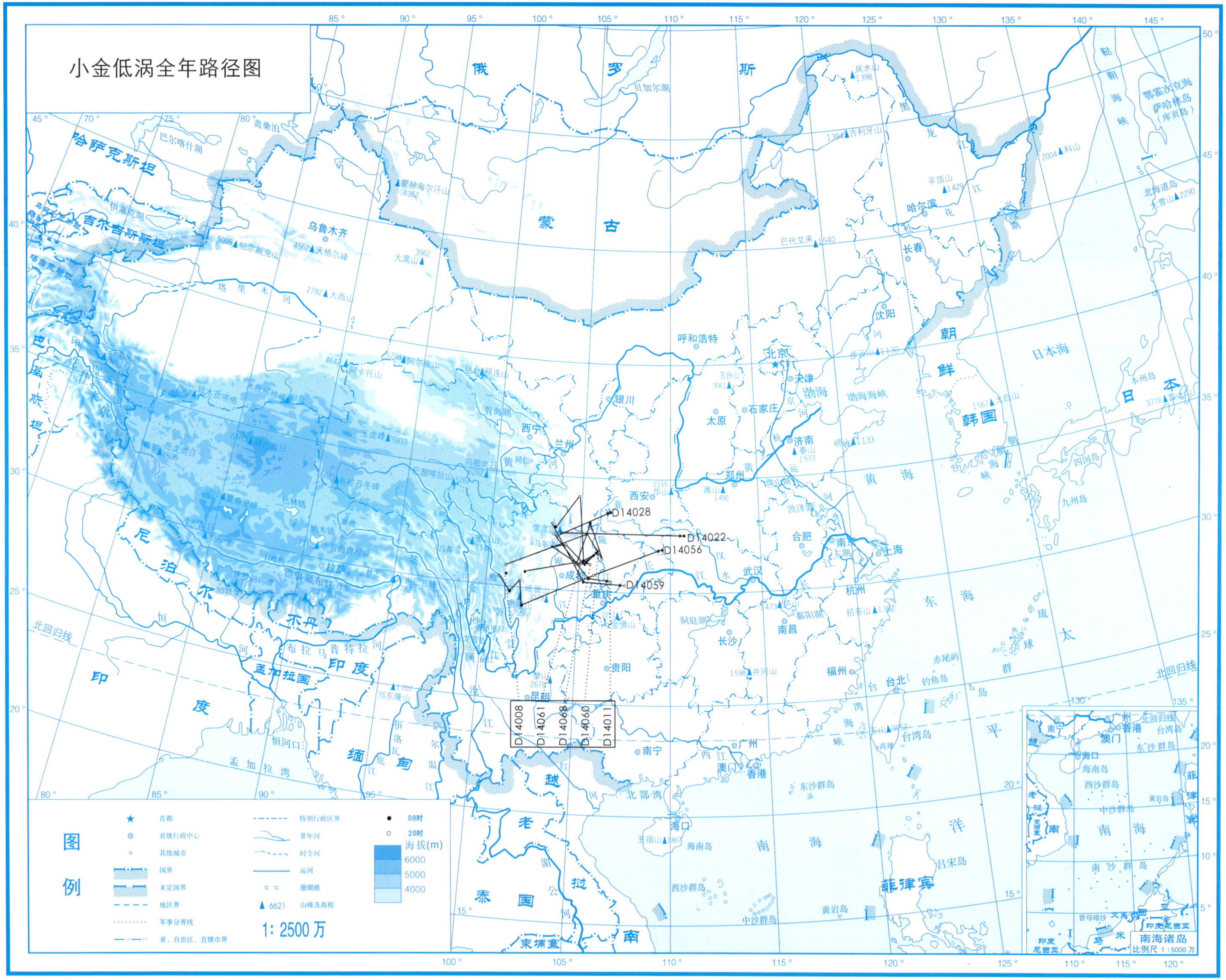

小金低涡全年路径图
D14028
D14022
D14056
D14059
D14008
D14061
D14068
D14060
D14011
图例
首都
省级行政中心
其他城市
国界
未定国界
地区界
军事分界线
省、自治区、直辖市界
特别行政区界
常年河
时令河
运河
珊瑚礁
6621 山峰及高程
08时
20时
海拔(m)
6000
5000
4000
1: 2500 万
南海诸岛
比例尺 1:5000 万

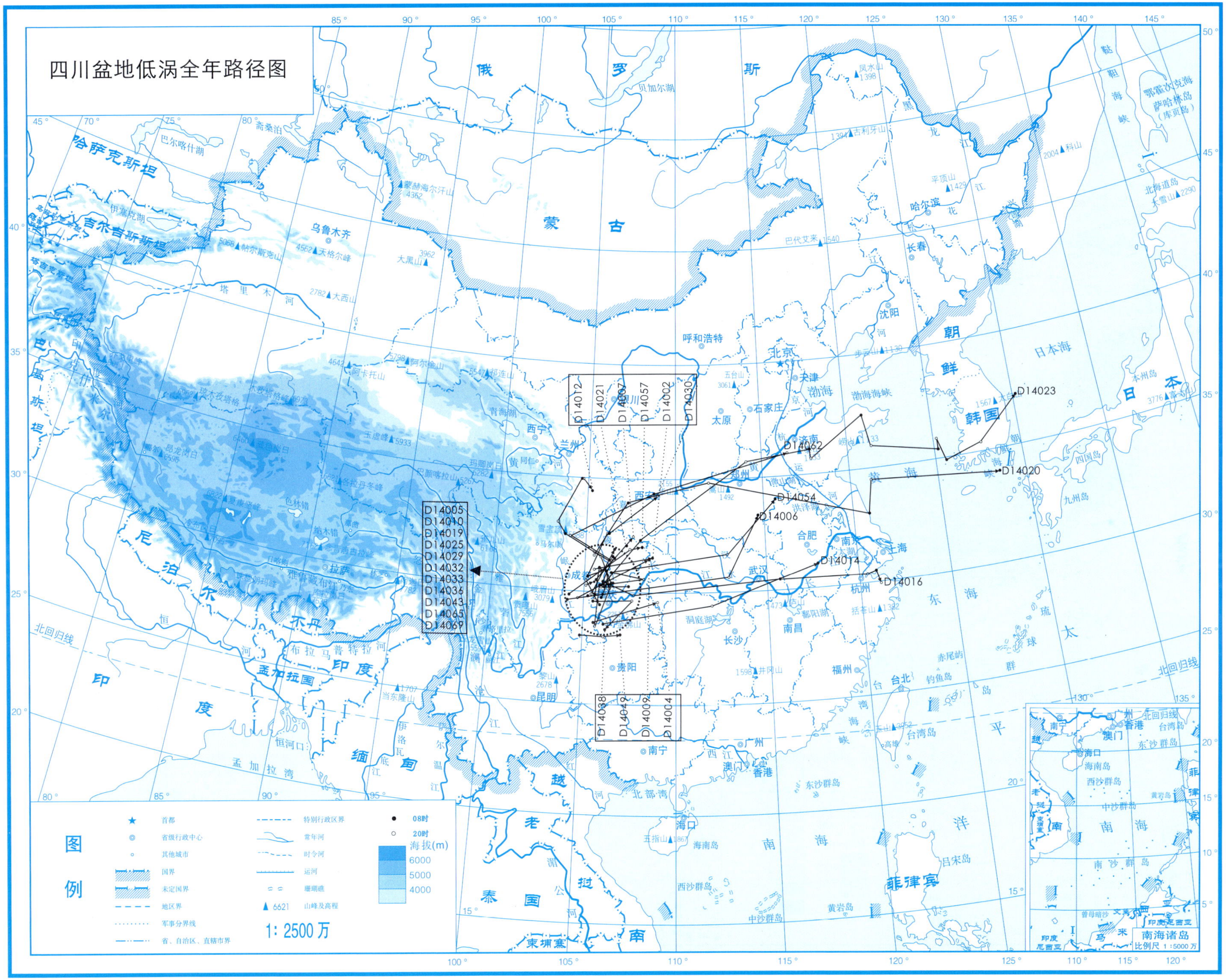
四川盆地低涡全年路径图
D14012
D14021
D14007
D14057
D14002
D14030
D14005
D14010
D14019
D14025
D14029
D14032
D14033
D14036
D14043
D14065
D14069
D14038
D14049
D14009
D14004
D14023
D14062
D14020
D14054
D14006
D14014
D14016
图例
首都
省级行政中心
其他城市
国界
未定国界
地区界
军事分界线
省、自治区、直辖市界
特别行政区界
常年河
时令河
运河
珊瑚礁
6621 山峰及高程
08时
20时
海拔(m)
6000
5000
4000
1: 2500万
南海诸岛
比例尺 1 : 5000 万

总降水量及移动路径图

D14001Tianquan 1月1~3日

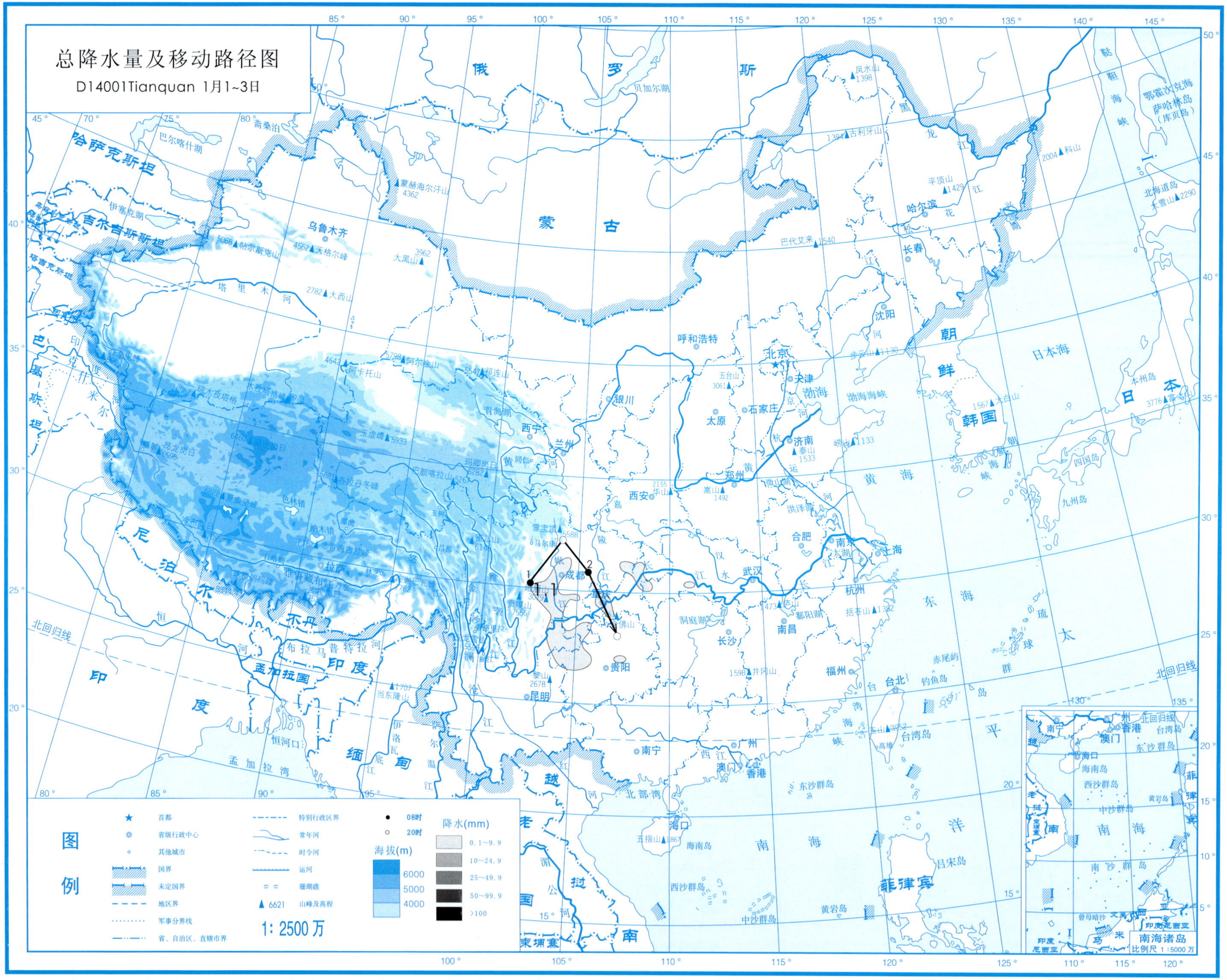

总降水日数图

D14001Tianquan 1月1~3日

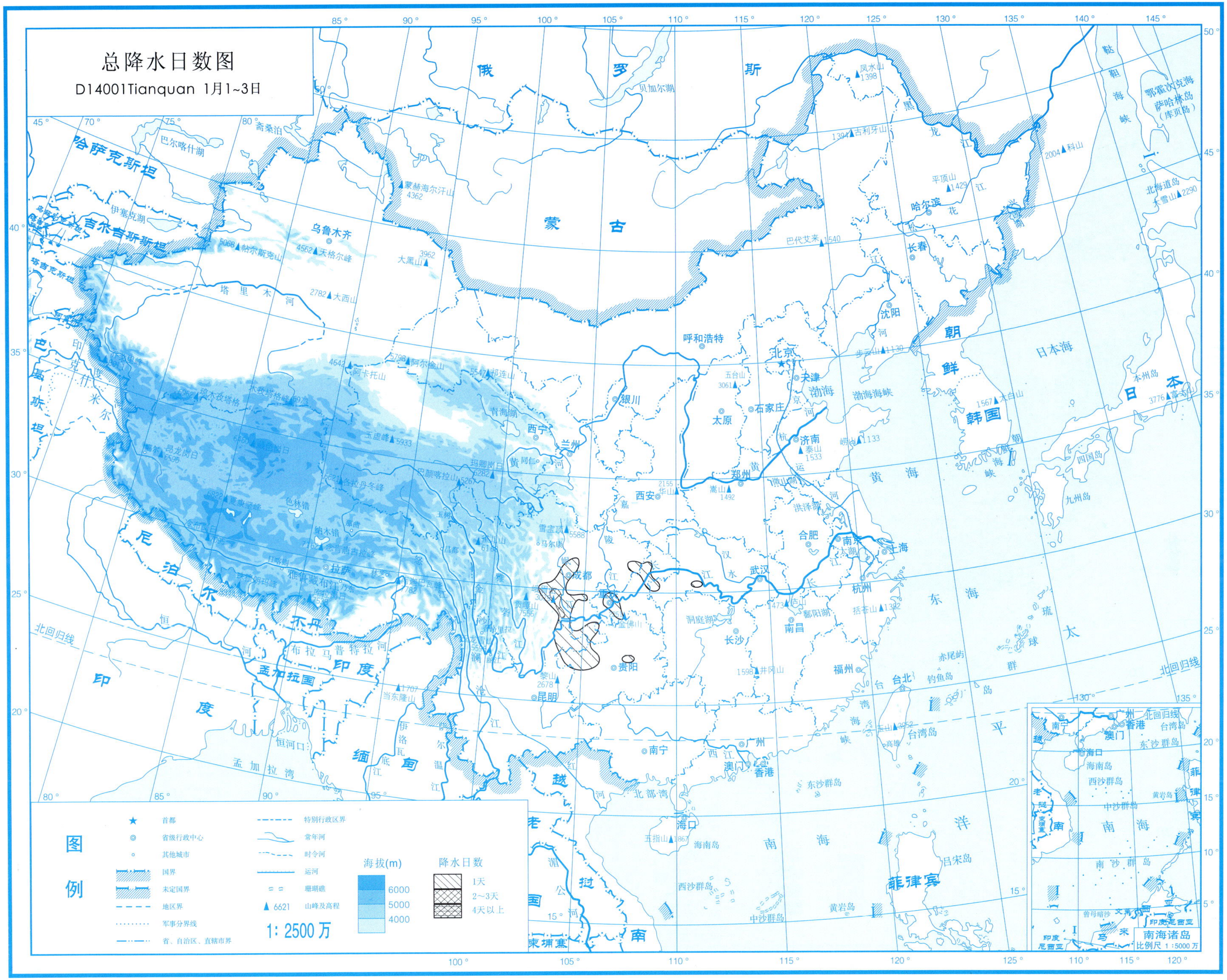

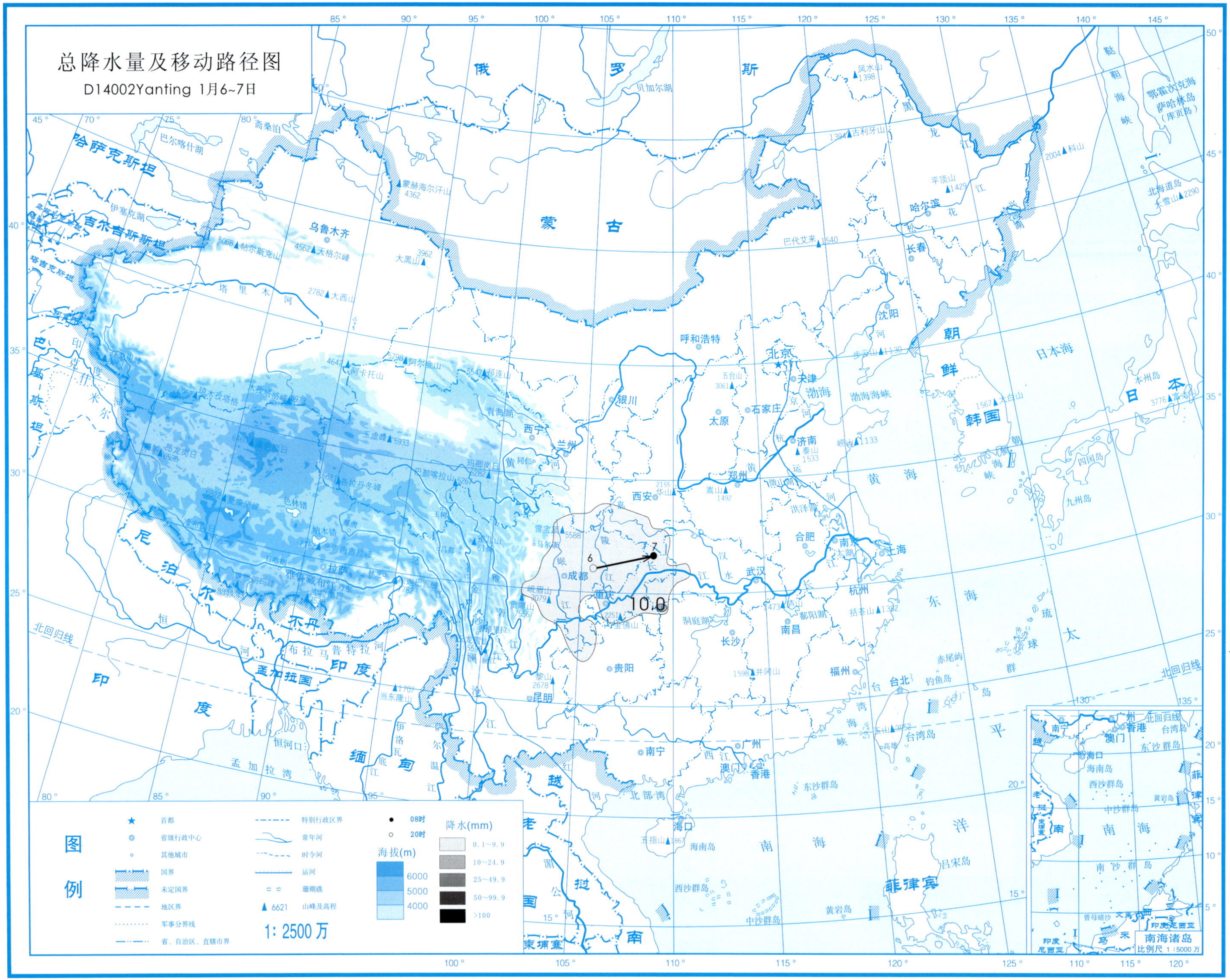

总降水量及移动路径图
D14002Yanting 1月6~7日
6
7
10.0
图例
首都
省级行政中心
其他城市
国界
未定国界
地区界
军事分界线
省、自治区、直辖市界
特别行政区界
常年河
时令河
运河
珊瑚礁
6621 山峰及高程
1: 2500万
08时
20时
海拔(m)
6000
5000
4000
降水(mm)
0.1~9.9
10~24.9
25~49.9
50~99.9
>100
南海诸岛
比例尺 1:5000万

总降水日数图

D14002Yanting 1月6~7日

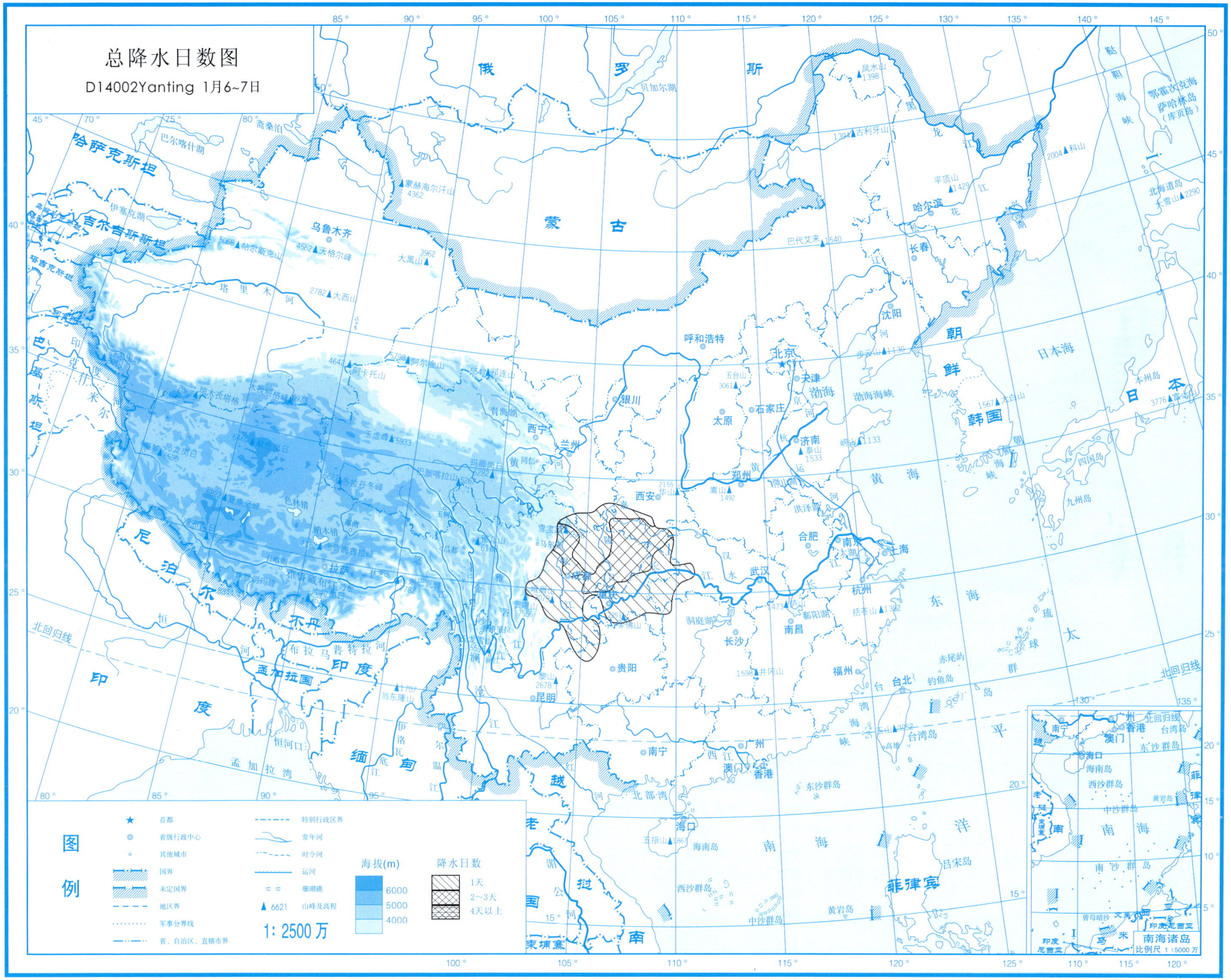

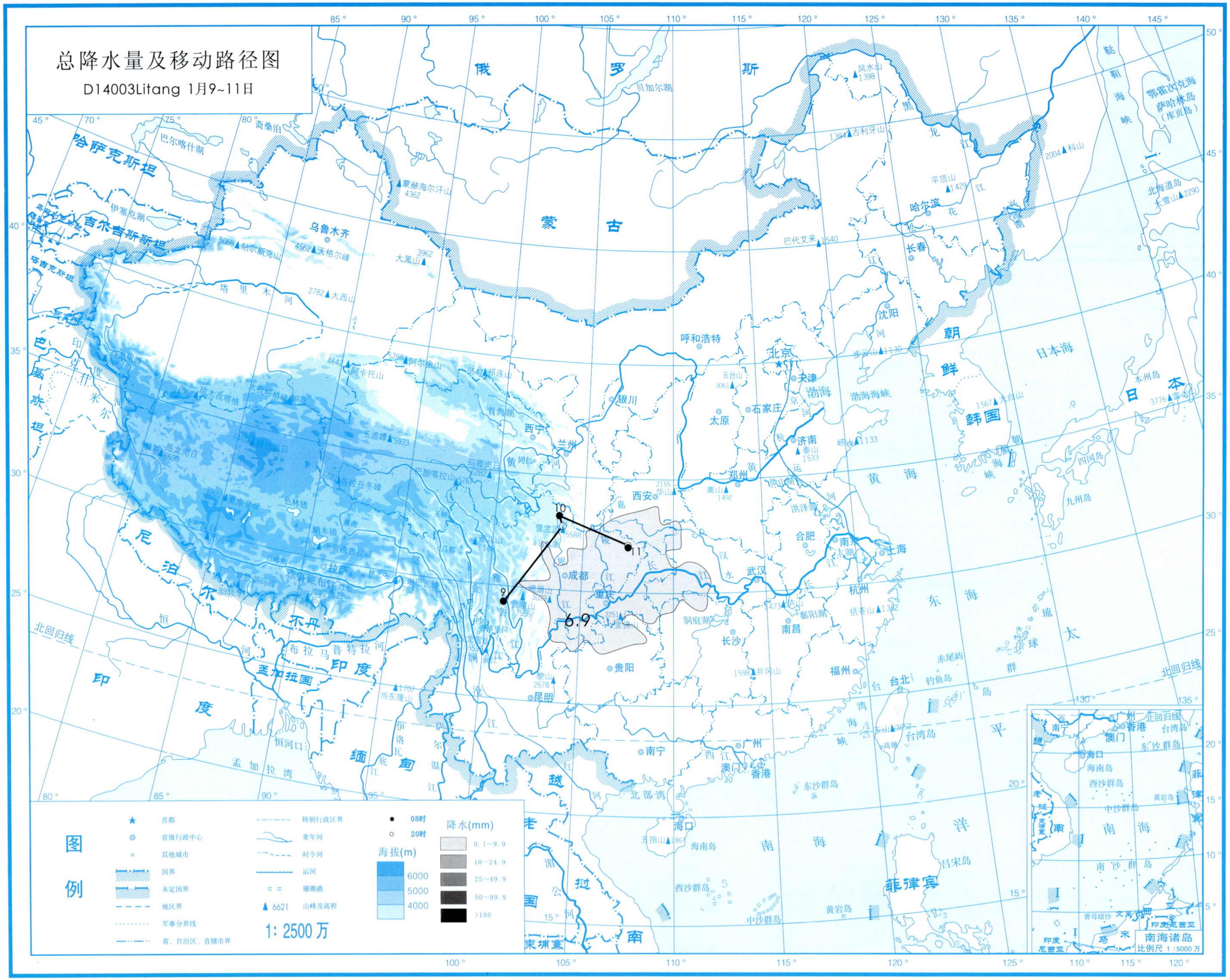
总降水量及移动路径图
D14003Litang 1月9~11日
9
10
11
6.9
图例
首都
省级行政中心
其他城市
国界
未定国界
地区界
军事分界线
省、自治区、直辖市界
特别行政区界
常年河
时令河
运河
珊瑚礁
6621 山峰及高程
1: 2500 万
08时
20时
海拔(m)
6000
5000
4000
降水(mm)
0.1~9.9
10~24.9
25~49.9
50~99.9
>100
南海诸岛
比例尺 1:5000 万

总降水日数图

D14003Litang 1月9~11日

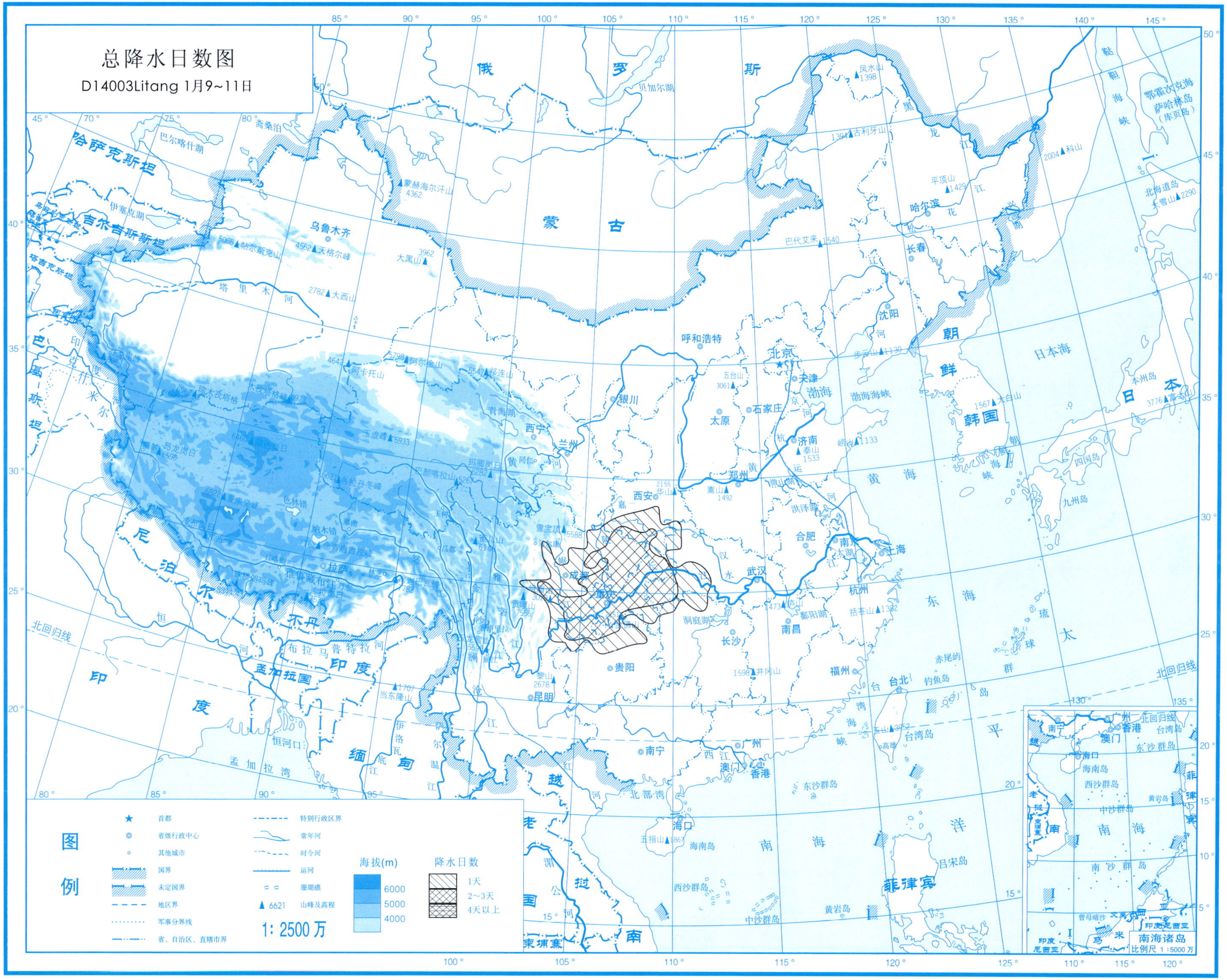

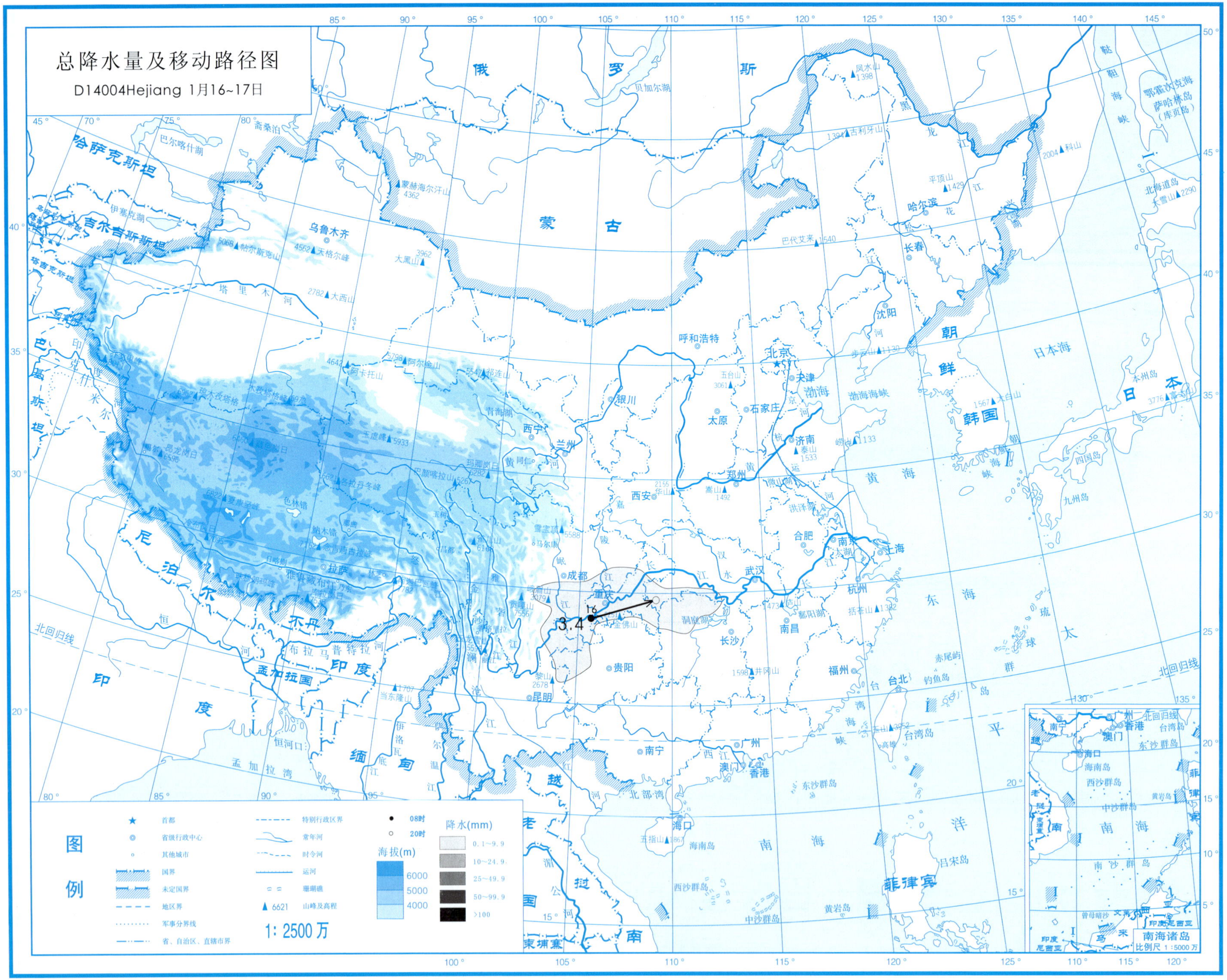

总降水量及移动路径图
D14004Hejiang 1月16~17日
13.4
16
图例
首都
省级行政中心
其他城市
国界
未定国界
地区界
军事分界线
省、自治区、直辖市界
特别行政区界
常年河
时令河
运河
珊瑚礁
6621 山峰及高程
1: 2500 万
08时
20时
海拔(m)
6000
5000
4000
降水(mm)
0.1~9.9
10~24.9
25~49.9
50~99.9
>100
俄
罗
斯
蒙
古
哈萨克斯坦
吉尔吉斯斯坦
塔吉克斯坦
巴基斯坦
印度
尼泊尔
不丹
孟加拉国
缅甸
老挝
越南
泰国
柬埔寨
朝鲜
韩国
日本
菲律宾
北京
天津
石家庄
太原
呼和浩特
沈阳
长春
哈尔滨
济南
郑州
西安
兰州
西宁
银川
乌鲁木齐
拉萨
成都
重庆
贵阳
昆明
南宁
广州
长沙
武汉
南昌
合肥
南京
上海
杭州
福州
台北
海口
香港
澳门
渤海
黄海
东海
南海
日本海
太平洋
南海诸岛
比例尺 1:5000 万

总降水日数图

D14004Hejiang 1月16~17日

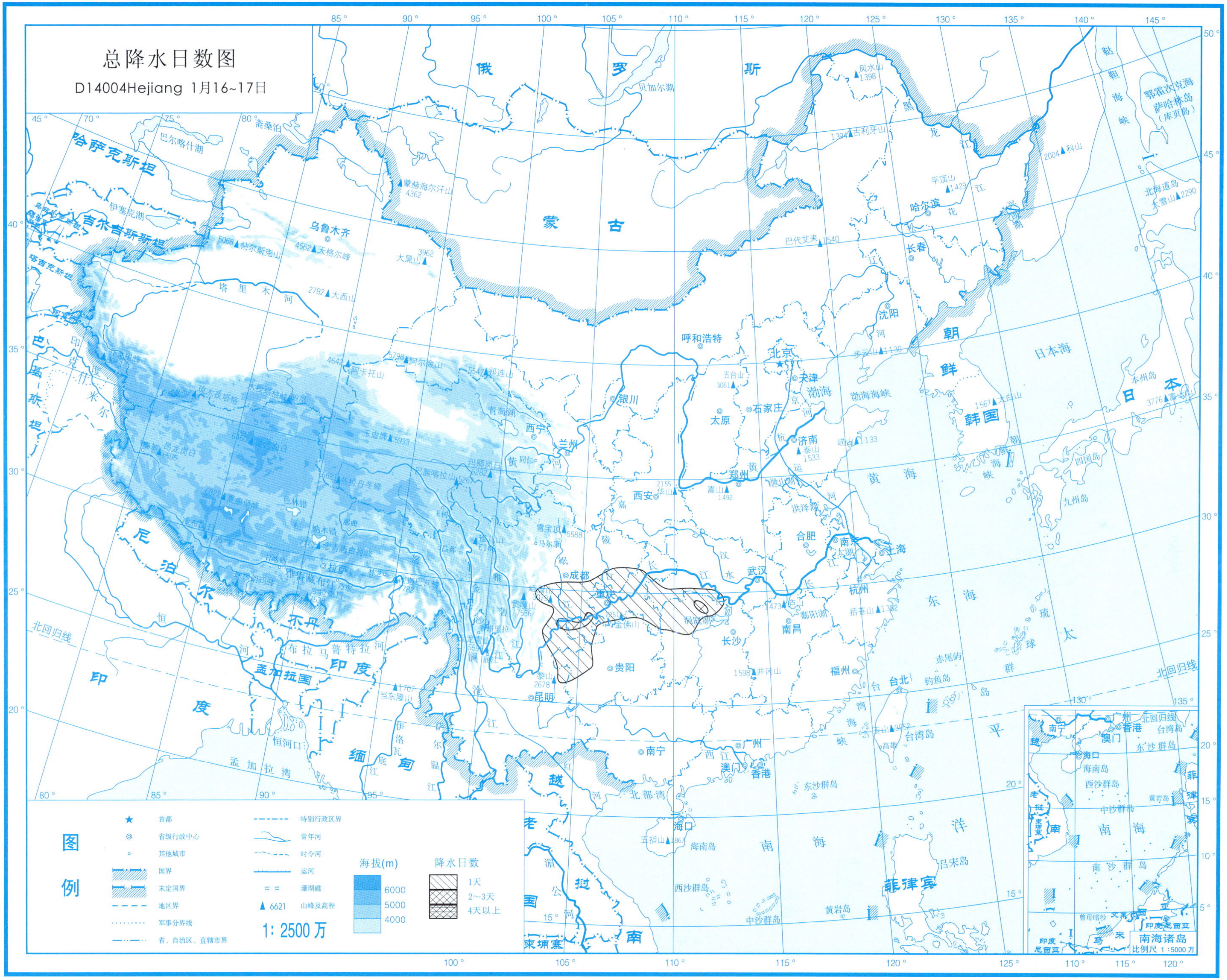

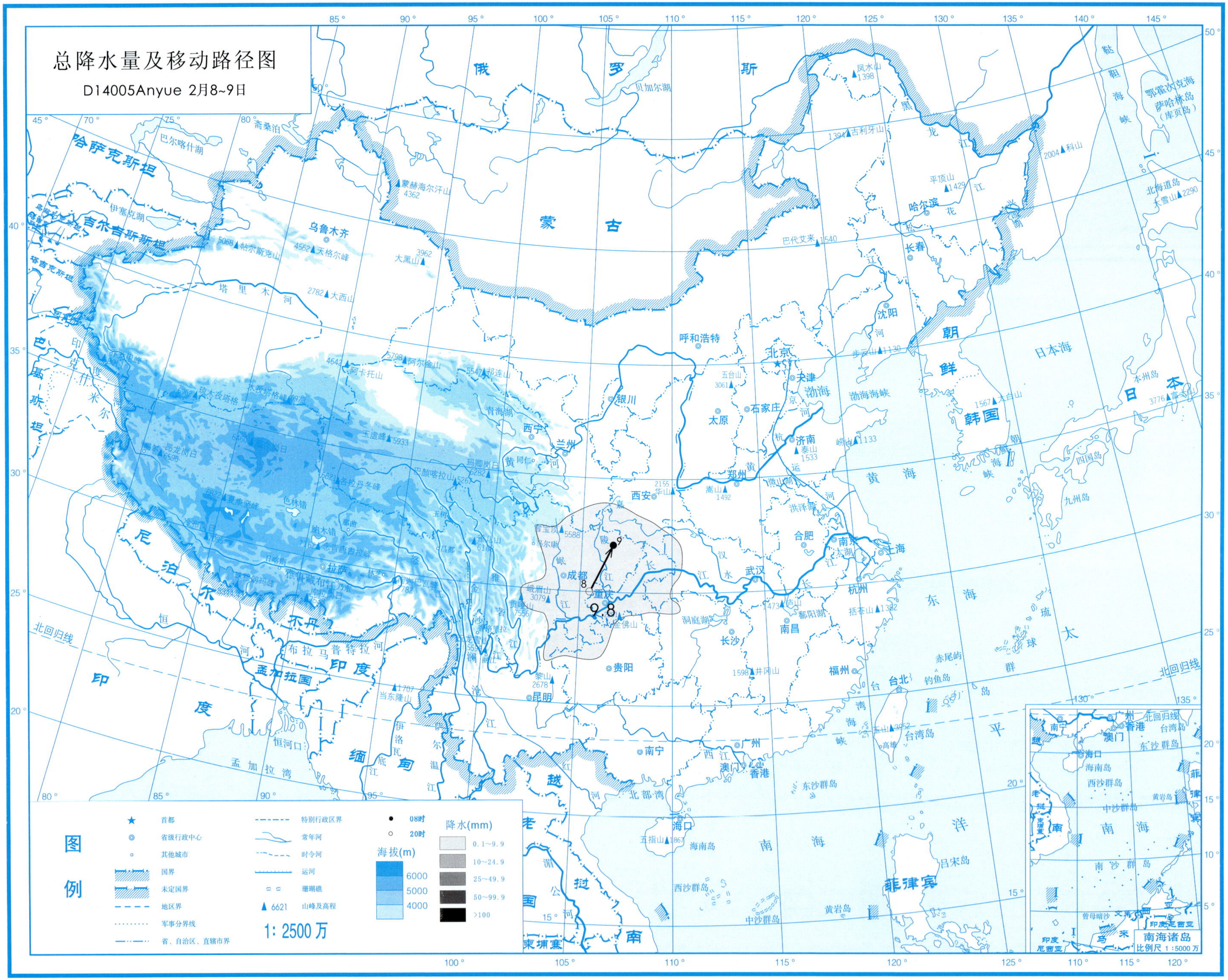

总降水量及移动路径图
D14005Anyue 2月8~9日

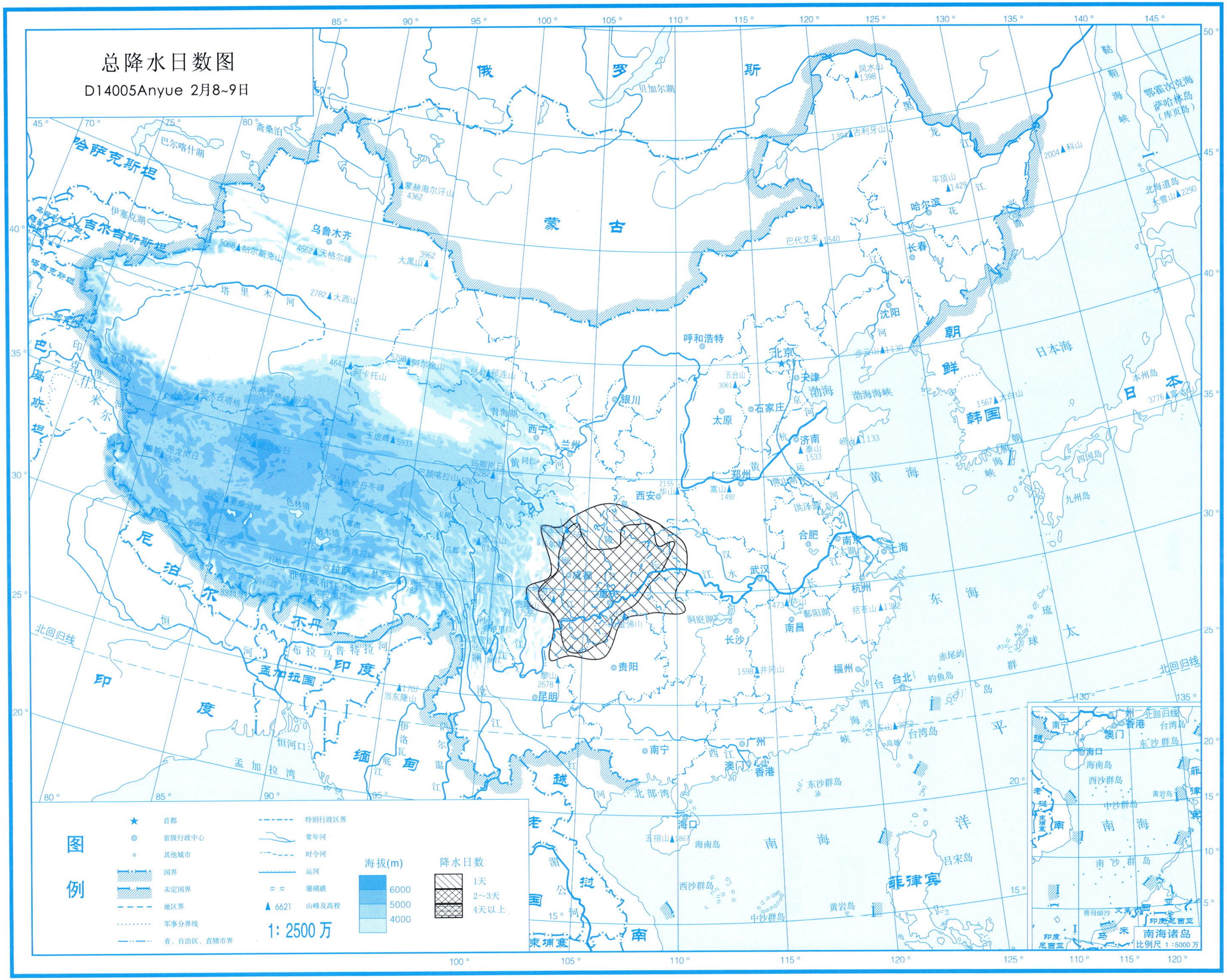
总降水日数图
D14005Anyue 2月8~9日
图例
首都
省级行政中心
其他城市
国界
未定国界
地区界
军事分界线
省、自治区、直辖市界
特别行政区界
常年河
时令河
运河
珊瑚礁
6621 山峰及高程
1: 2500 万
海拔(m)
6000
5000
4000
降水日数
1天
2~3天
4天以上
南海诸岛
比例尺 1:5000 万

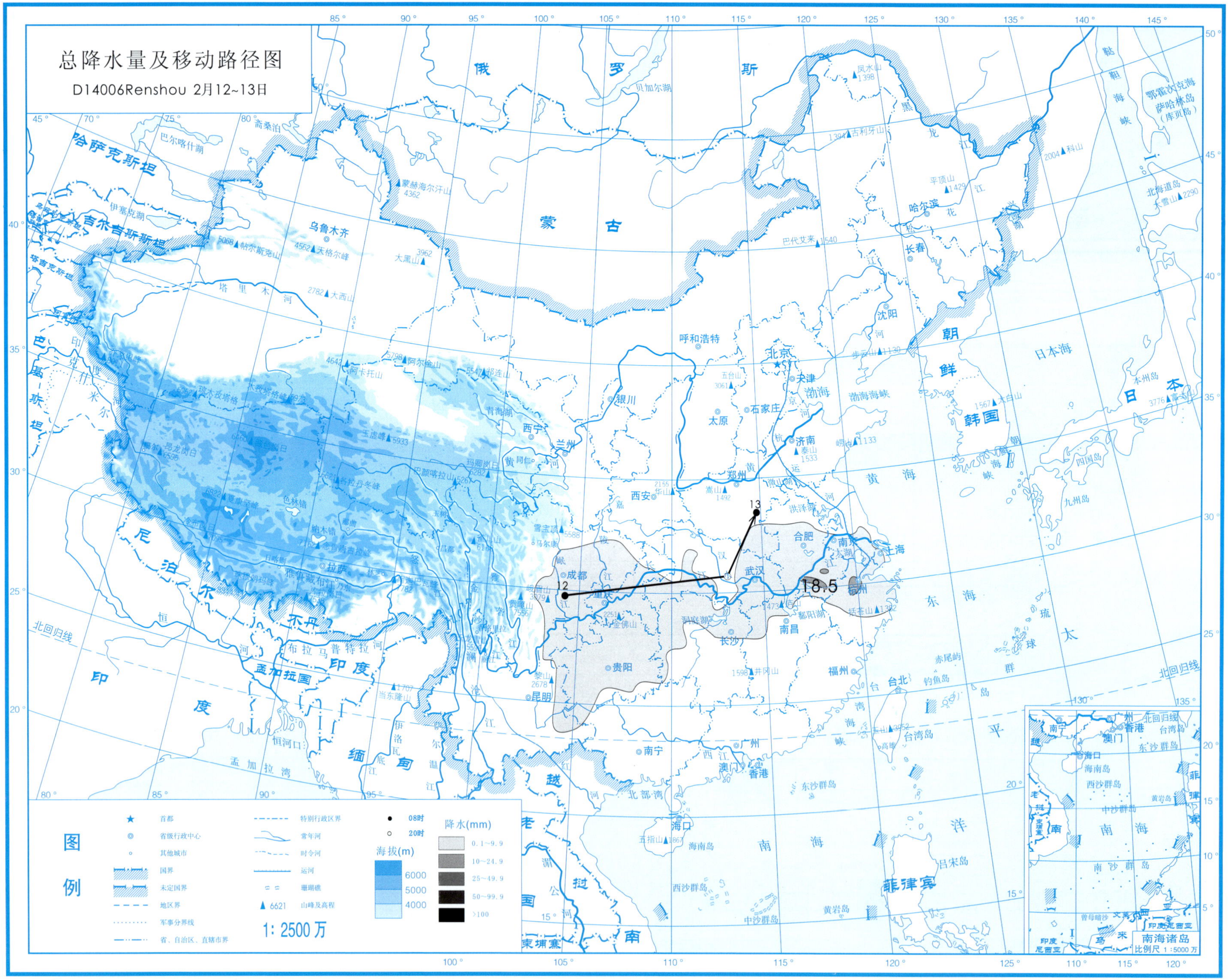

总降水量及移动路径图
D14006Renshou 2月12~13日
俄 罗 斯
蒙 古
哈萨克斯坦
吉尔吉斯斯坦
塔吉克斯坦
巴基斯坦
尼 泊 尔
不丹
印 度
孟加拉国
缅 甸
越
老
柬埔寨
朝 鲜
韩国
日 本
菲律宾
乌鲁木齐
呼和浩特
北京
天津
石家庄
太原
银川
兰州
西宁
西安
郑州
济南
沈阳
长春
哈尔滨
合肥
南京
上海
武汉
长沙
南昌
成都
重庆
贵阳
昆明
南宁
广州
香港
澳门
福州
台北
海口
拉萨
黄 海
东 海
南 海
渤海
日本海
太 平 洋
台湾岛
海南岛
东沙群岛
西沙群岛
中沙群岛
黄岩岛
南海诸岛
比例尺 1：5000 万
北回归线
12
13
18.5
图例
首都
省级行政中心
其他城市
国界
未定国界
地区界
军事分界线
省、自治区、直辖市界
特别行政区界
常年河
时令河
运河
珊瑚礁
6621 山峰及高程
1：2500 万
08时
20时
海拔(m)
6000
5000
4000
降水(mm)
0.1~9.9
10~24.9
25~49.9
50~99.9
>100

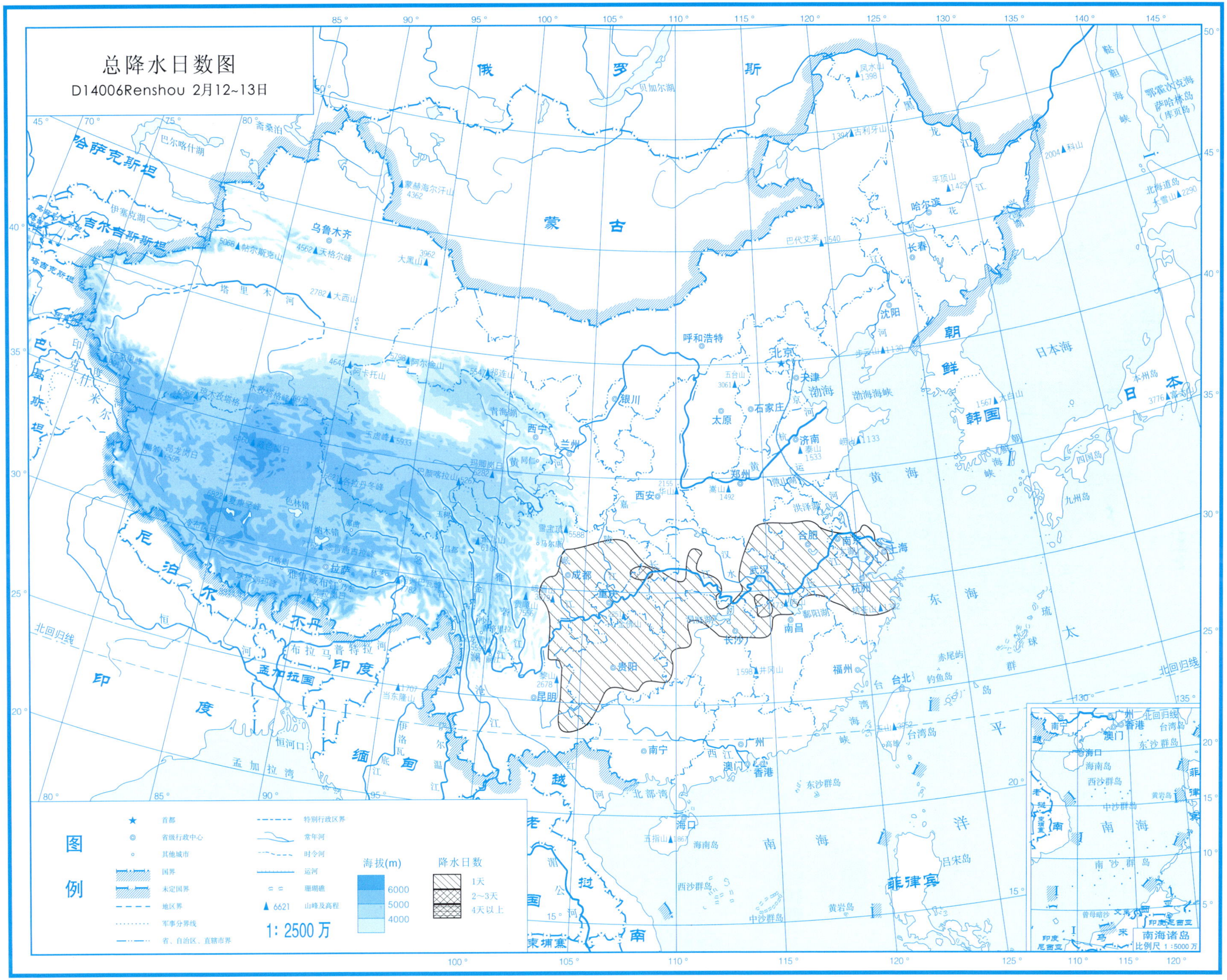

总降水日数图
D14006Renshou 2月12~13日
图例
首都
省级行政中心
其他城市
国界
未定国界
地区界
军事分界线
省、自治区、直辖市界
特别行政区界
常年河
时令河
运河
珊瑚礁
山峰及高程
1: 2500 万
海拔(m)
6000
5000
4000
降水日数
1天
2~3天
4天以上
俄
罗
斯
蒙
古
哈萨克斯坦
吉尔吉斯斯坦
尼
泊
尔
不丹
印
度
孟加拉国
缅
甸
越
南
老
挝
朝
鲜
韩国
日
本
菲律宾
日本海
黄
海
东
海
南
海
太
平
洋
乌鲁木齐
呼和浩特
北京
天津
石家庄
太原
银川
西宁
兰州
济南
郑州
西安
合肥
南京
上海
武汉
杭州
成都
重庆
长沙
南昌
贵阳
昆明
福州
台北
南宁
广州
澳门
香港
海口
拉萨
哈尔滨
长春
沈阳
南海诸岛

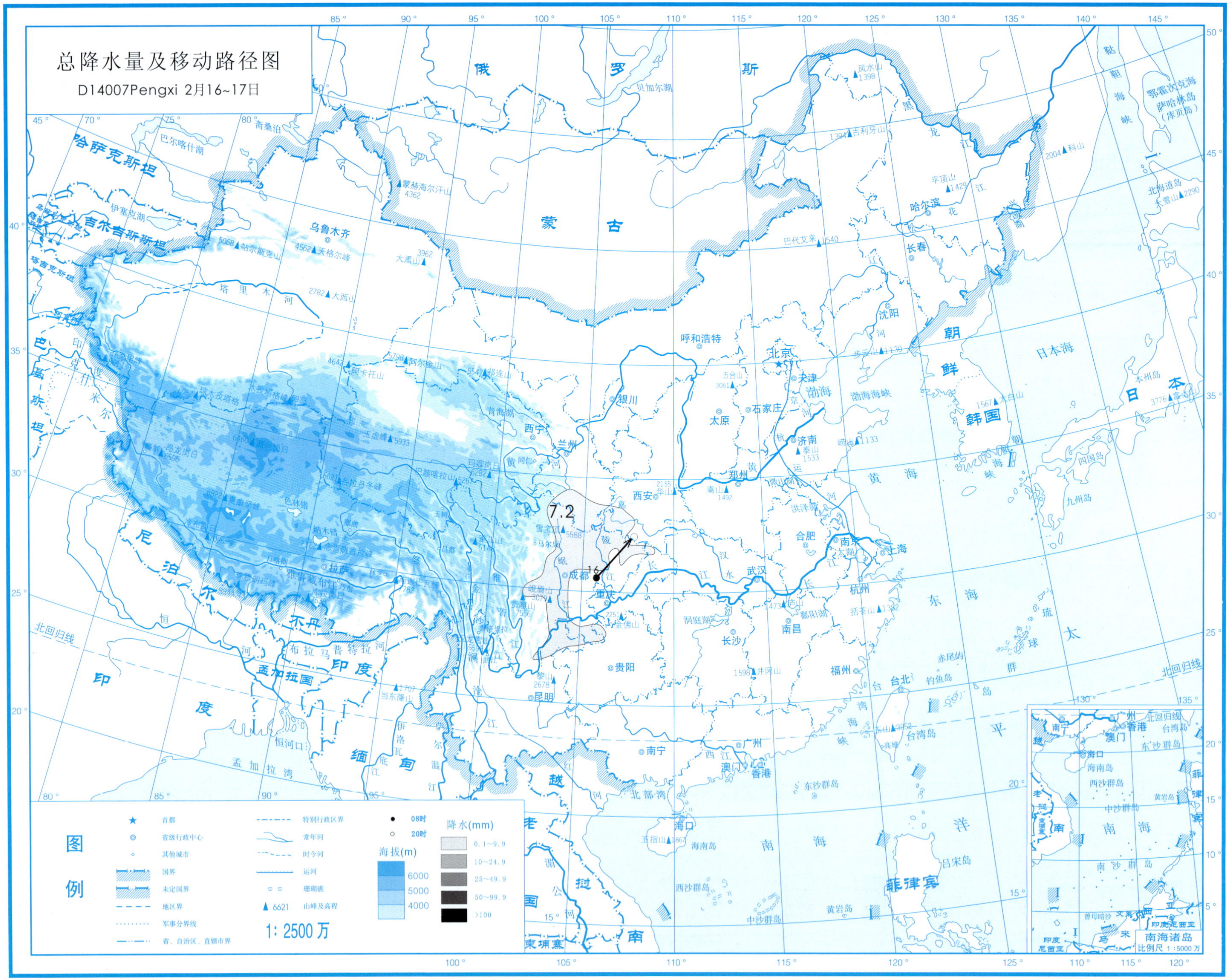
总降水量及移动路径图
D14007Pengxi 2月16~17日
7.2
16
图例
首都
省级行政中心
其他城市
国界
未定国界
地区界
军事分界线
省、自治区、直辖市界
特别行政区界
常年河
时令河
运河
珊瑚礁
6621 山峰及高程
1: 2500 万
08时
20时
海拔(m)
6000
5000
4000
降水(mm)
0.1~9.9
10~24.9
25~49.9
50~99.9
>100
南海诸岛
比例尺 1:5000 万

总降水日数图

D14007Pengxi 2月16~17日

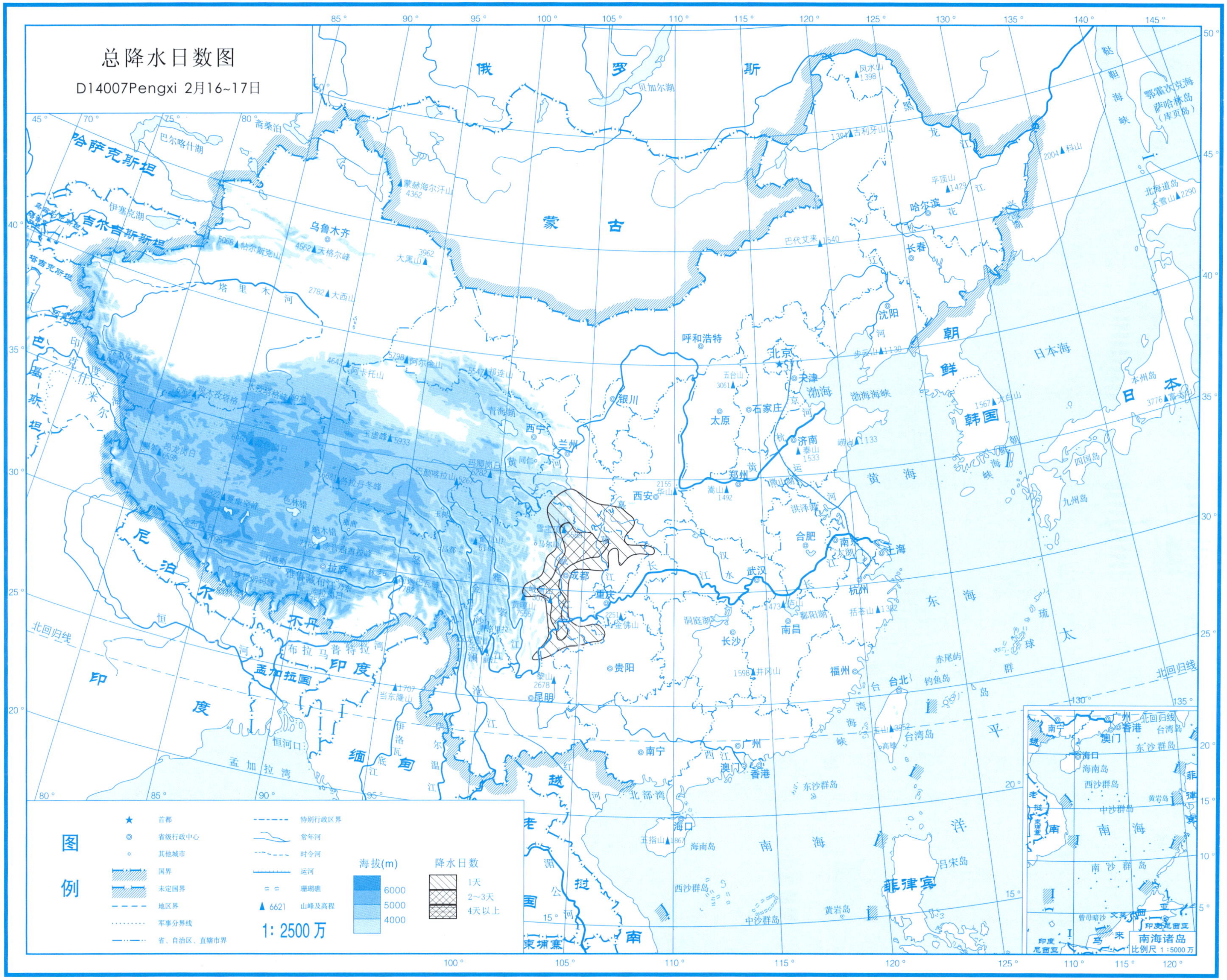

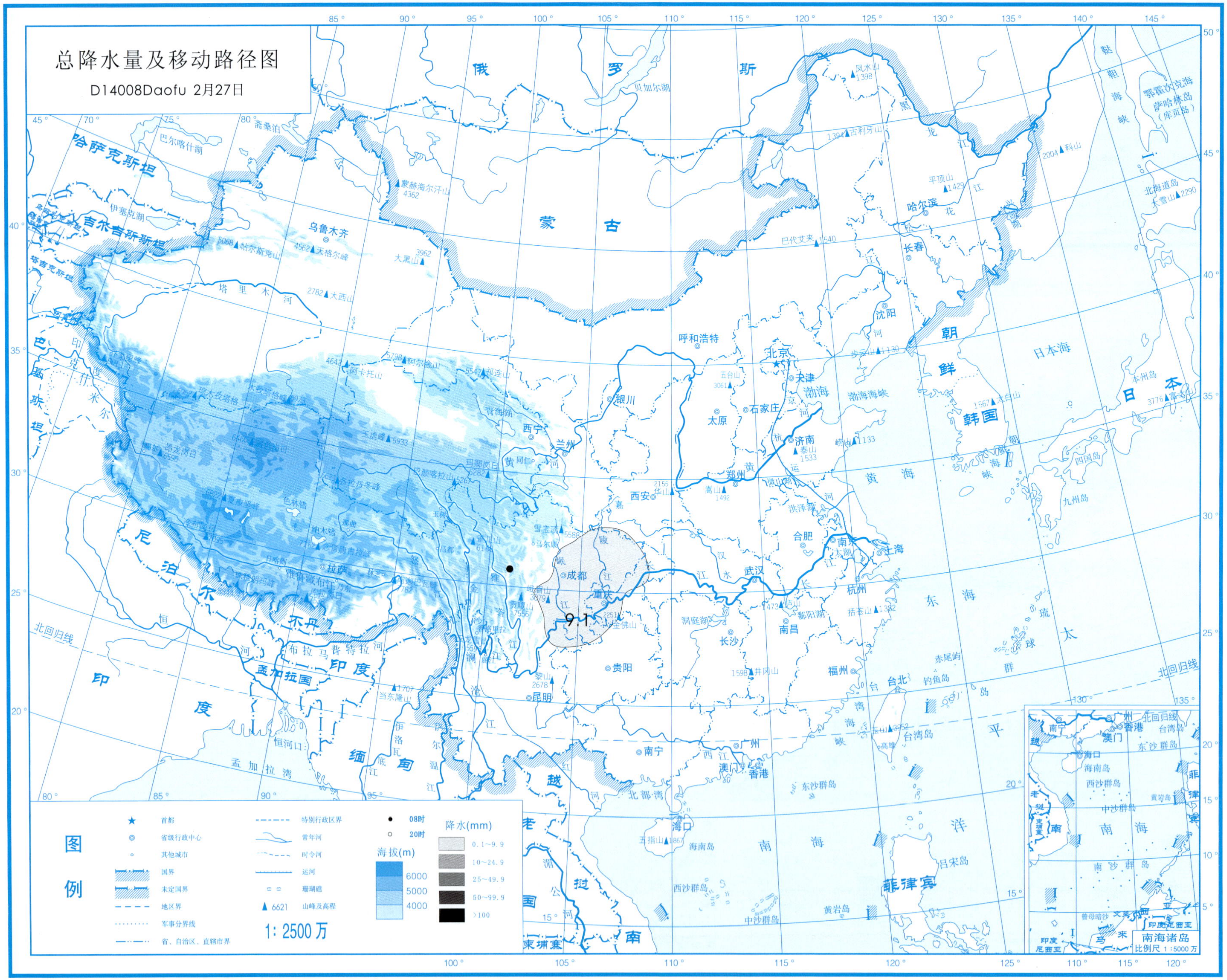
总降水量及移动路径图
D14008Daofu 2月27日
9.1
图例
首都
省级行政中心
其他城市
国界
未定国界
地区界
军事分界线
省、自治区、直辖市界
特别行政区界
常年河
时令河
运河
珊瑚礁
6621 山峰及高程
08时
20时
海拔(m)
6000
5000
4000
降水(mm)
0.1~9.9
10~24.9
25~49.9
50~99.9
>100
1: 2500 万
南海诸岛
比例尺 1:5000 万

总降水日数图

D14008Daofu 2月27日

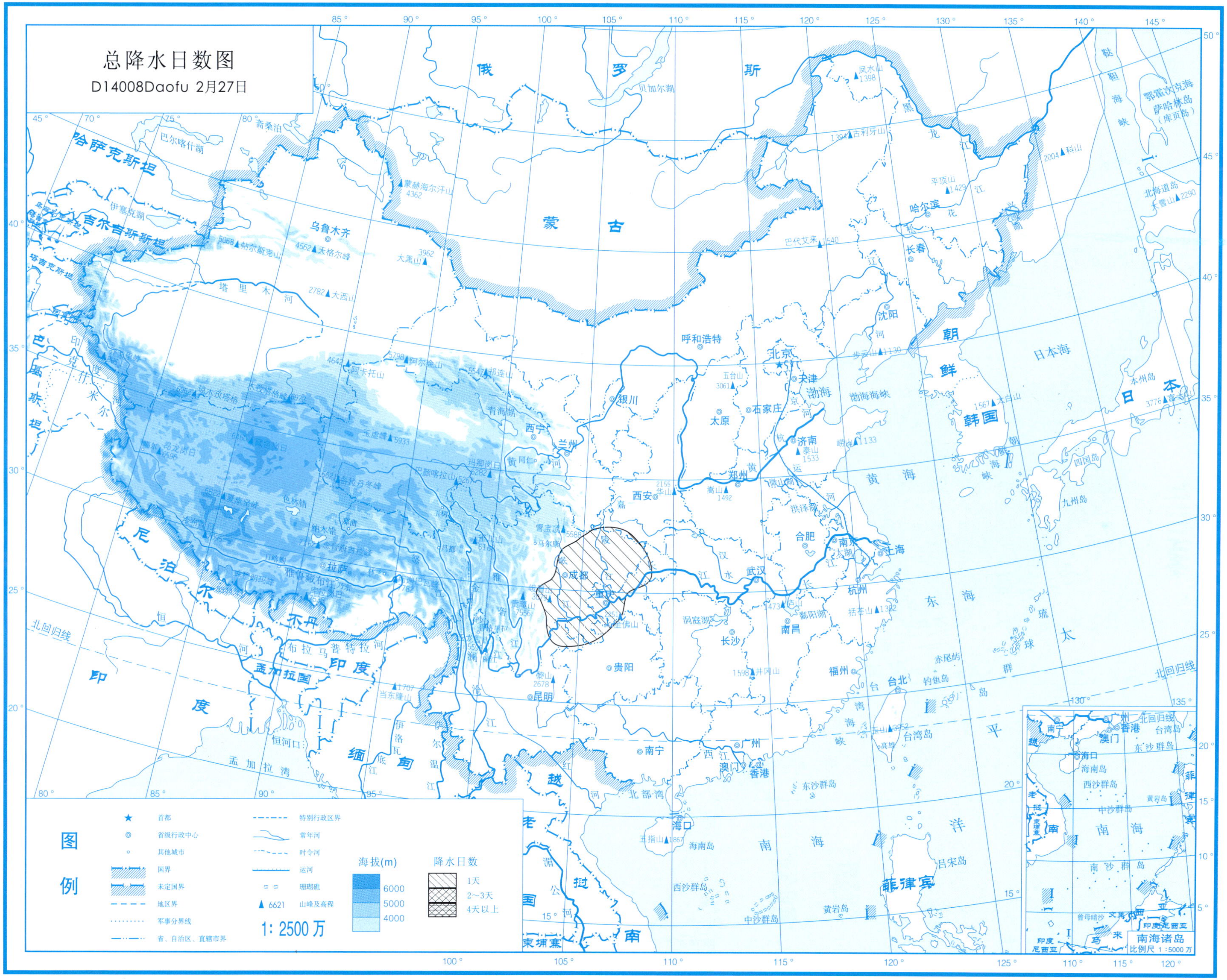

总降水量及移动路径图

D14009Zizhong 3月5~6日

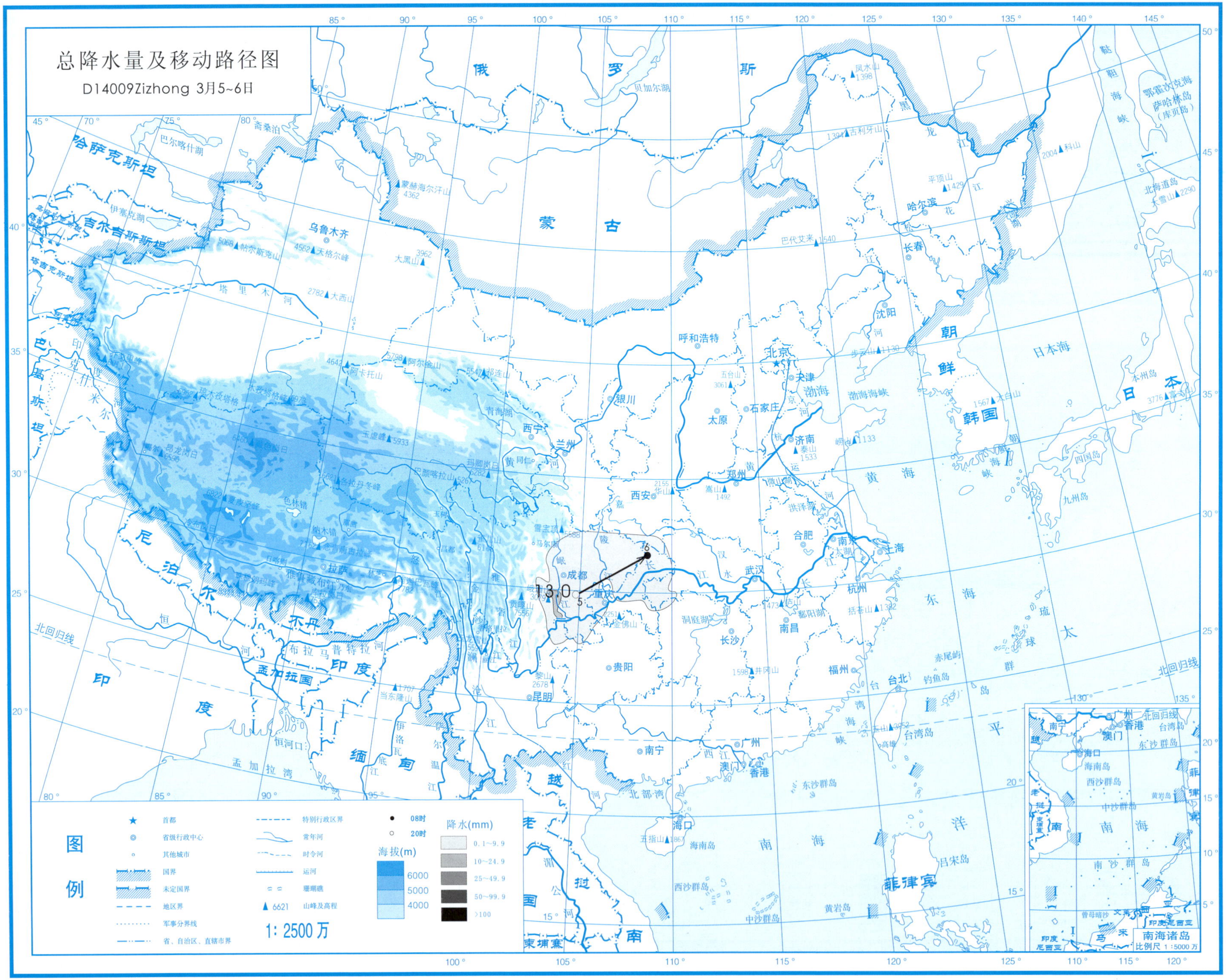

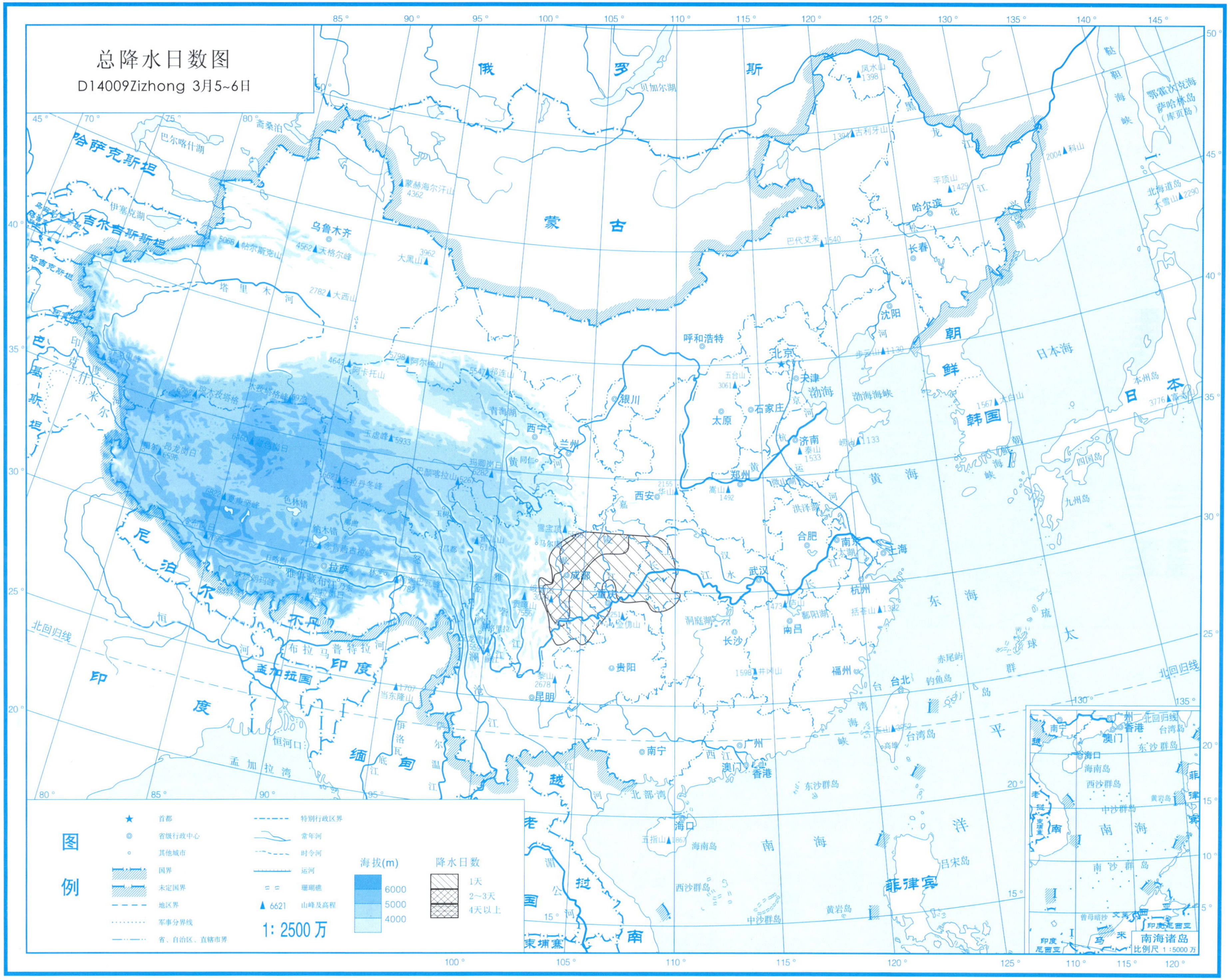

总降水日数图
D14009Zizhong 3月5~6日
图例
首都
省级行政中心
其他城市
国界
未定国界
地区界
军事分界线
省、自治区、直辖市界
特别行政区界
常年河
时令河
运河
珊瑚礁
6621 山峰及高程
1: 2500万
海拔(m)
6000
5000
4000
降水日数
1天
2~3天
4天以上
俄罗斯
蒙古
哈萨克斯坦
吉尔吉斯斯坦
塔吉克斯坦
巴基斯坦
尼泊尔
不丹
印度
孟加拉国
缅甸
老挝
越南
泰国
柬埔寨
菲律宾
朝鲜
韩国
日本
北京
天津
石家庄
太原
呼和浩特
沈阳
长春
哈尔滨
济南
郑州
西安
银川
兰州
西宁
乌鲁木齐
拉萨
成都
重庆
贵阳
昆明
南宁
广州
香港
澳门
海口
长沙
武汉
南昌
合肥
南京
上海
杭州
福州
台北
日本海
渤海
黄海
东海
南海
太平洋
北回归线
南海诸岛
比例尺 1:5000万

总降水量及移动路径图

D14010Pengan 3月13~14日

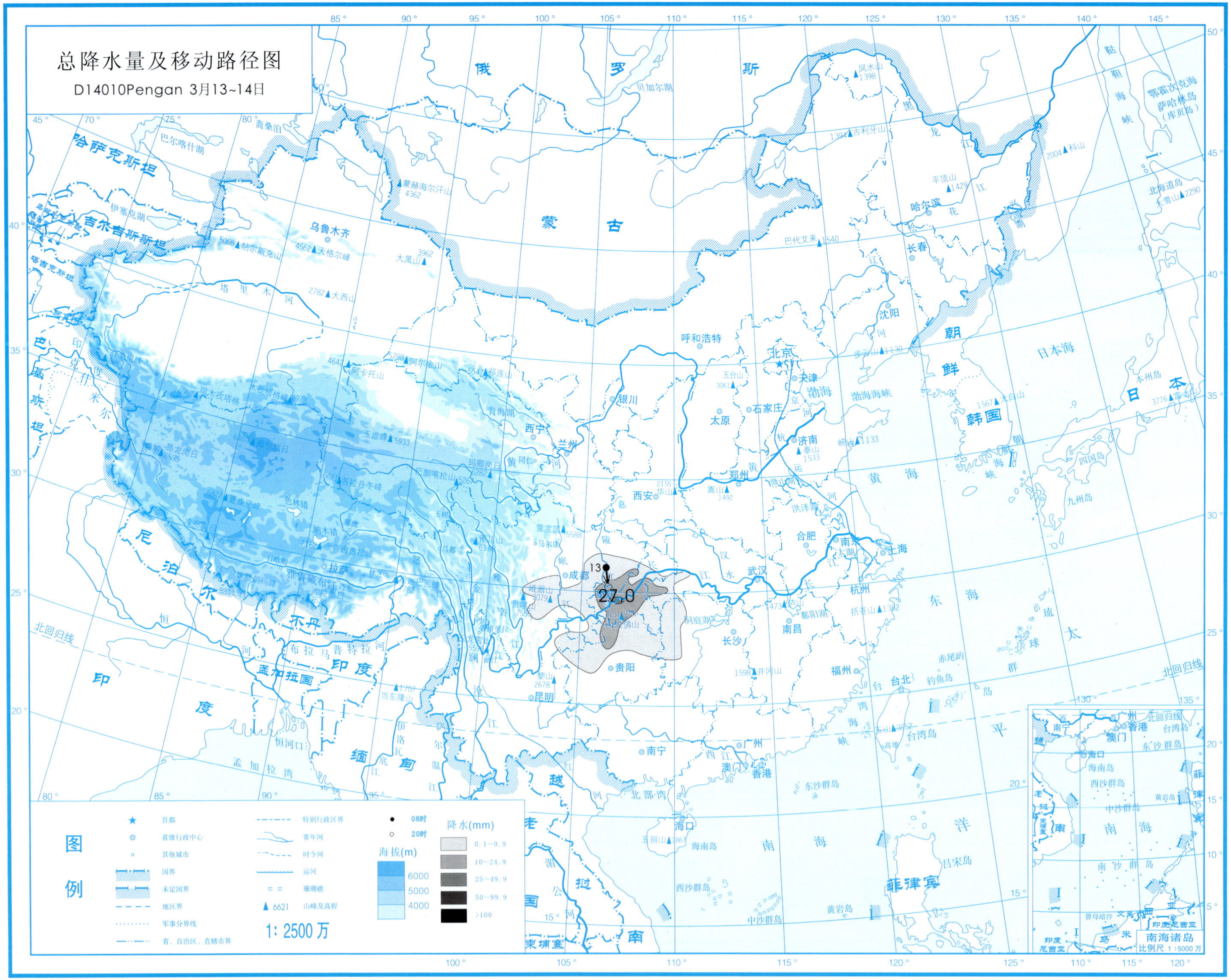

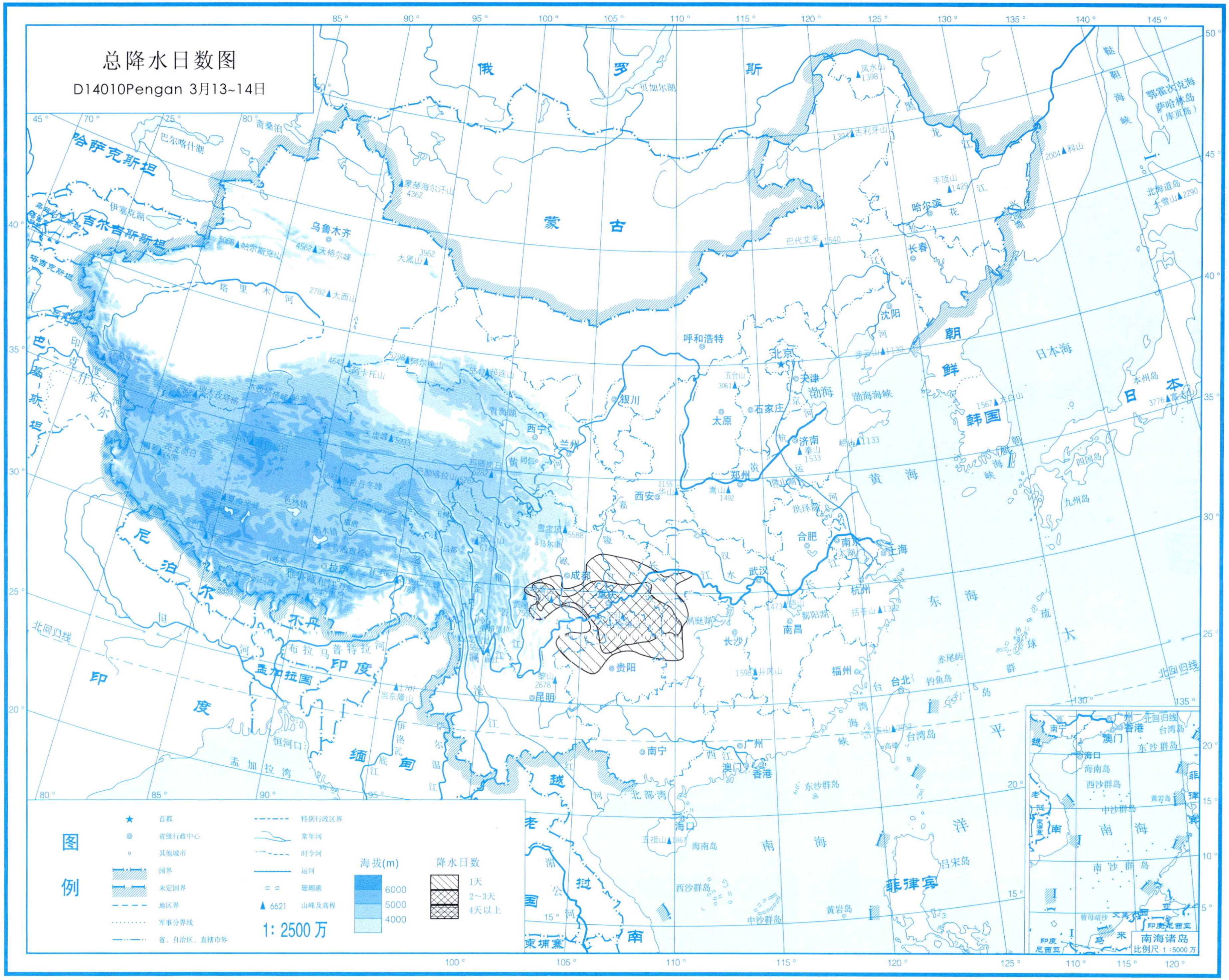

总降水日数图
D14010Pengan 3月13~14日
图例
首都
省级行政中心
其他城市
国界
未定国界
地区界
军事分界线
省、自治区、直辖市界
特别行政区界
常年河
时令河
运河
珊瑚礁
6621 山峰及高程
1: 2500 万
海拔(m)
6000
5000
4000
降水日数
1天
2~3天
4天以上
南海诸岛
比例尺 1:5000 万

总降水量及移动路径图

D14011Songpan 3月17~19日

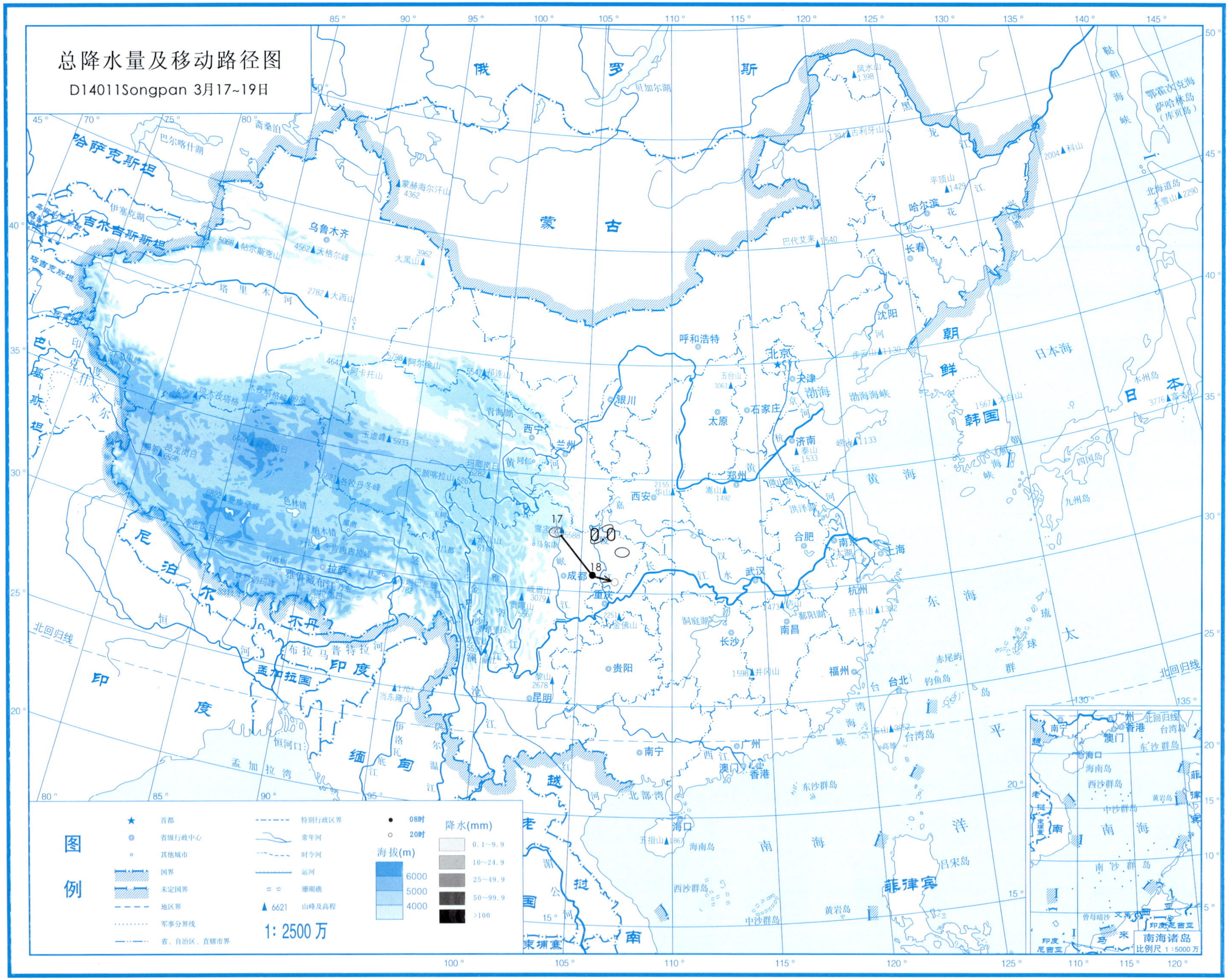

总降水日数图

D14011Songpan 3月17~19日

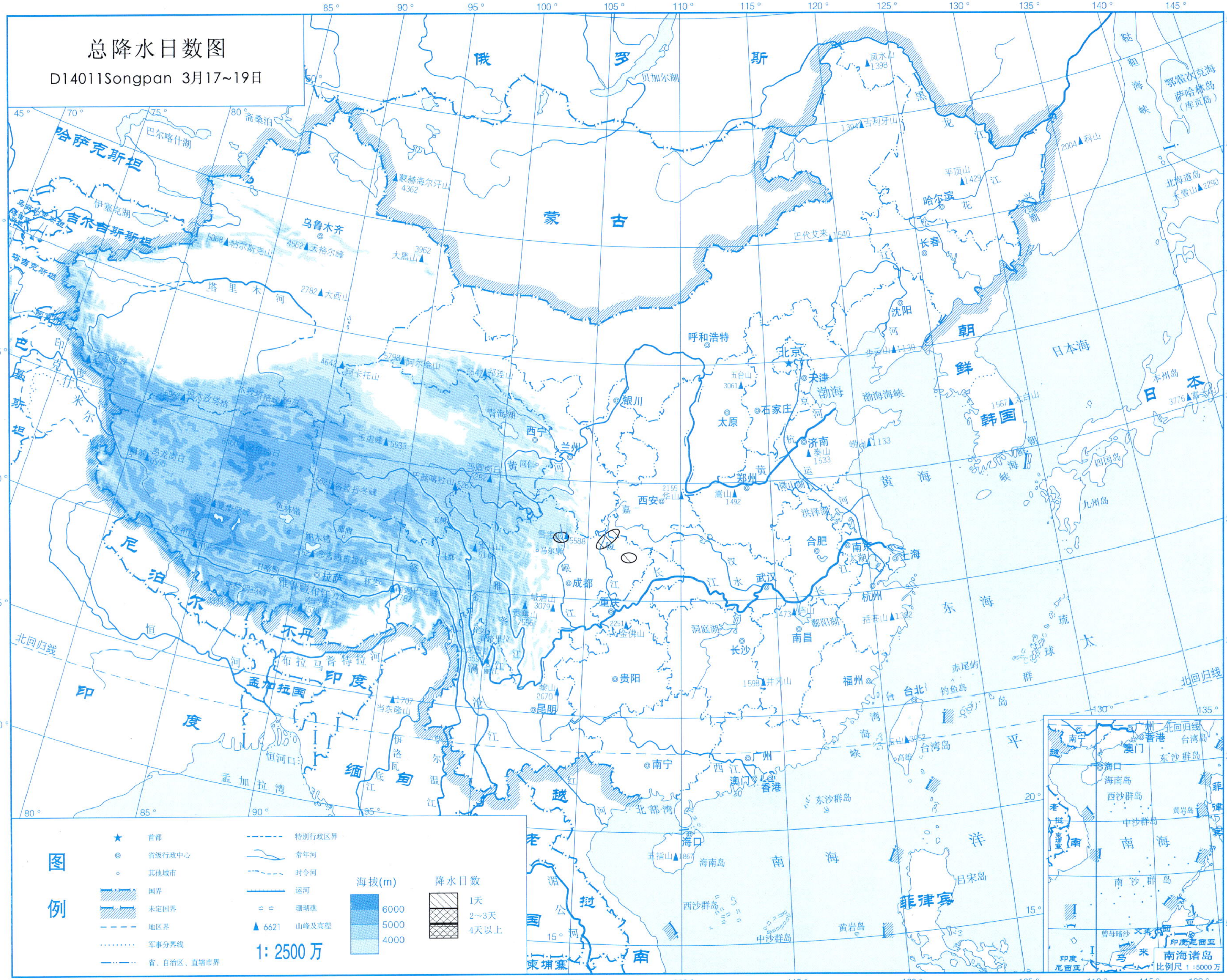

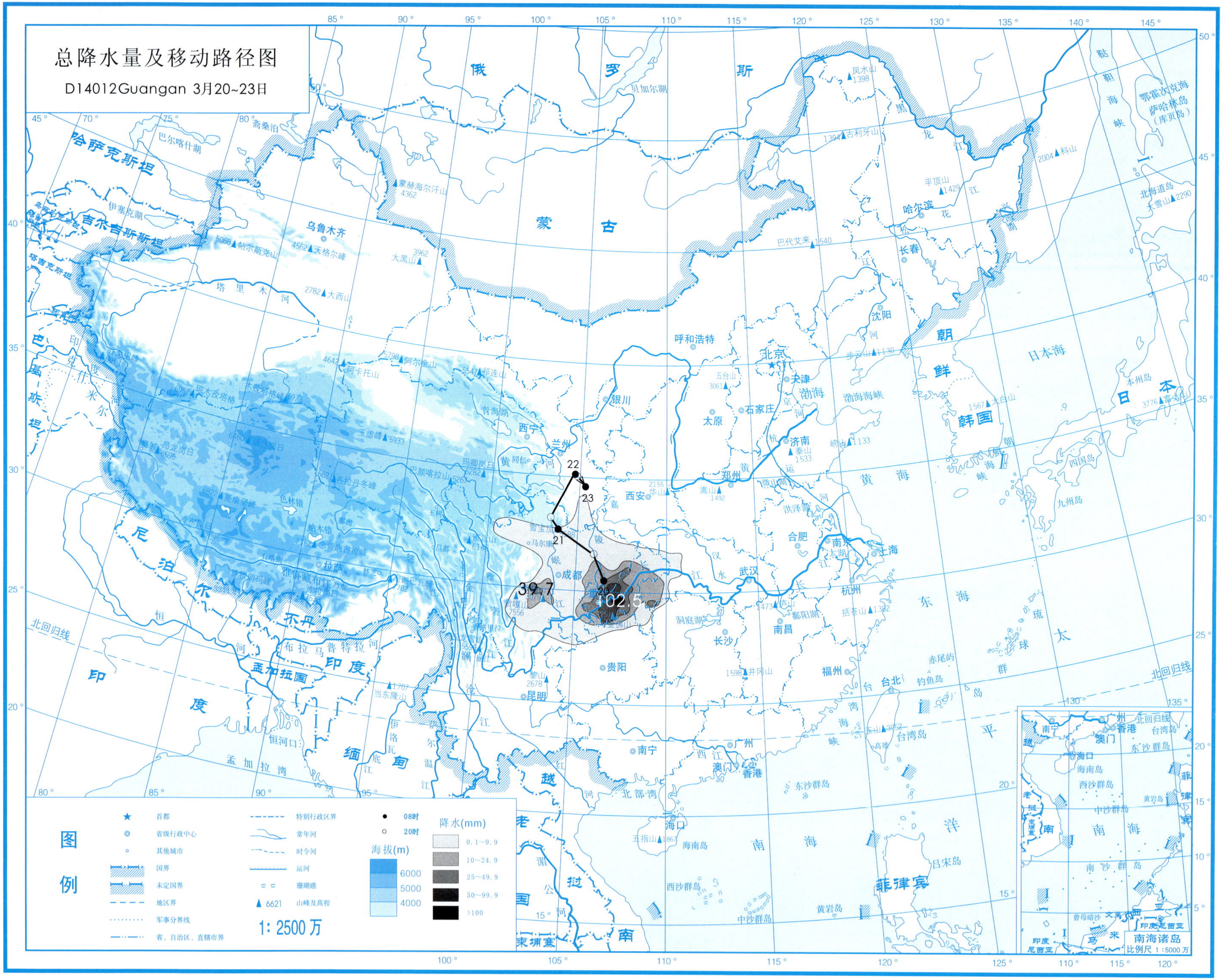

总降水量及移动路径图
D14012Guangan 3月20~23日
39.7
102.5
20
21
22
23
图例
首都
省级行政中心
其他城市
国界
未定国界
地区界
军事分界线
省、自治区、直辖市界
特别行政区界
常年河
时令河
运河
珊瑚礁
6621 山峰及高程
1: 2500 万
08时
20时
海拔(m)
6000
5000
4000
降水(mm)
0.1~9.9
10~24.9
25~49.9
50~99.9
>100
南海诸岛
比例尺 1:5000 万

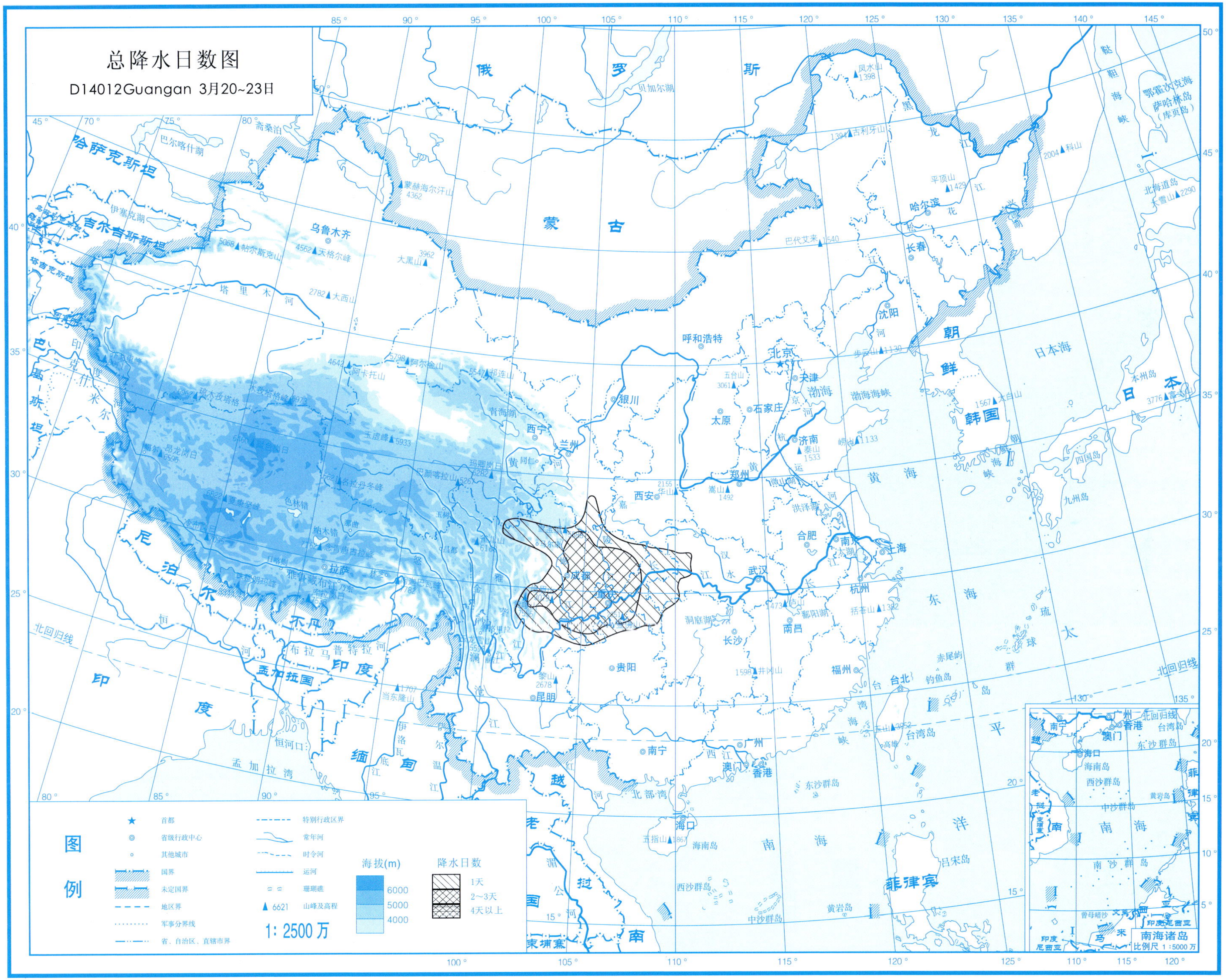
总降水日数图
D14012Guangan 3月20~23日
图例
首都
省级行政中心
其他城市
国界
未定国界
地区界
军事分界线
特别行政区界
常年河
时令河
运河
珊瑚礁
6621 山峰及高程
省、自治区、直辖市界
海拔(m)
6000
5000
4000
降水日数
1天
2~3天
4天以上
1: 2500万
俄罗斯
蒙古
哈萨克斯坦
吉尔吉斯斯坦
塔吉克斯坦
巴基斯坦
印度
尼泊尔
不丹
孟加拉国
缅甸
老挝
越南
泰国
柬埔寨
菲律宾
朝鲜
韩国
日本
日本海
黄海
东海
南海
太平洋
北京
天津
石家庄
太原
呼和浩特
沈阳
长春
哈尔滨
济南
郑州
西安
银川
兰州
西宁
乌鲁木齐
拉萨
成都
重庆
贵阳
昆明
南宁
广州
香港
澳门
海口
长沙
武汉
南昌
合肥
南京
上海
杭州
福州
台北
北回归线
南海诸岛
比例尺 1:5000万

总降水量及移动路径图

D14013Shimian 3月25~26日

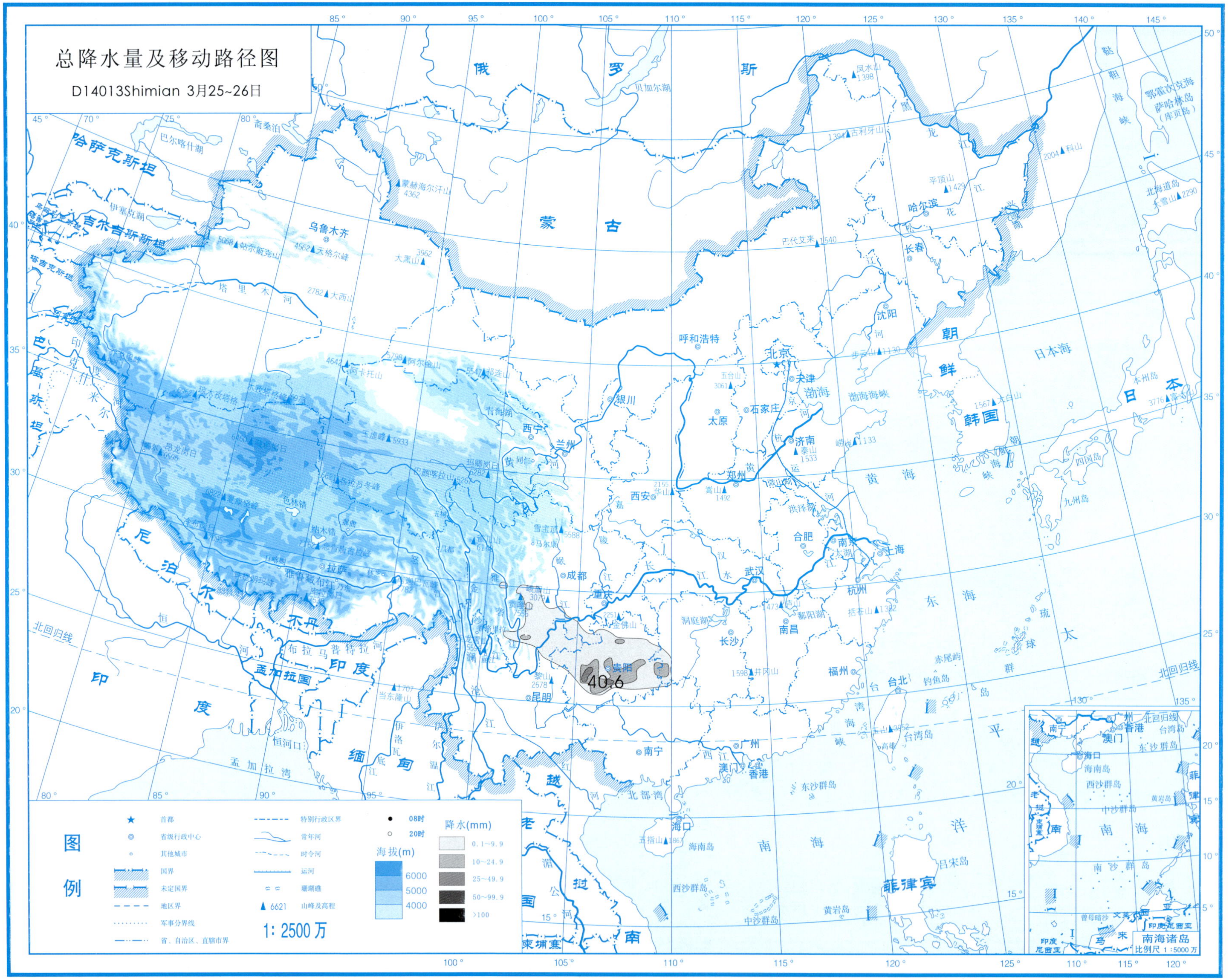

总降水日数图

D14013Shimian 3月25~26日

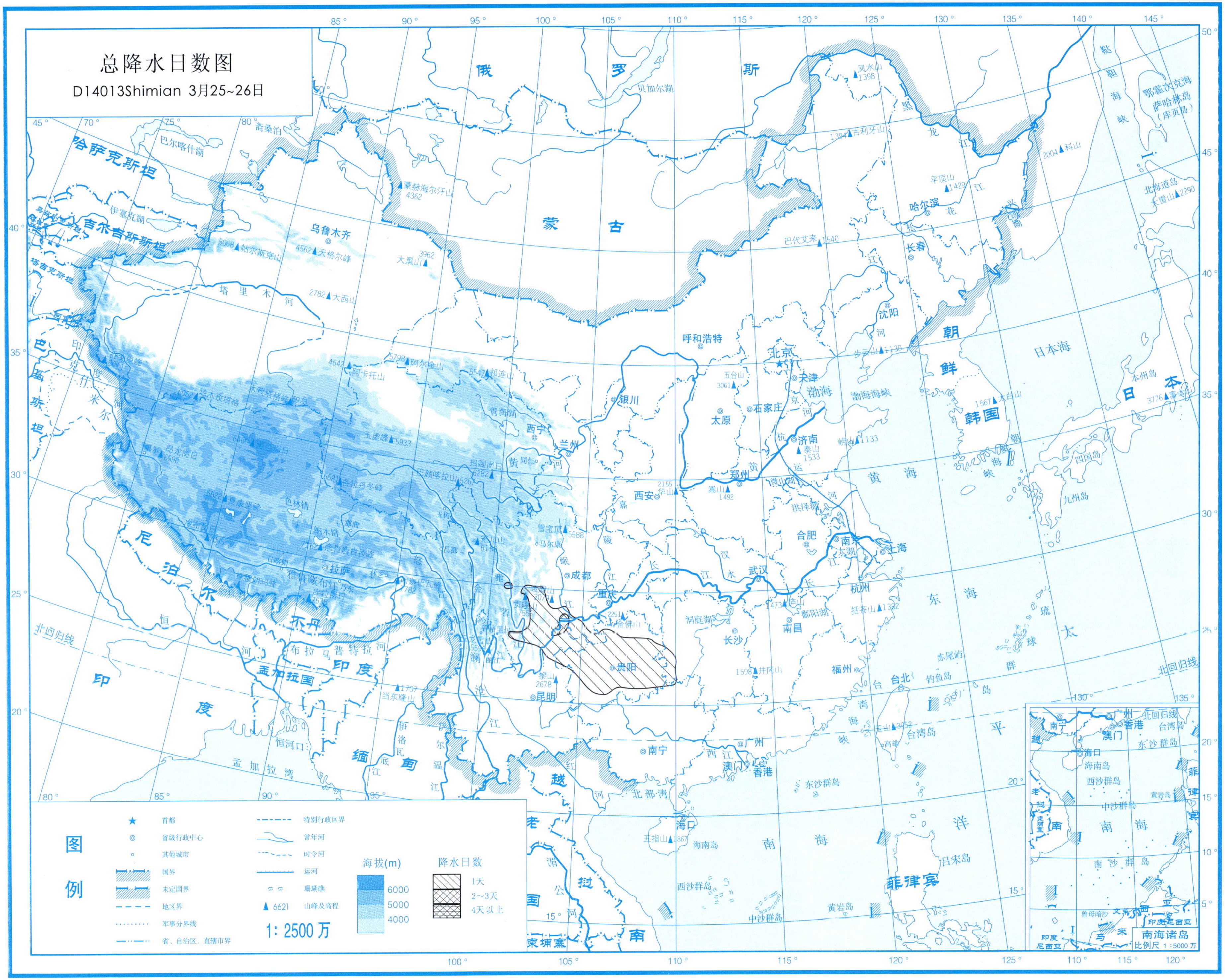

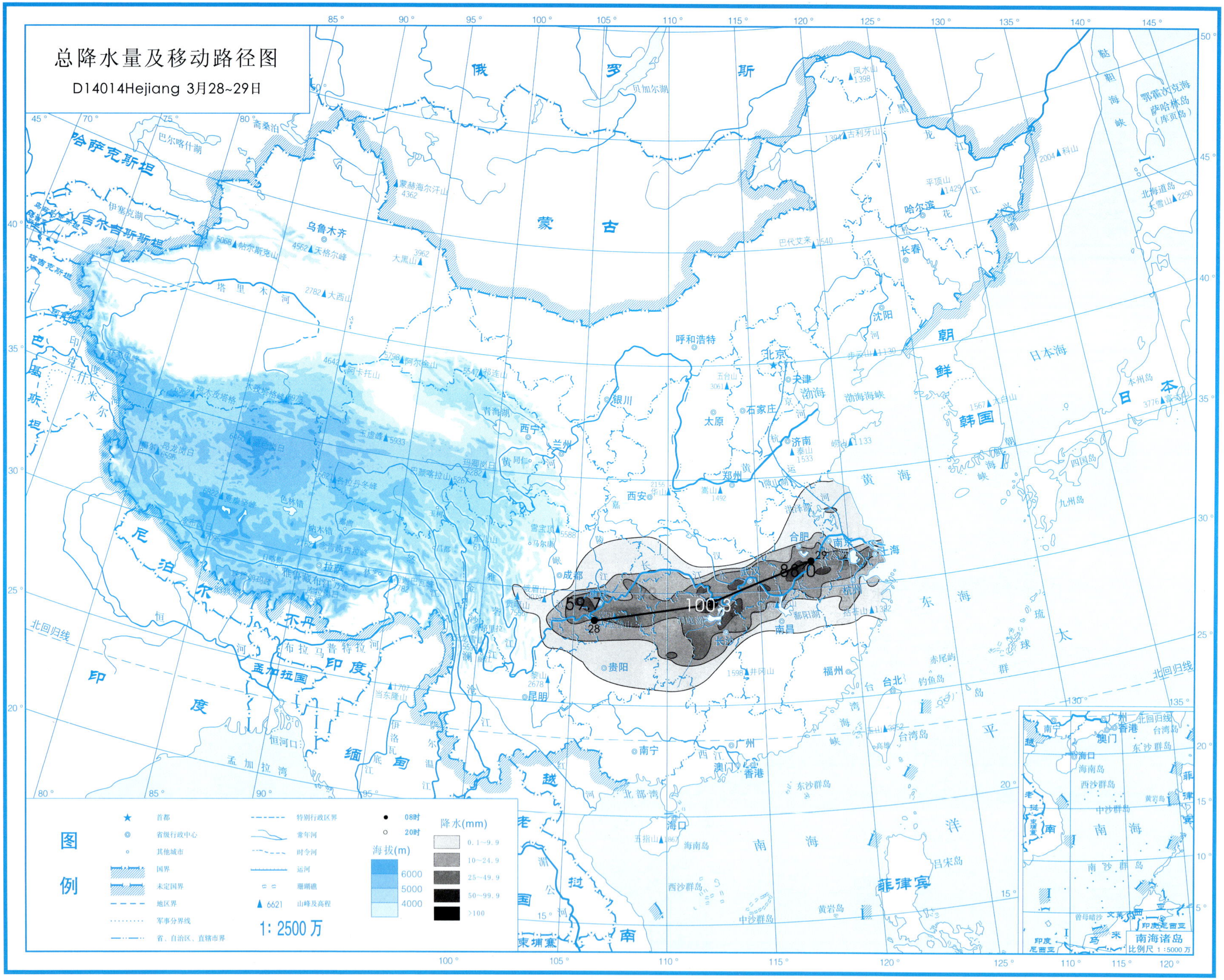
总降水量及移动路径图
D14014Hejiang 3月28~29日
59.7
100.3
86.0
28
29
图例
首都
省级行政中心
其他城市
国界
未定国界
地区界
军事分界线
省、自治区、直辖市界
特别行政区界
常年河
时令河
运河
珊瑚礁
6621 山峰及高程
08时
20时
海拔(m)
6000
5000
4000
降水(mm)
0.1~9.9
10~24.9
25~49.9
50~99.9
>100
1: 2500 万
南海诸岛
比例尺 1:5000 万

总降水日数图

D14014Hejiang 3月28~29日

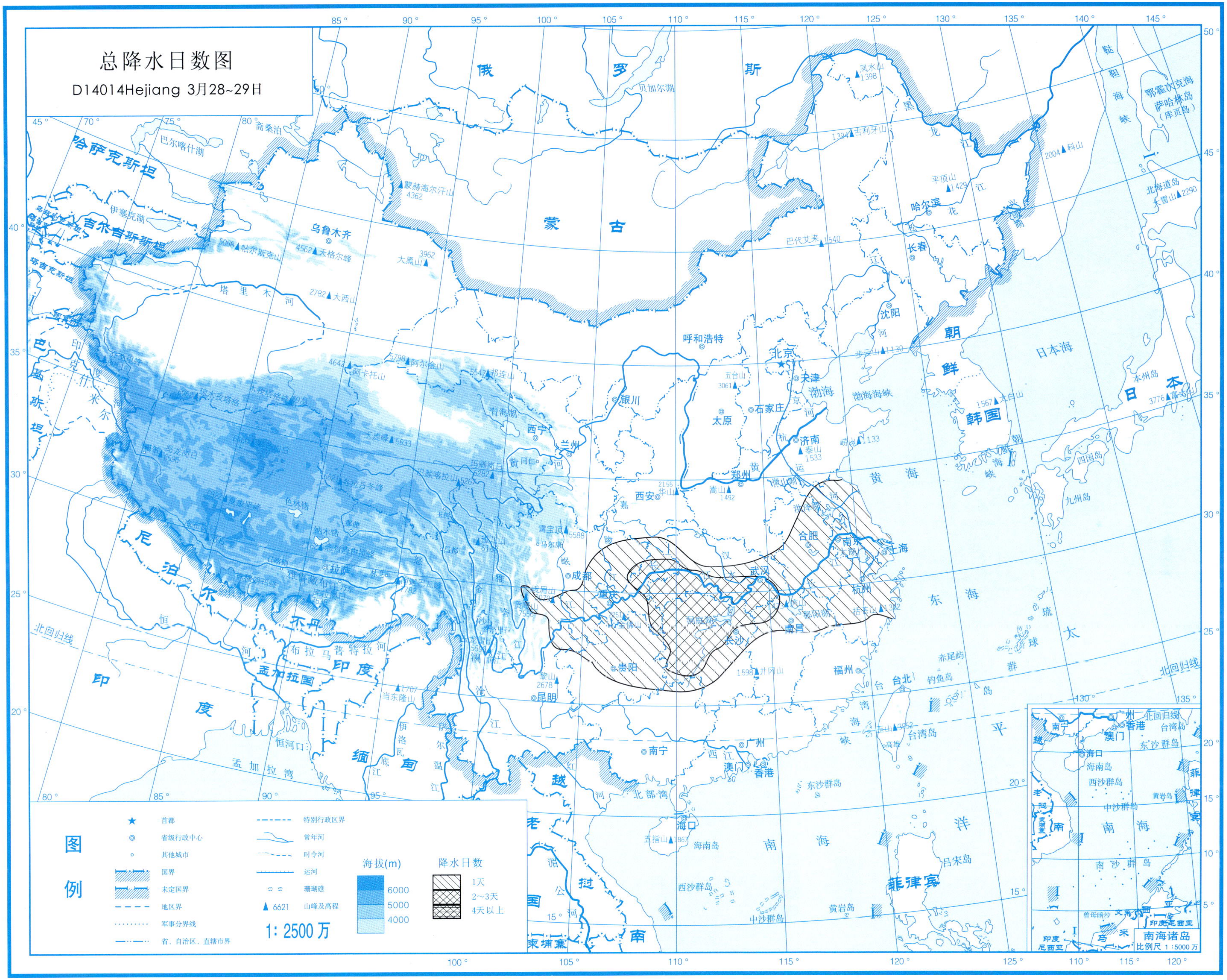

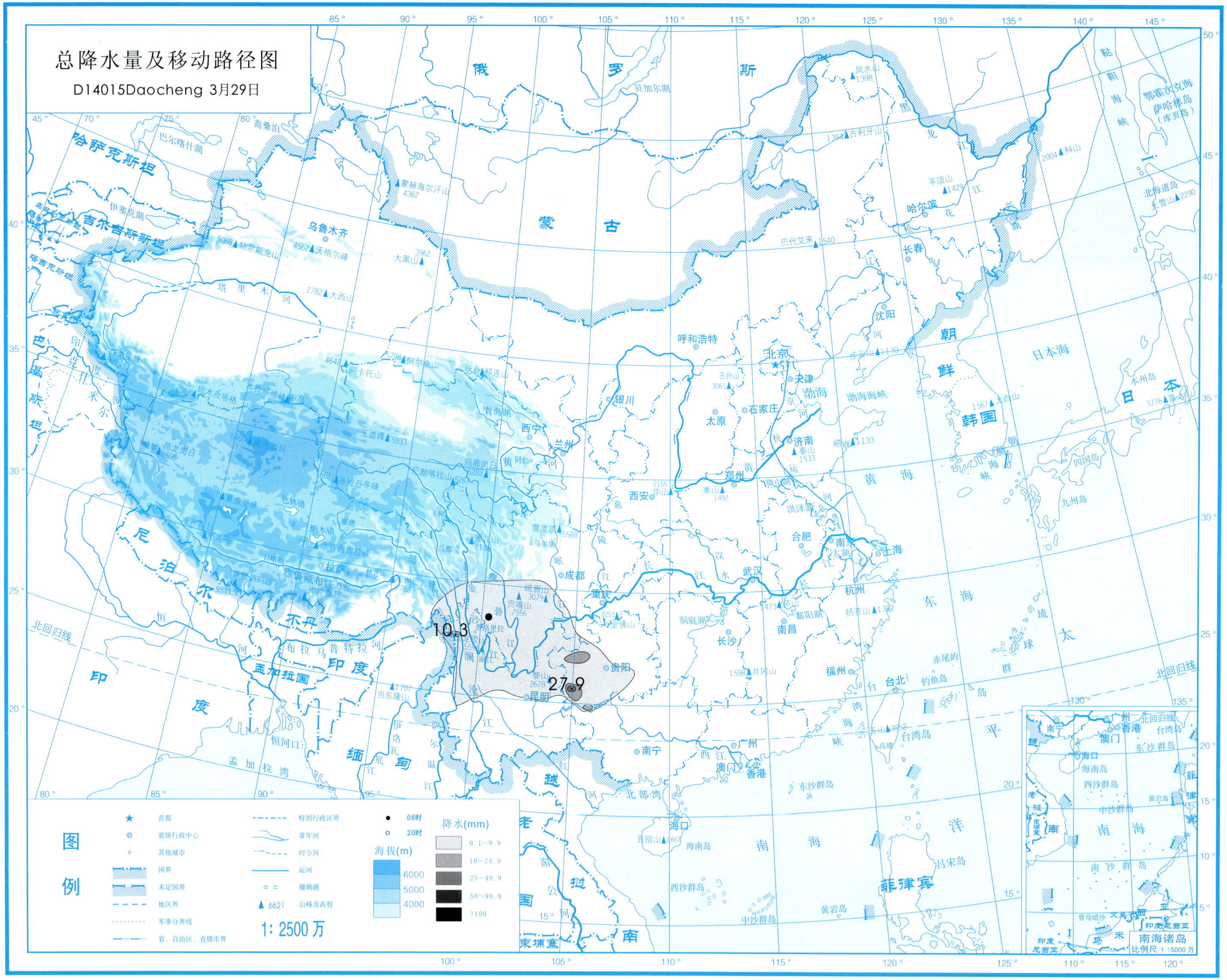
总降水量及移动路径图
D14015Daocheng 3月29日
10.3
27.9
图例
首都
省级行政中心
其他城市
国界
未定国界
地区界
军事分界线
省、自治区、直辖市界
特别行政区界
常年河
时令河
运河
珊瑚礁
6621 山峰及高程
08时
20时
海拔(m)
6000
5000
4000
1：2500万
降水(mm)
0.1～9.9
10～24.9
25～49.9
50～99.9
>100
南海诸岛
比例尺 1：5000万

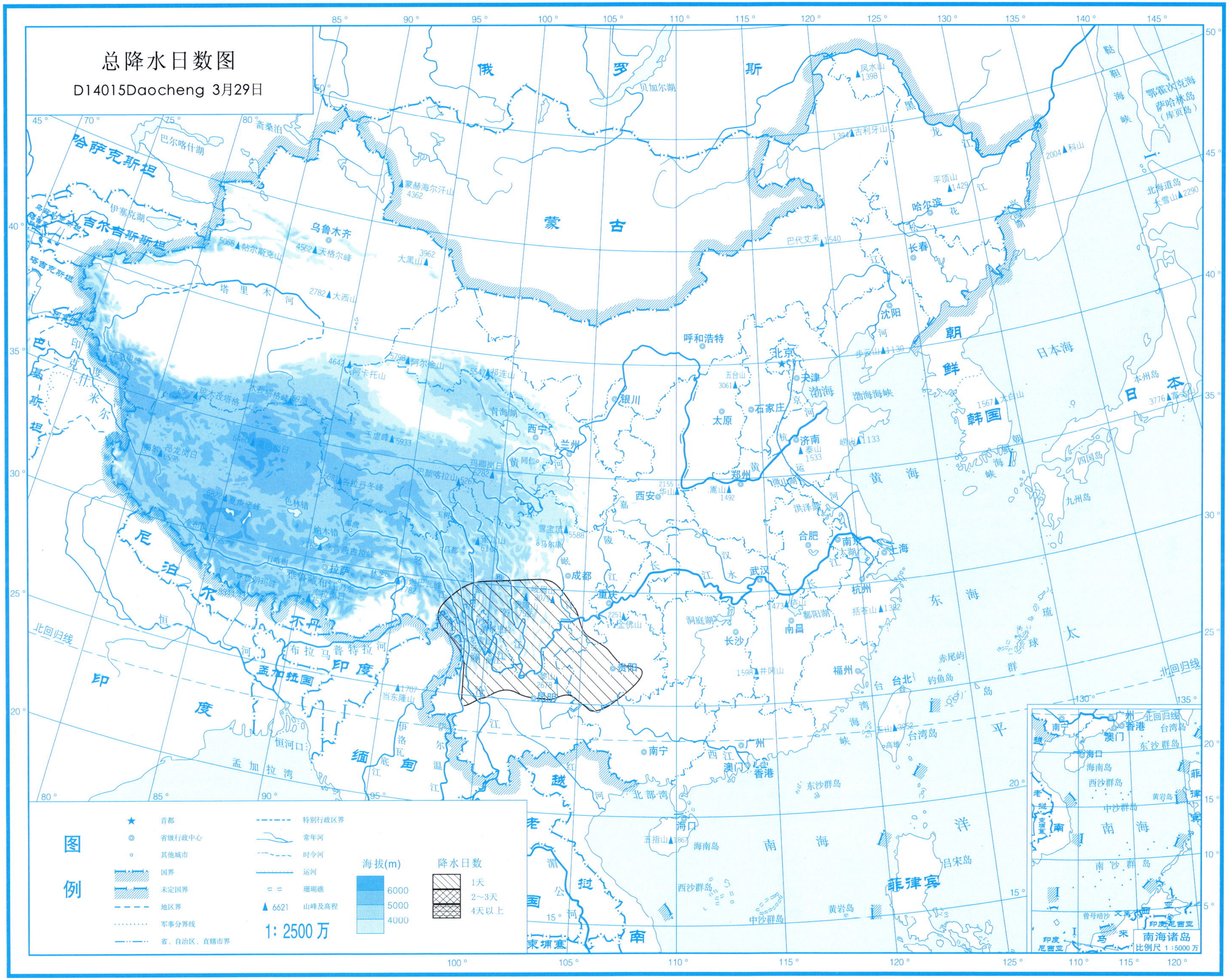

总降水日数图
D14015Daocheng 3月29日
图例
首都
省级行政中心
其他城市
国界
未定国界
地区界
军事分界线
省、自治区、直辖市界
特别行政区界
常年河
时令河
运河
珊瑚礁
6621 山峰及高程
海拔(m)
6000
5000
4000
降水日数
1天
2~3天
4天以上
1: 2500 万
南海诸岛
比例尺 1:5000 万
俄 罗 斯
蒙 古
哈萨克斯坦
吉尔吉斯斯坦
塔吉克斯坦
尼泊尔
不丹
印度
孟加拉国
缅甸
老挝
越南
泰国
柬埔寨
朝鲜
韩国
日本
菲律宾
北京
天津
石家庄
太原
呼和浩特
沈阳
长春
哈尔滨
上海
南京
杭州
合肥
福州
南昌
济南
郑州
武汉
长沙
广州
南宁
海口
成都
重庆
贵阳
昆明
拉萨
西安
兰州
西宁
银川
乌鲁木齐
台北
香港
澳门

总降水量及移动路径图

D14016Yuechi 3月30日~4月2日

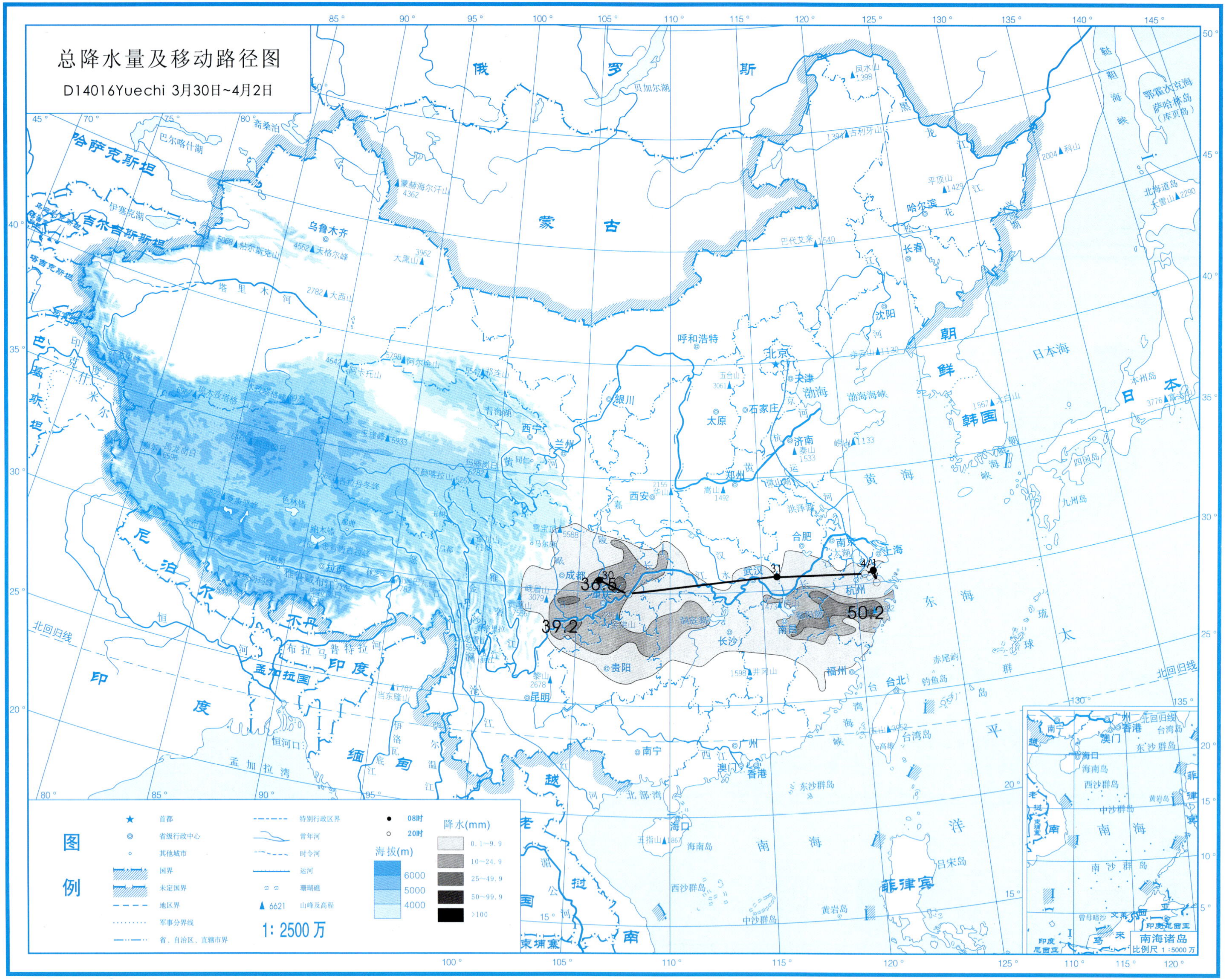

总降水日数图

D14016Yuechi 3月30日~4月2日

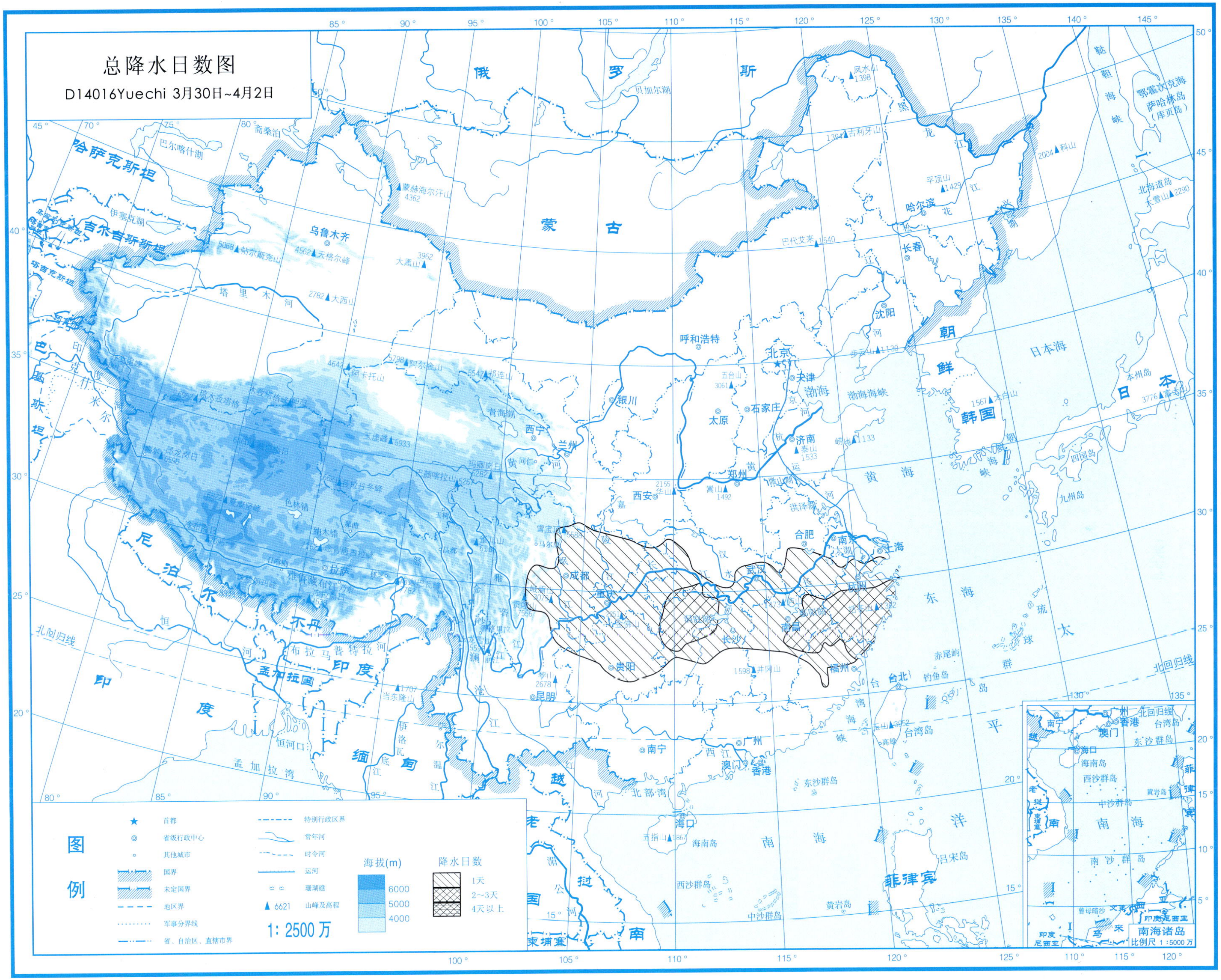

总降水量及移动路径图

D14017Yanyuan 3月31日~4月3日

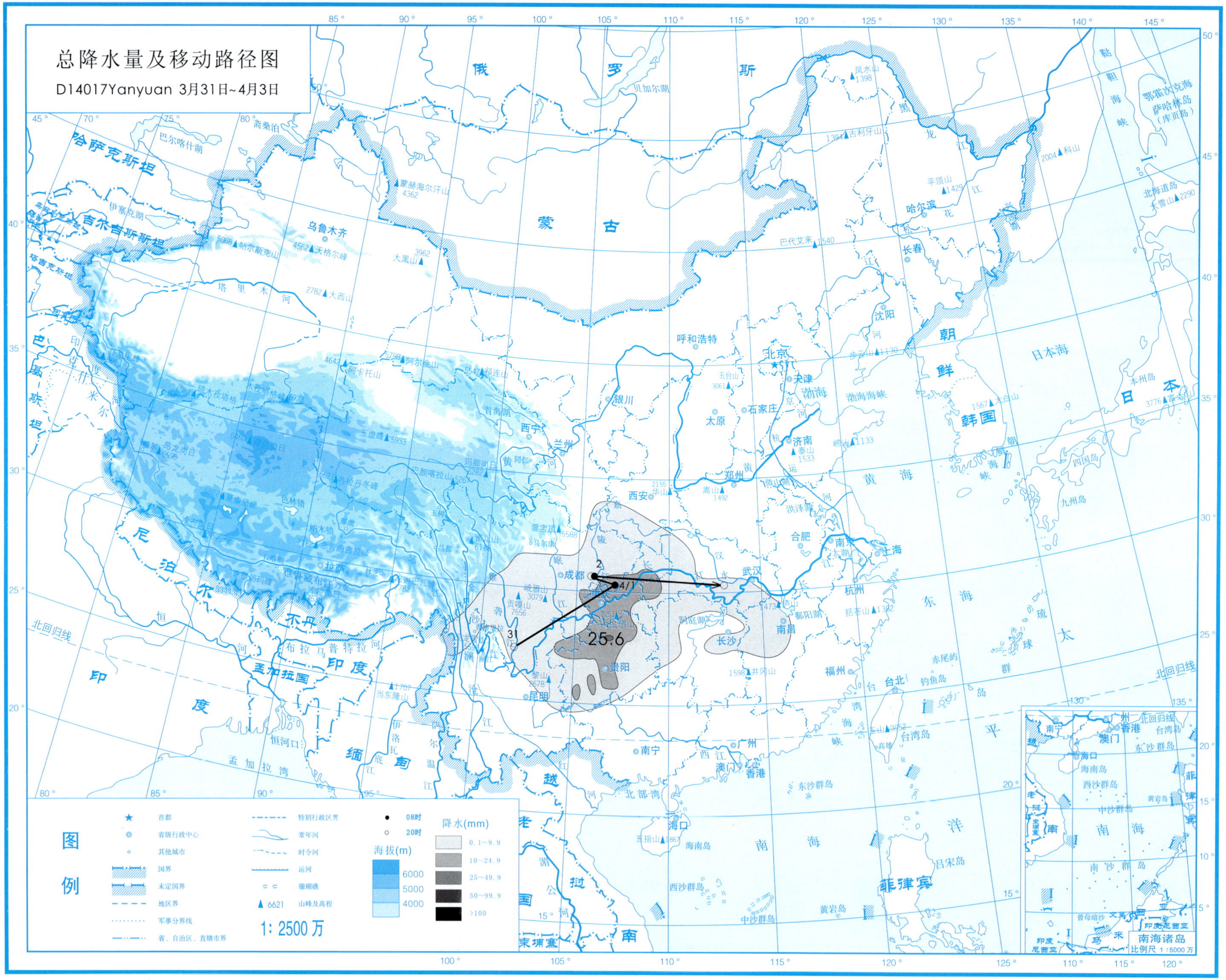

总降水日数图

D14017Yanyuan 3月31日~4月3日

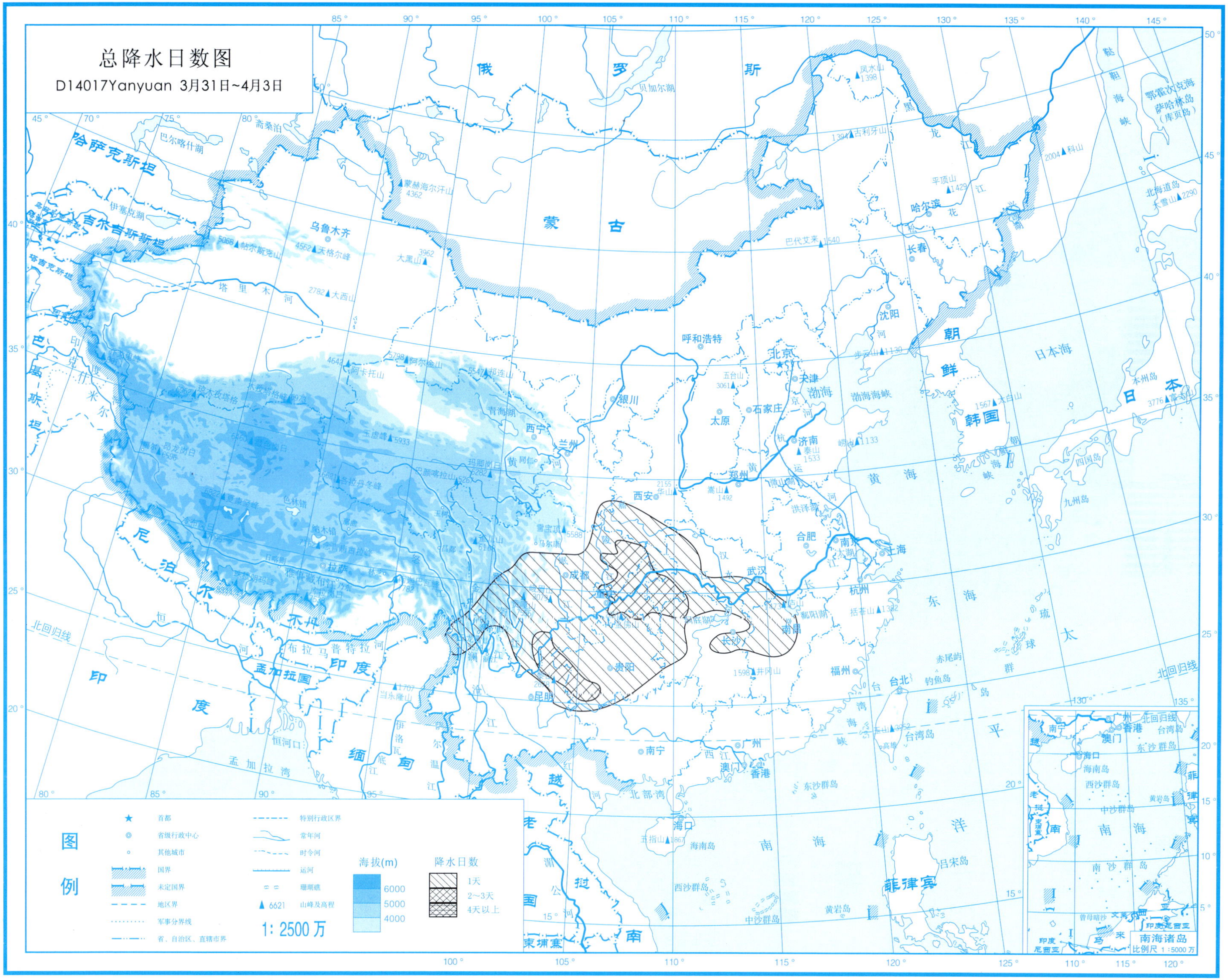

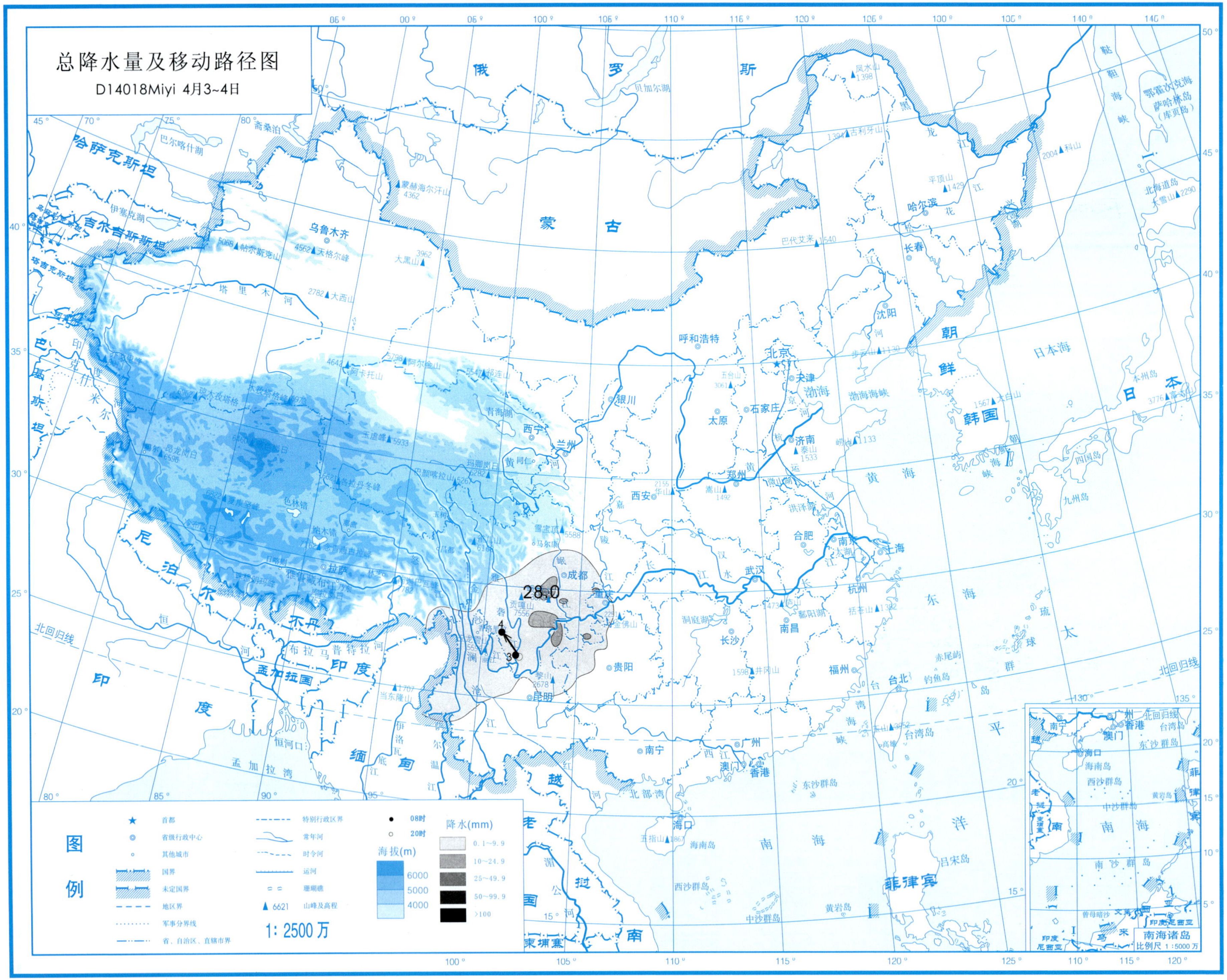
总降水量及移动路径图
D14018Miyi 4月3~4日
28.0
图例
首都
省级行政中心
其他城市
国界
未定国界
地区界
军事分界线
省、自治区、直辖市界
特别行政区界
常年河
时令河
运河
珊瑚礁
6621 山峰及高程
1:2500万
08时
20时
降水(mm)
0.1~9.9
10~24.9
25~49.9
50~99.9
>100
海拔(m)
6000
5000
4000
南海诸岛
比例尺 1:5000万

总降水日数图

D14018Miyi 4月3~4日

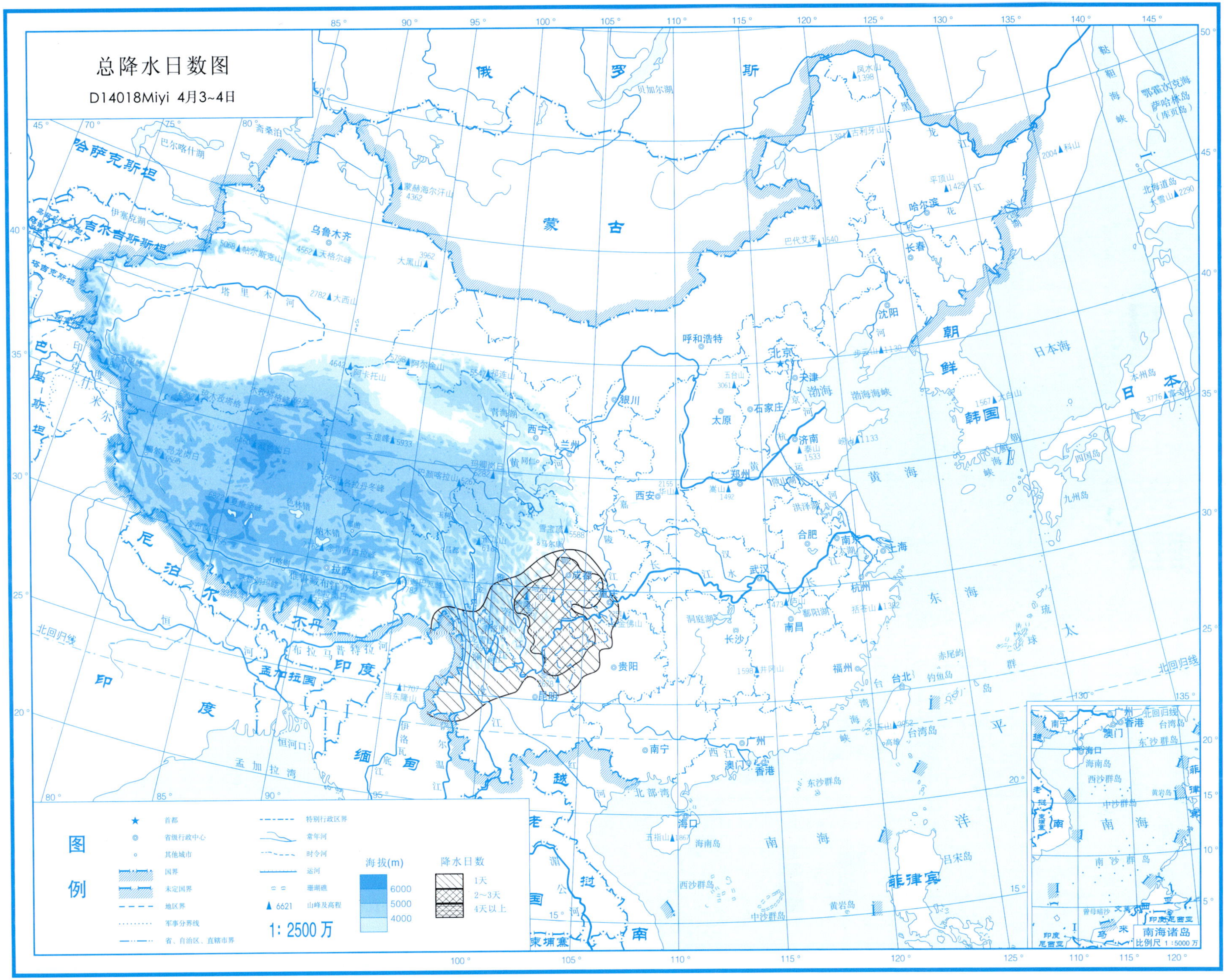

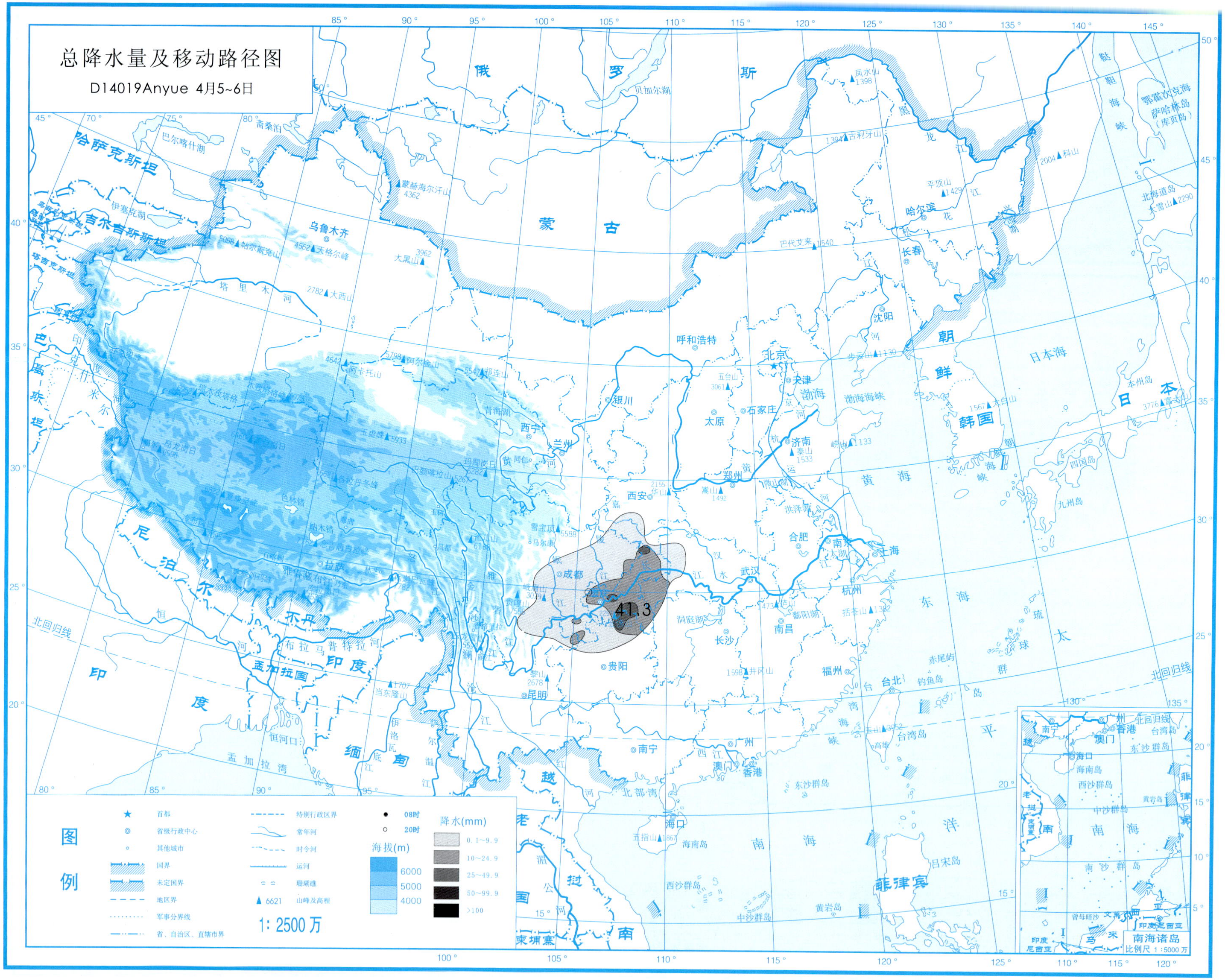
总降水量及移动路径图
D14019Anyue 4月5~6日
41.3
图例
首都
省级行政中心
其他城市
国界
未定国界
地区界
军事分界线
省、自治区、直辖市界
特别行政区界
常年河
时令河
运河
珊瑚礁
6621 山峰及高程
1: 2500 万
08时
20时
海拔(m)
6000
5000
4000
降水(mm)
0.1~9.9
10~24.9
25~49.9
50~99.9
>100
南海诸岛
比例尺 1:5000 万

总降水日数图

D14019Anyue 4月5~6日

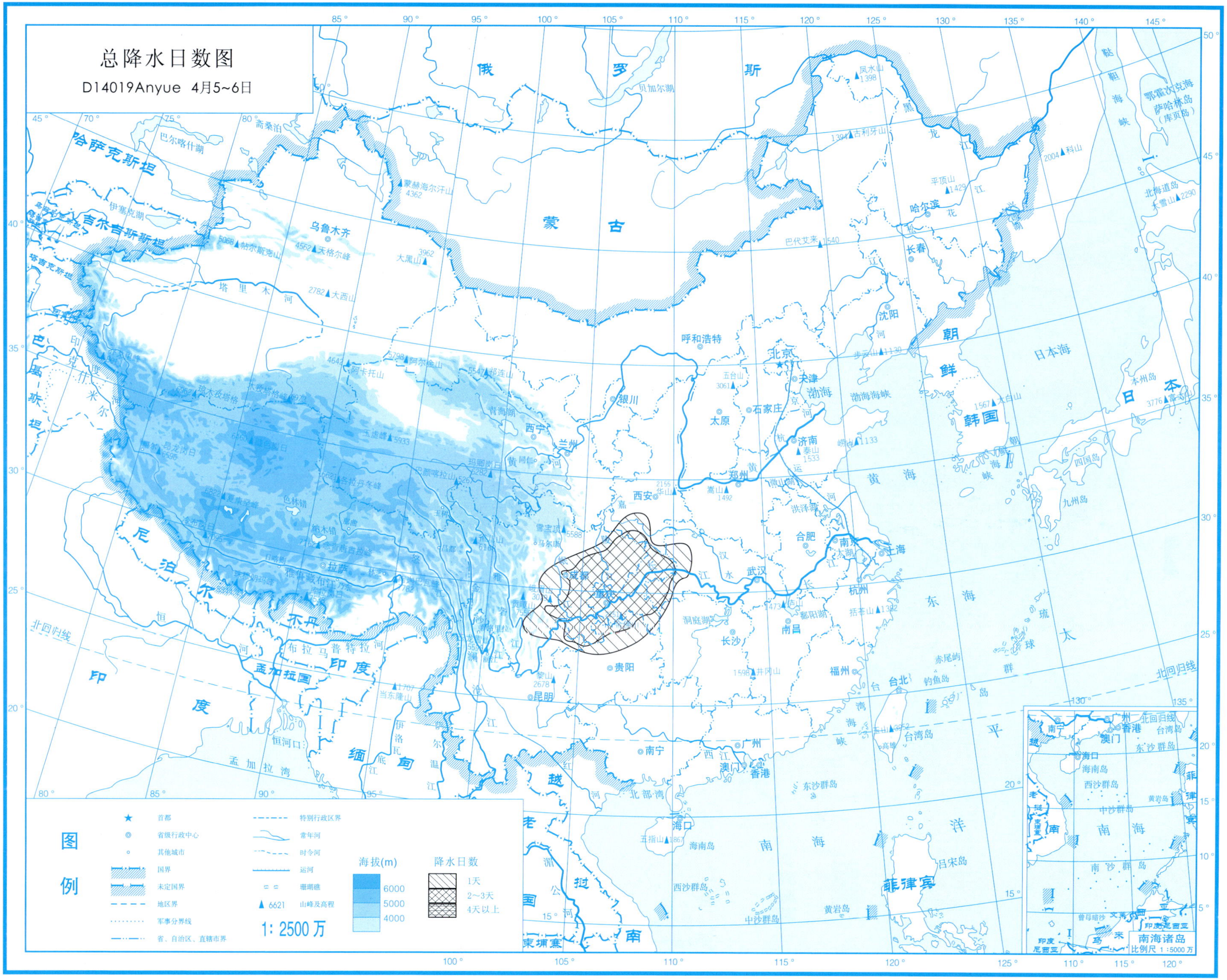

总降水量及移动路径图

D14020Jiange 4月10~13日

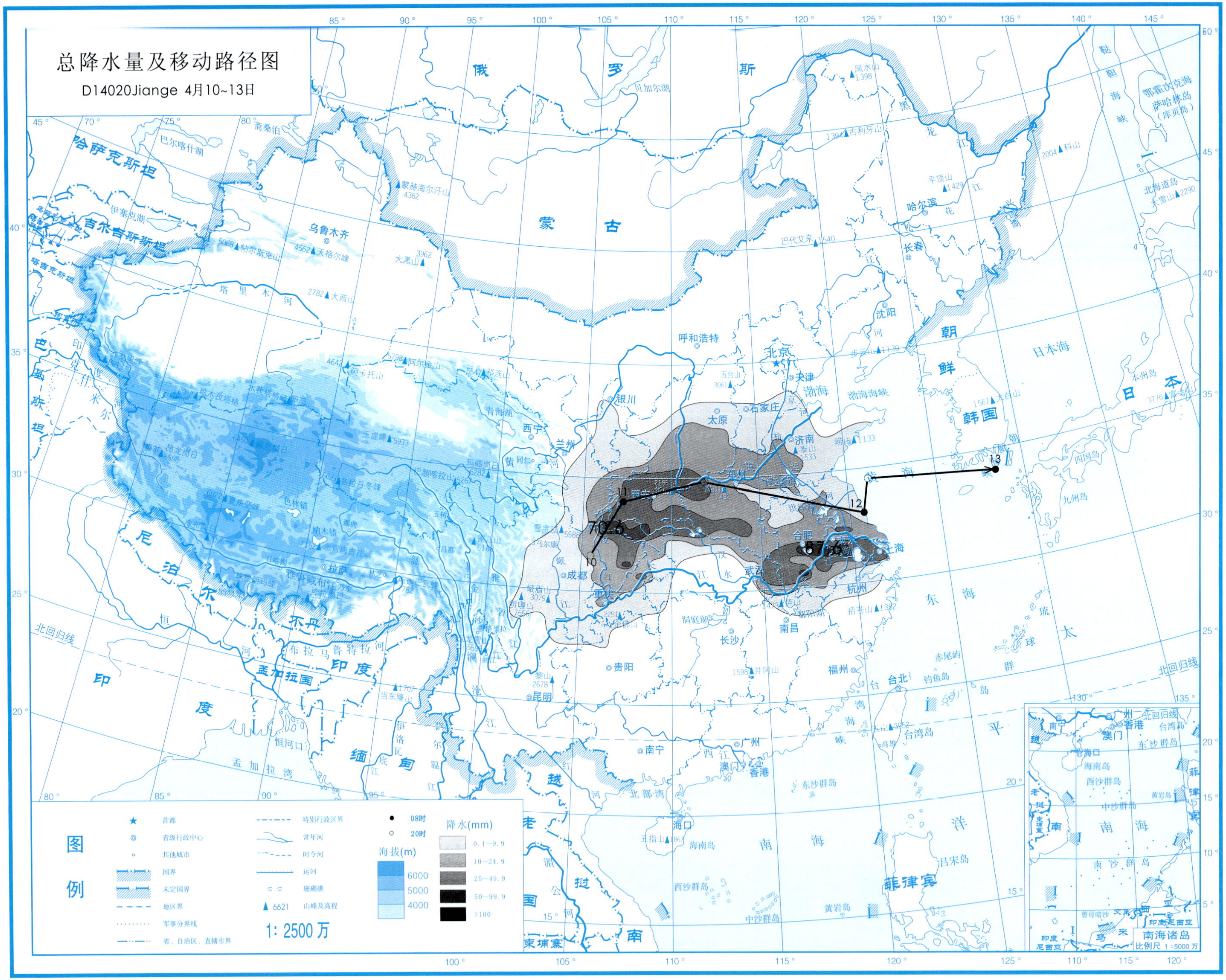

总降水日数图

D14020Jiange 4月10~13日

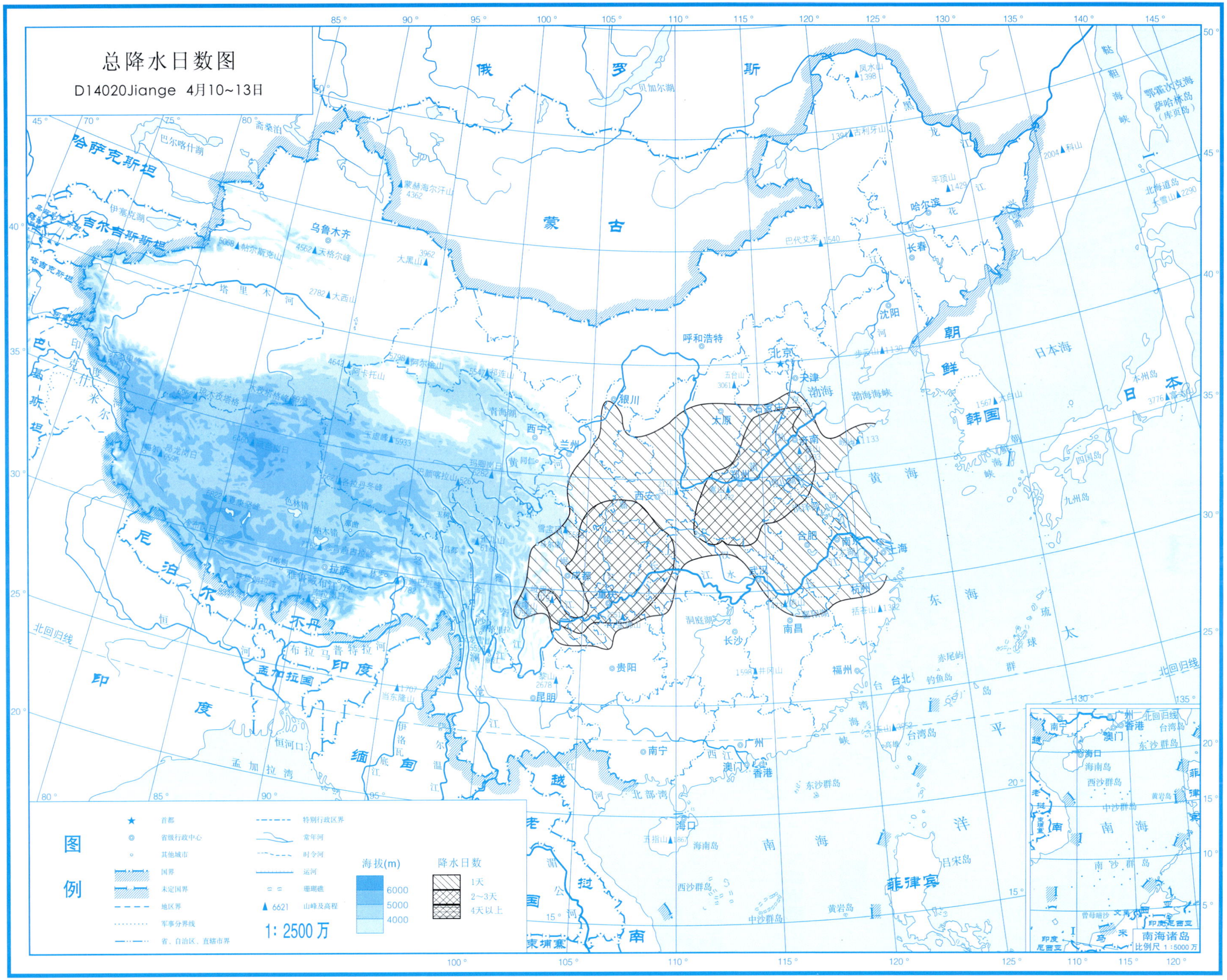

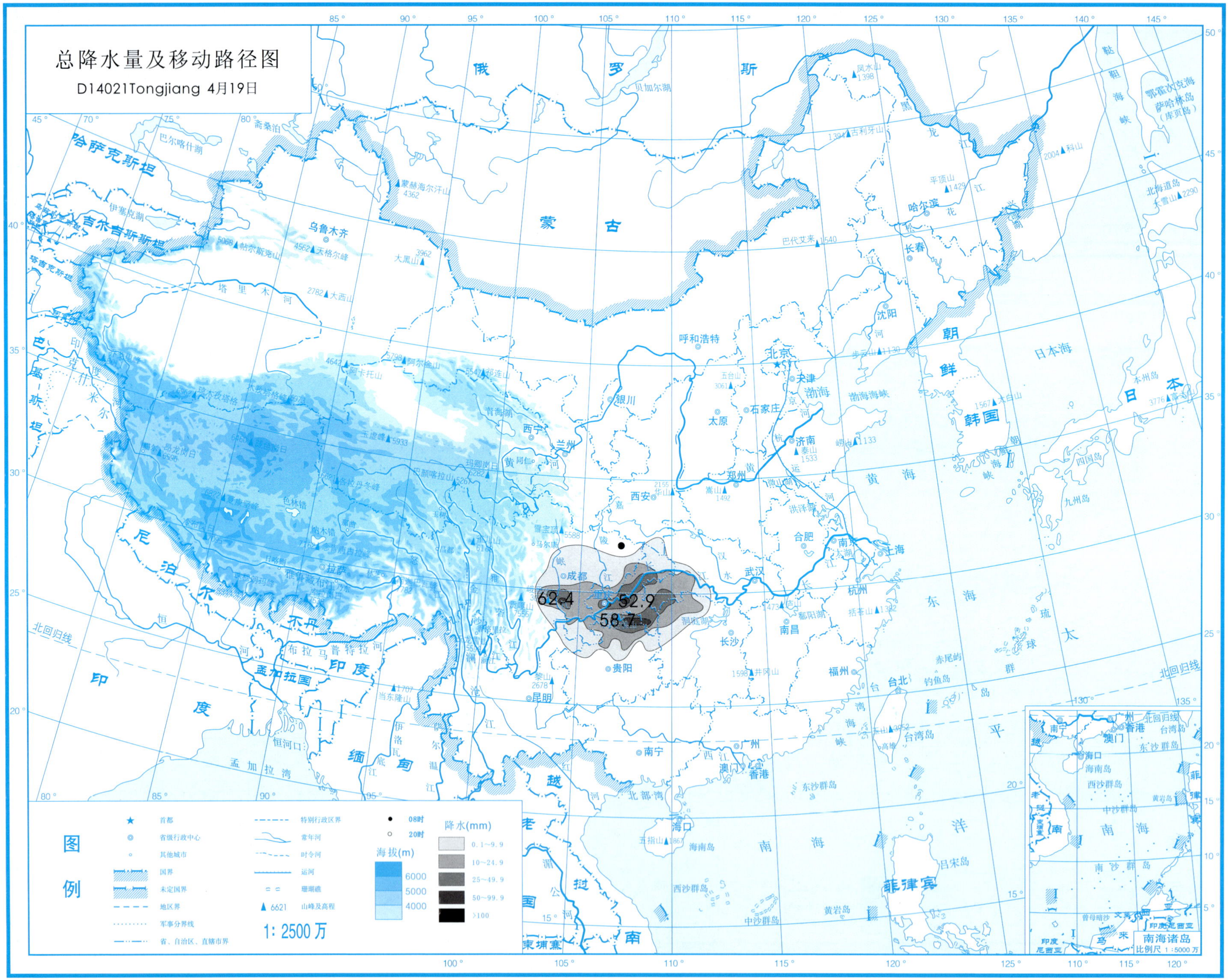
总降水量及移动路径图
D14021Tongjiang 4月19日
62.4
52.9
58.7
图例
首都
省级行政中心
其他城市
国界
未定国界
地区界
军事分界线
省、自治区、直辖市界
特别行政区界
常年河
时令河
运河
珊瑚礁
6621 山峰及高程
08时
20时
海拔(m)
6000
5000
4000
降水(mm)
0.1~9.9
10~24.9
25~49.9
50~99.9
>100
1:2500万
南海诸岛
比例尺 1:5000万

总降水日数图

D14021Tongjiang 4月19日

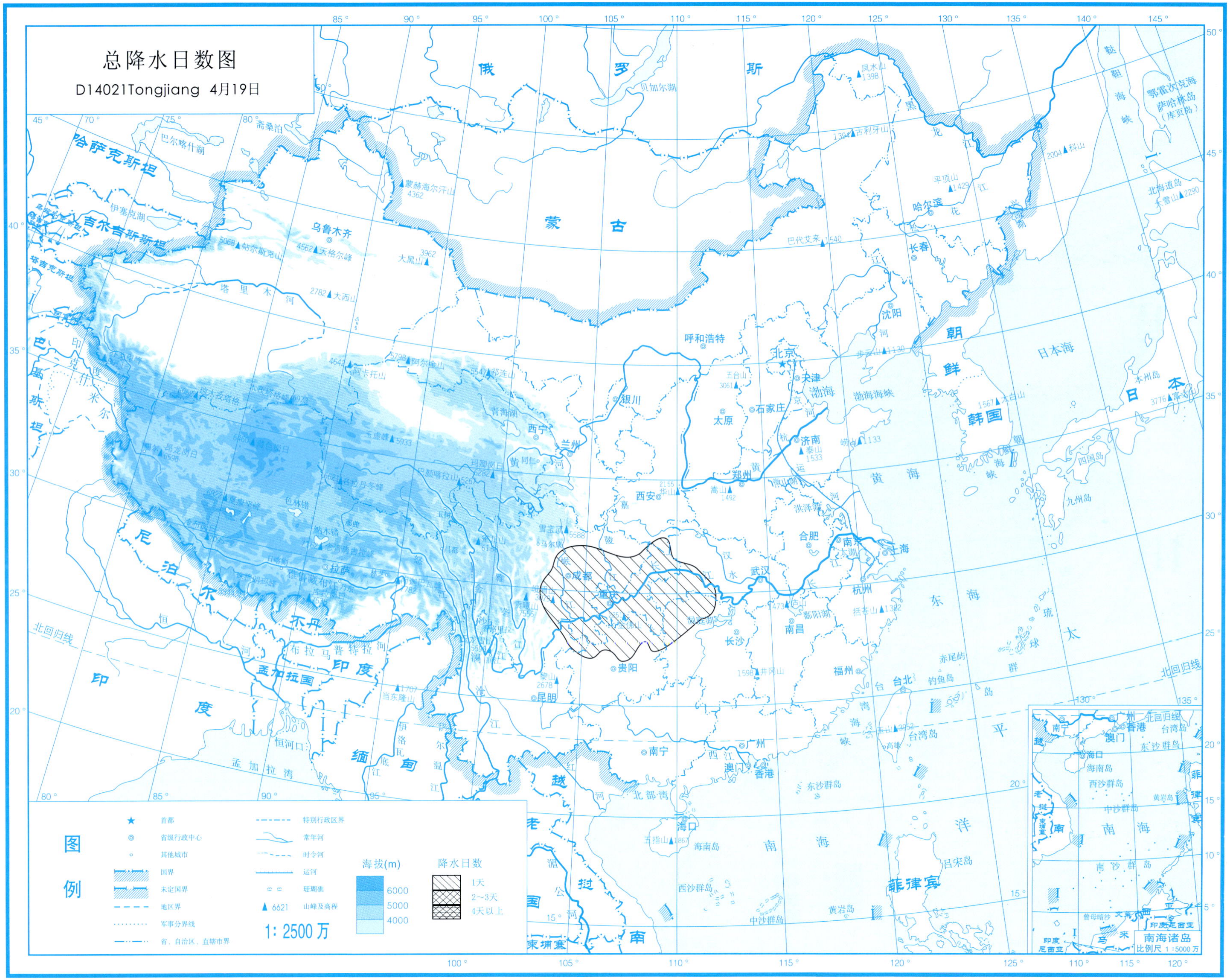

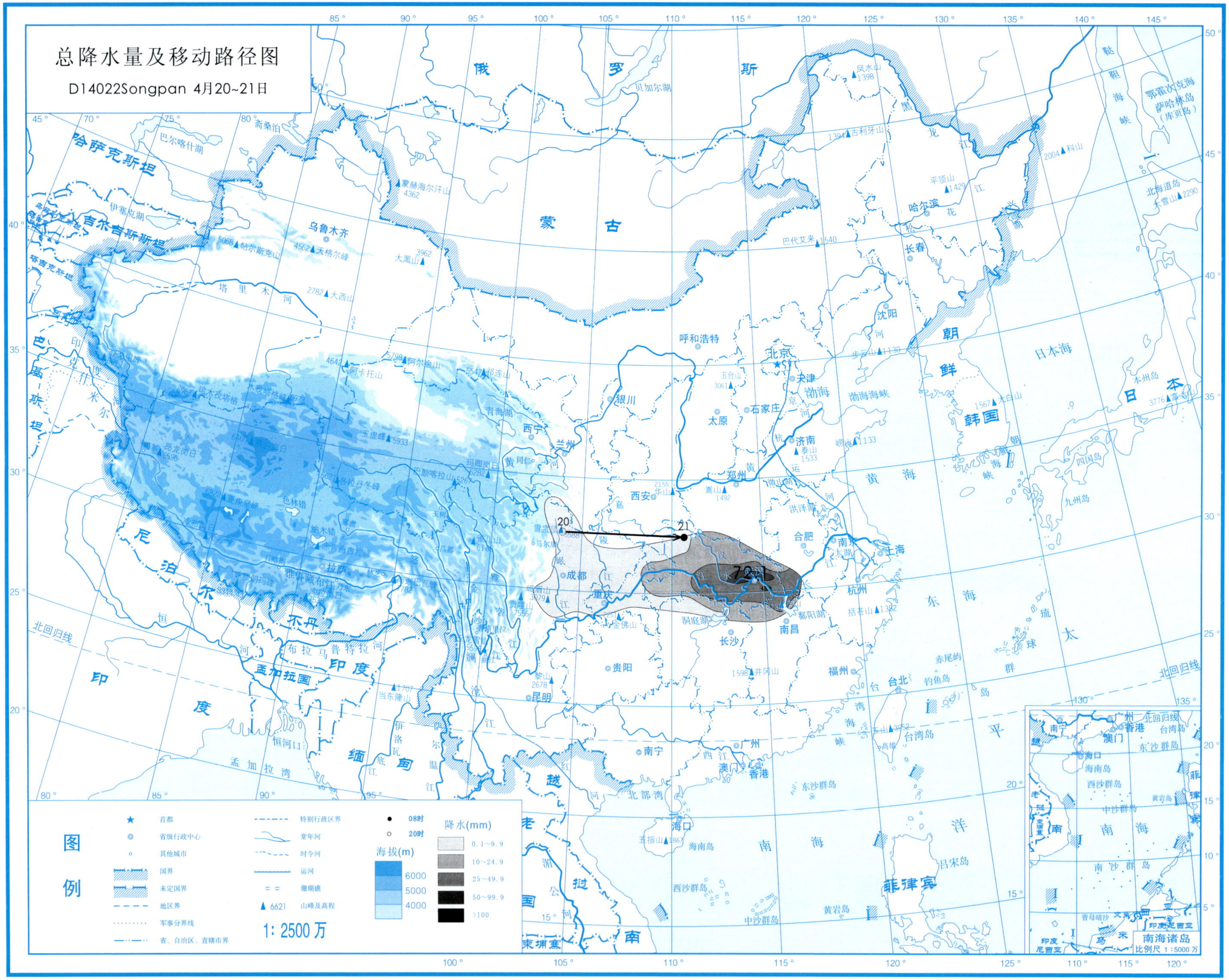
总降水量及移动路径图
D14022Songpan 4月20~21日
图例
首都
省级行政中心
其他城市
国界
未定国界
地区界
军事分界线
省、自治区、直辖市界
特别行政区界
常年河
时令河
运河
珊瑚礁
6621 山峰及高程
08时
20时
海拔(m)
6000
5000
4000
降水(mm)
0.1~9.9
10~24.9
25~49.9
50~99.9
>100
1: 2500 万
南海诸岛
比例尺 1:5000 万

总降水日数图

D14022Songpan 4月20~21日

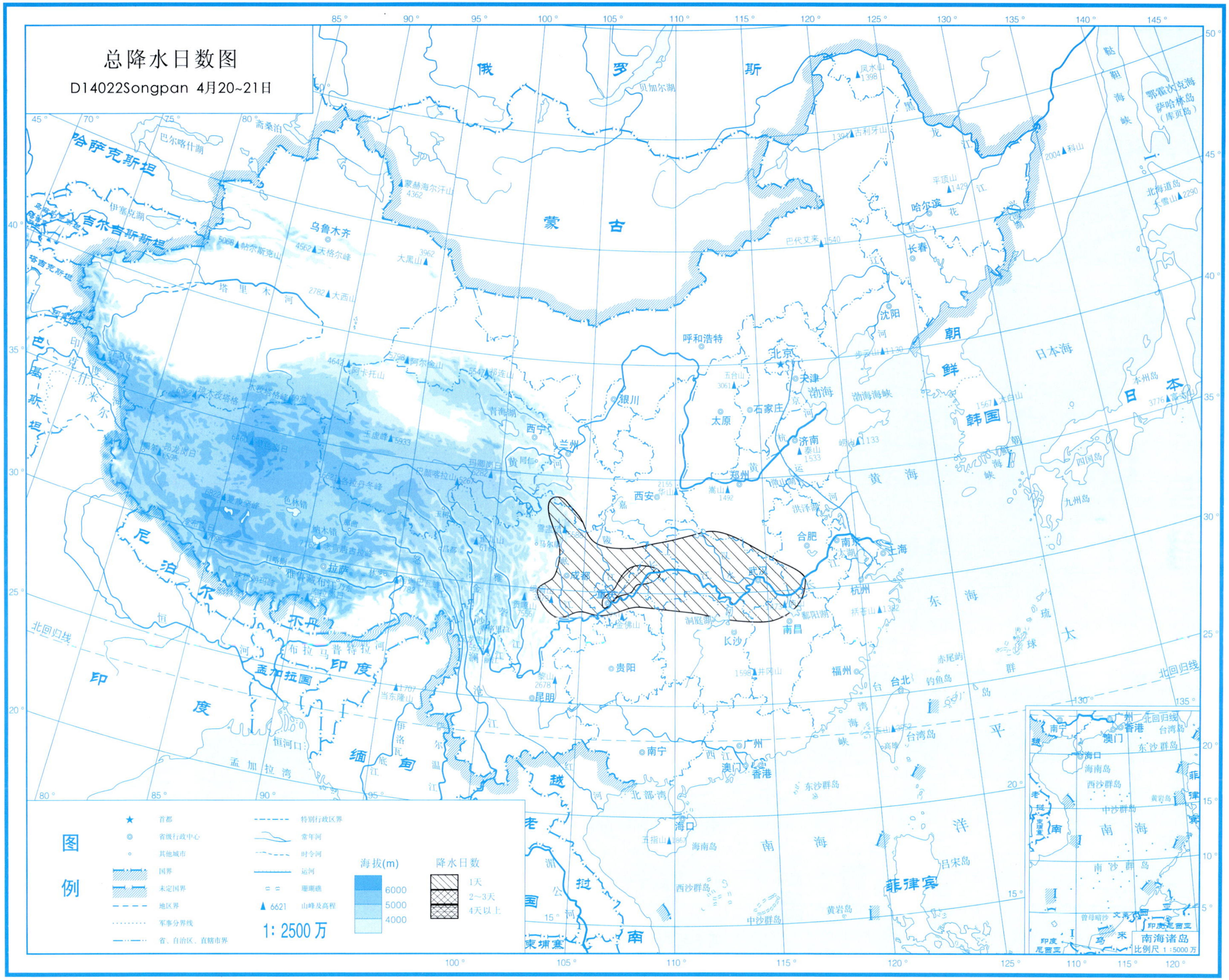

总降水量及移动路径图

D14023Guangan 4月24~30日

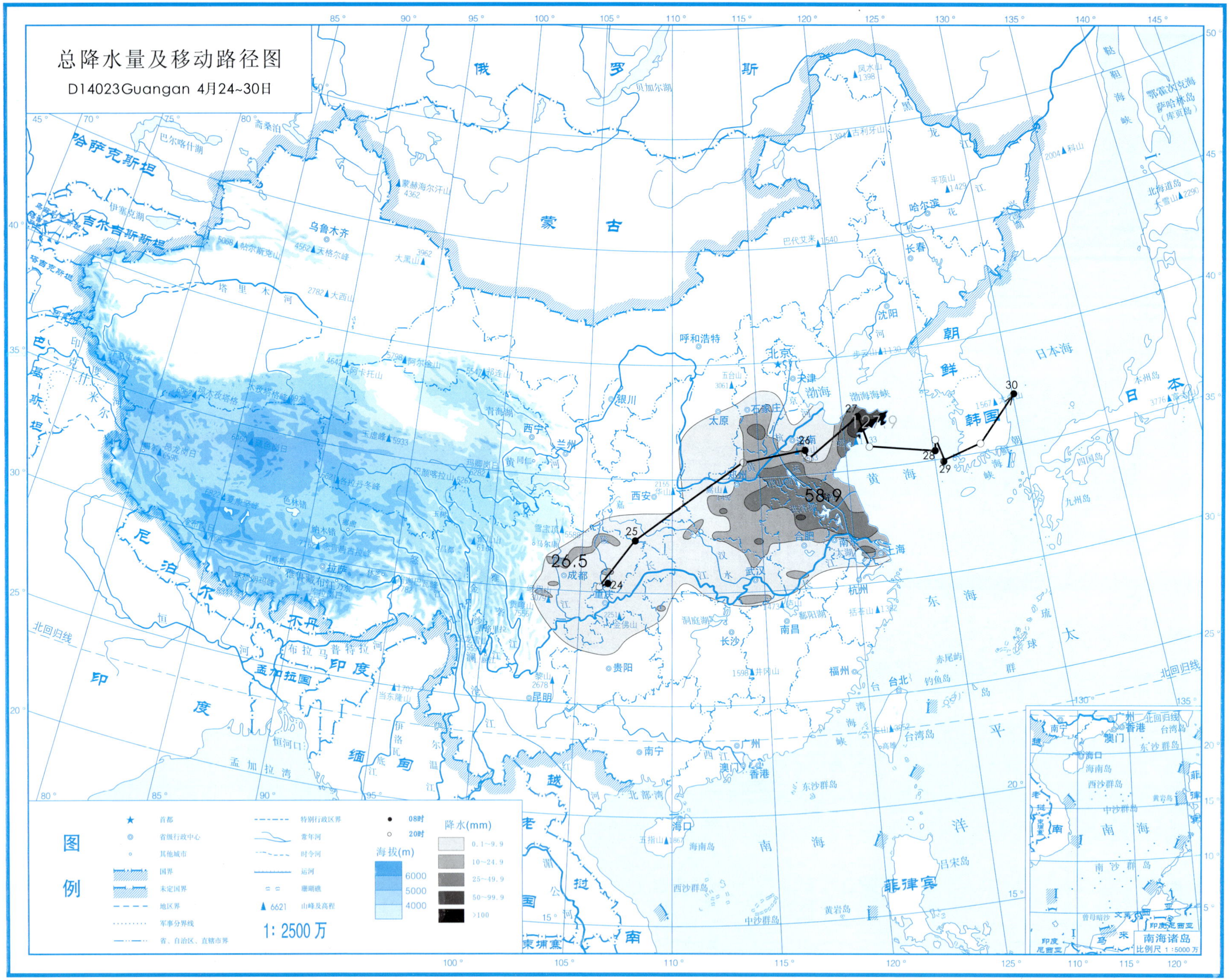

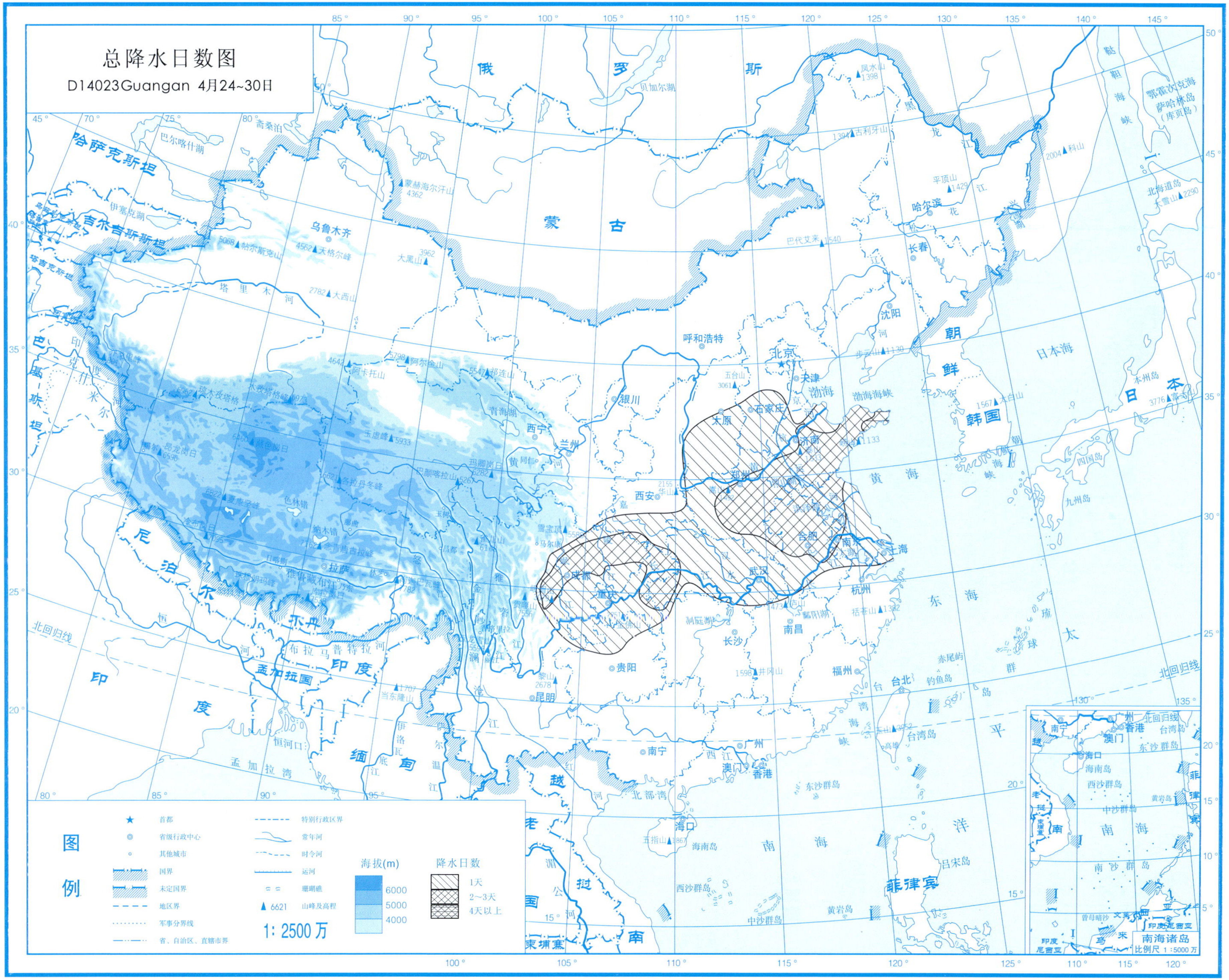
总降水日数图
D14023Guangan 4月24~30日
图例
首都
省级行政中心
其他城市
国界
未定国界
地区界
军事分界线
省、自治区、直辖市界
特别行政区界
常年河
时令河
运河
珊瑚礁
6621 山峰及高程
海拔(m)
6000
5000
4000
1: 2500万
降水日数
1天
2~3天
4天以上
俄罗斯
蒙古
哈萨克斯坦
吉尔吉斯斯坦
塔吉克斯坦
巴基斯坦
尼泊尔
不丹
孟加拉国
印度
缅甸
老挝
越南
泰国
柬埔寨
朝鲜
韩国
日本
菲律宾
北京
天津
石家庄
太原
济南
郑州
西安
合肥
南京
上海
杭州
武汉
成都
重庆
贵阳
长沙
南昌
福州
台北
广州
香港
澳门
南宁
海口
昆明
拉萨
西宁
兰州
银川
呼和浩特
乌鲁木齐
哈尔滨
长春
沈阳
渤海
黄海
东海
南海
日本海
太平洋
北回归线
南海诸岛
比例尺 1:5000万

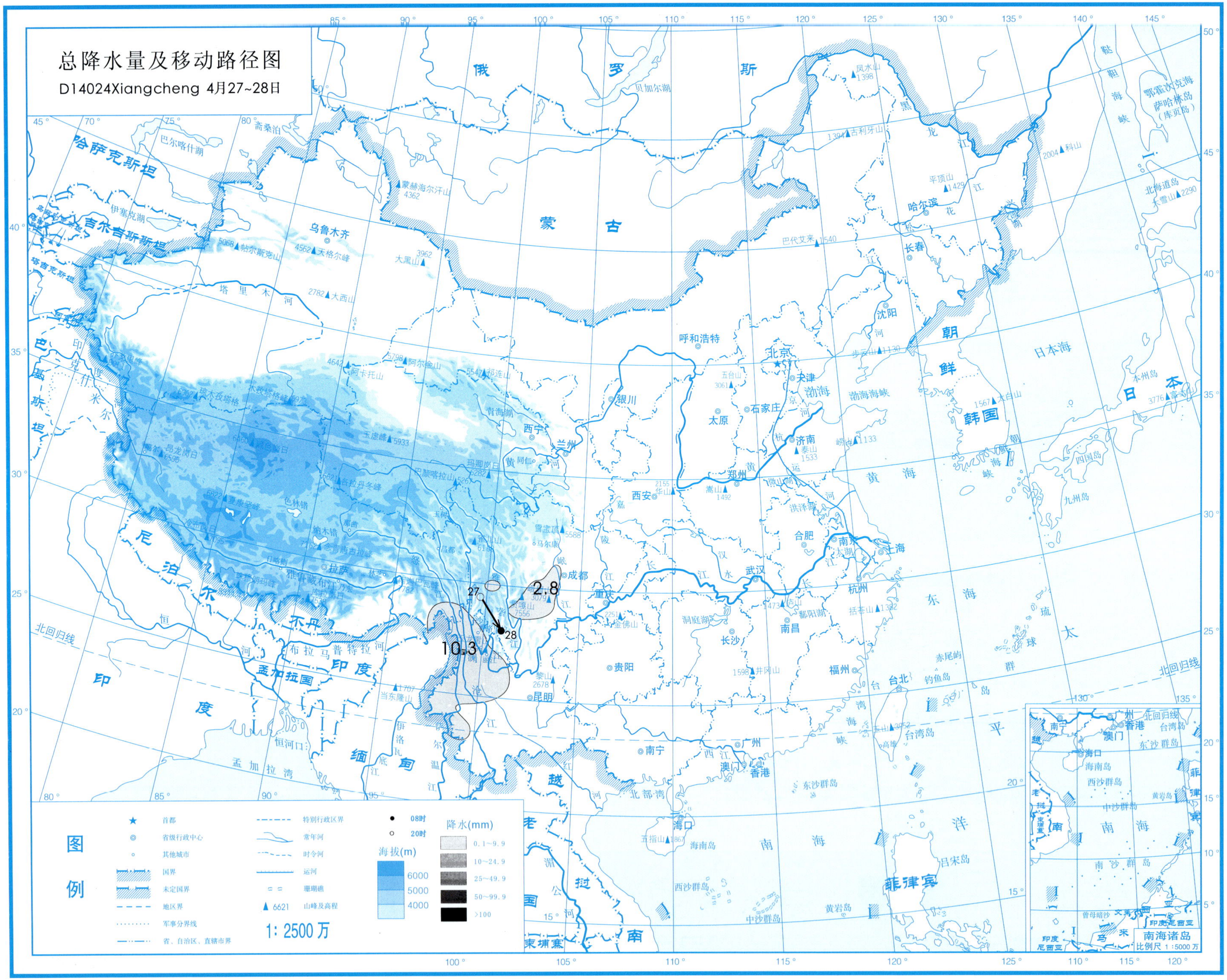

总降水量及移动路径图

D14024Xiangcheng 4月27~28日

总降水日数图

D14024Xiangcheng 4月27~28日

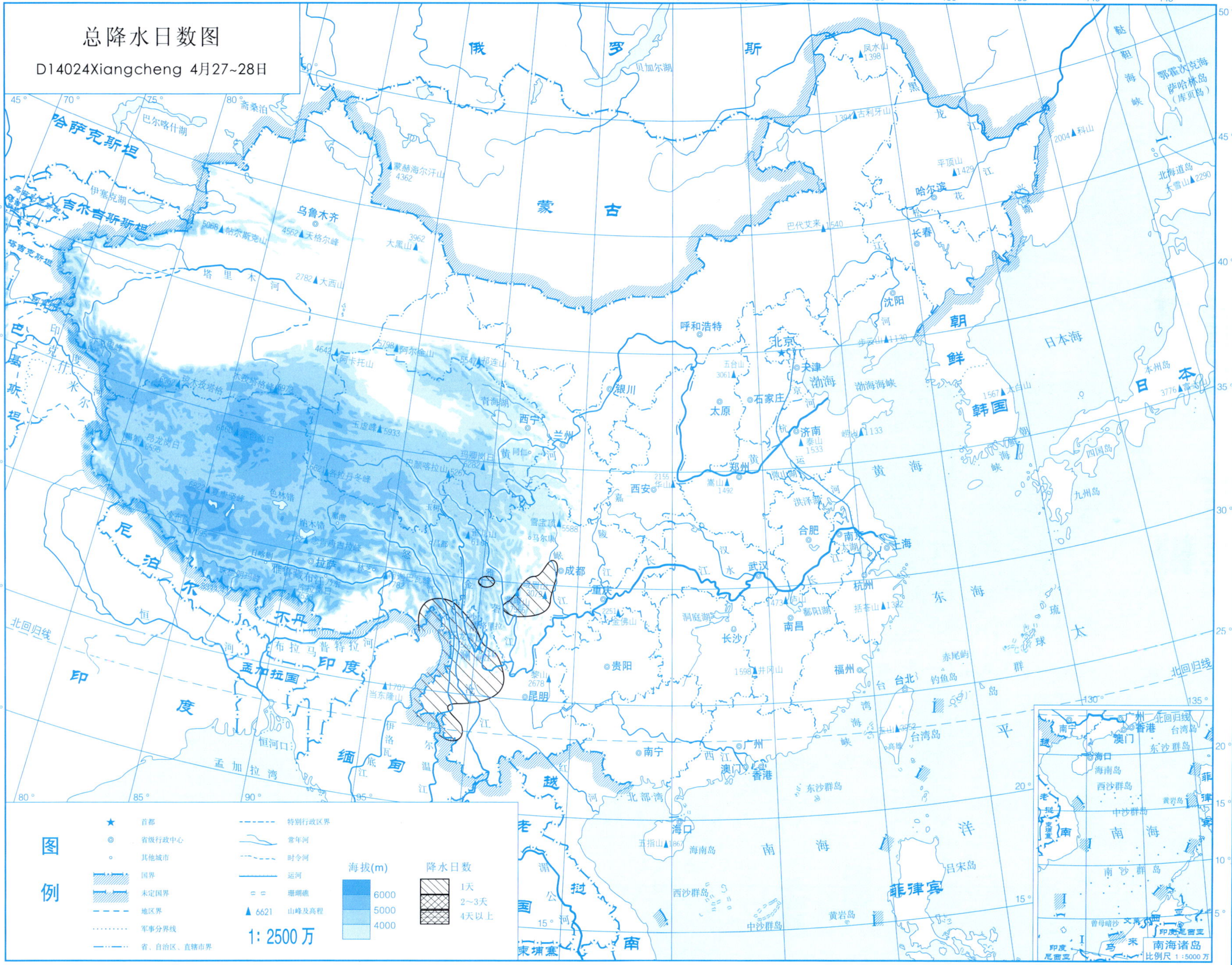

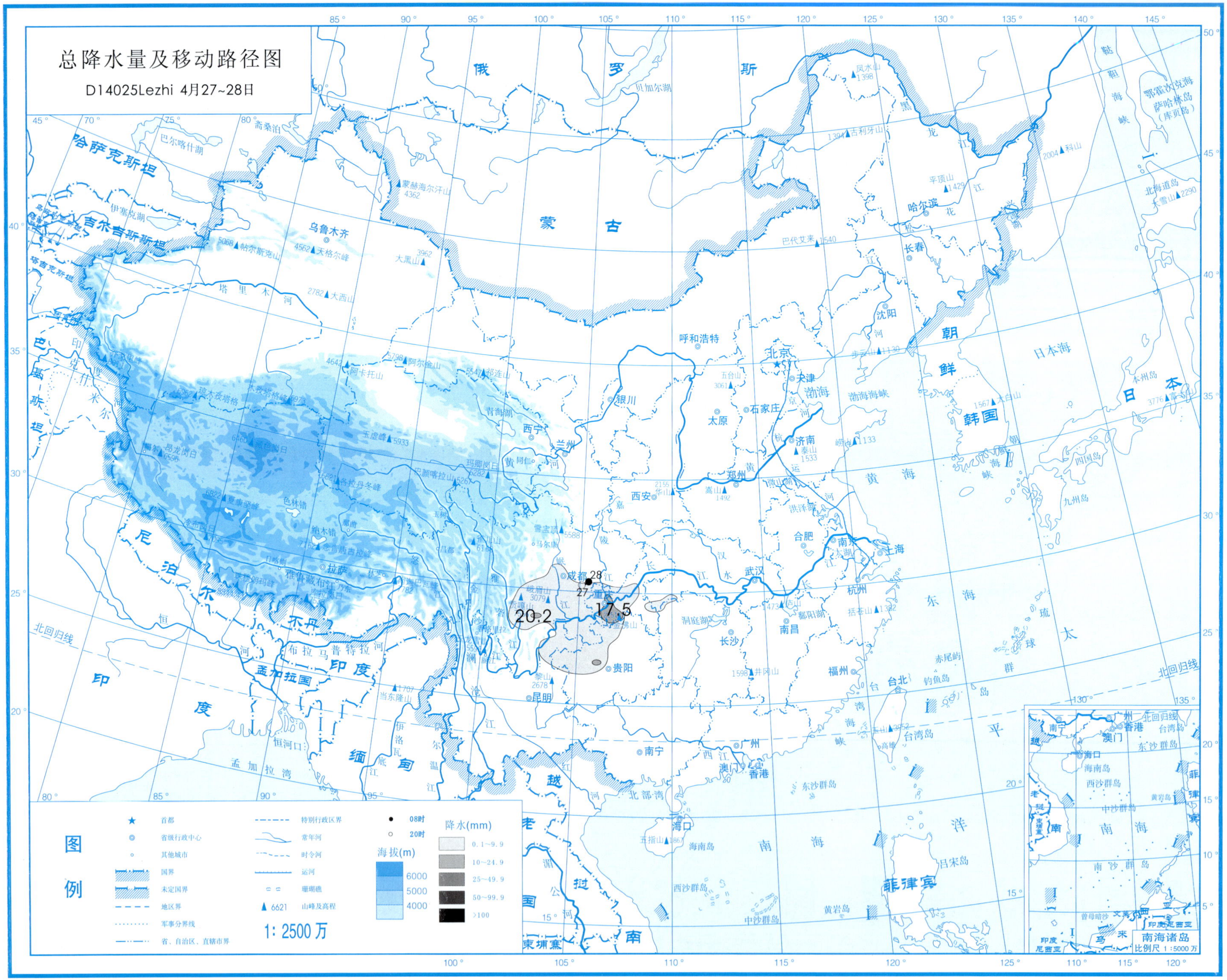
总降水量及移动路径图
D14025Lezhi 4月27~28日
28
27
20.2
17.5
成都
重庆
贵阳
昆明
西安
武汉
长沙
南宁
广州
香港
澳门
北京
天津
上海
南京
杭州
合肥
南昌
福州
台北
郑州
济南
石家庄
太原
呼和浩特
银川
兰州
西宁
拉萨
乌鲁木齐
哈尔滨
长春
沈阳
海口
俄罗斯
蒙古
哈萨克斯坦
吉尔吉斯斯坦
塔吉克斯坦
巴基斯坦
印度
尼泊尔
不丹
孟加拉国
缅甸
老挝
越南
泰国
柬埔寨
菲律宾
朝鲜
韩国
日本
日本海
黄海
东海
南海
太平洋
孟加拉湾
北回归线
图例
首都
省级行政中心
其他城市
国界
未定国界
地区界
军事分界线
省、自治区、直辖市界
特别行政区界
常年河
时令河
运河
珊瑚礁
山峰及高程
08时
20时
海拔(m)
6000
5000
4000
降水(mm)
0.1~9.9
10~24.9
25~49.9
50~99.9
>100
1: 2500 万
南海诸岛
比例尺 1:5000 万

总降水日数图

D14025Lezhi 4月27~28日

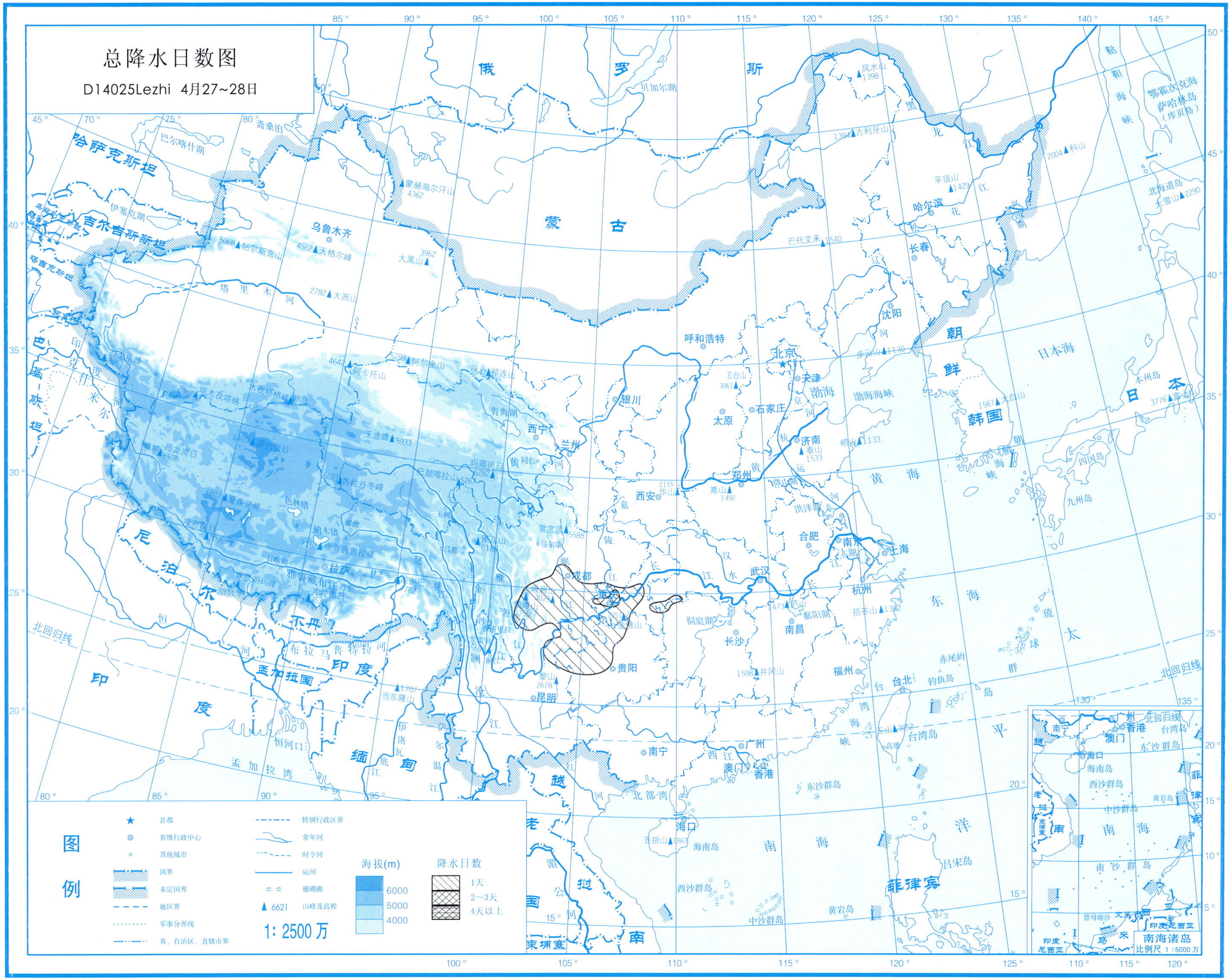

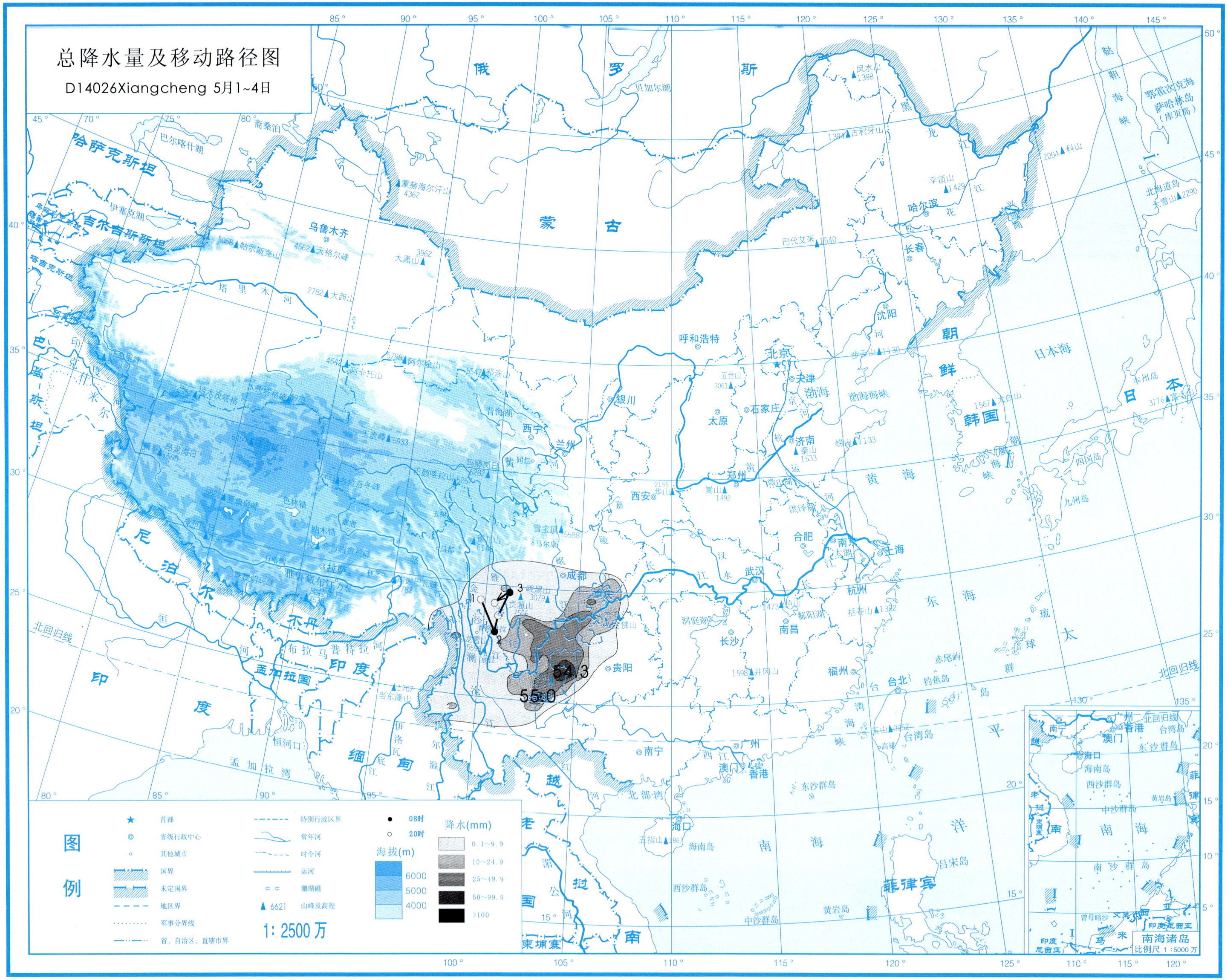

总降水量及移动路径图

D14026Xiangcheng 5月1~4日

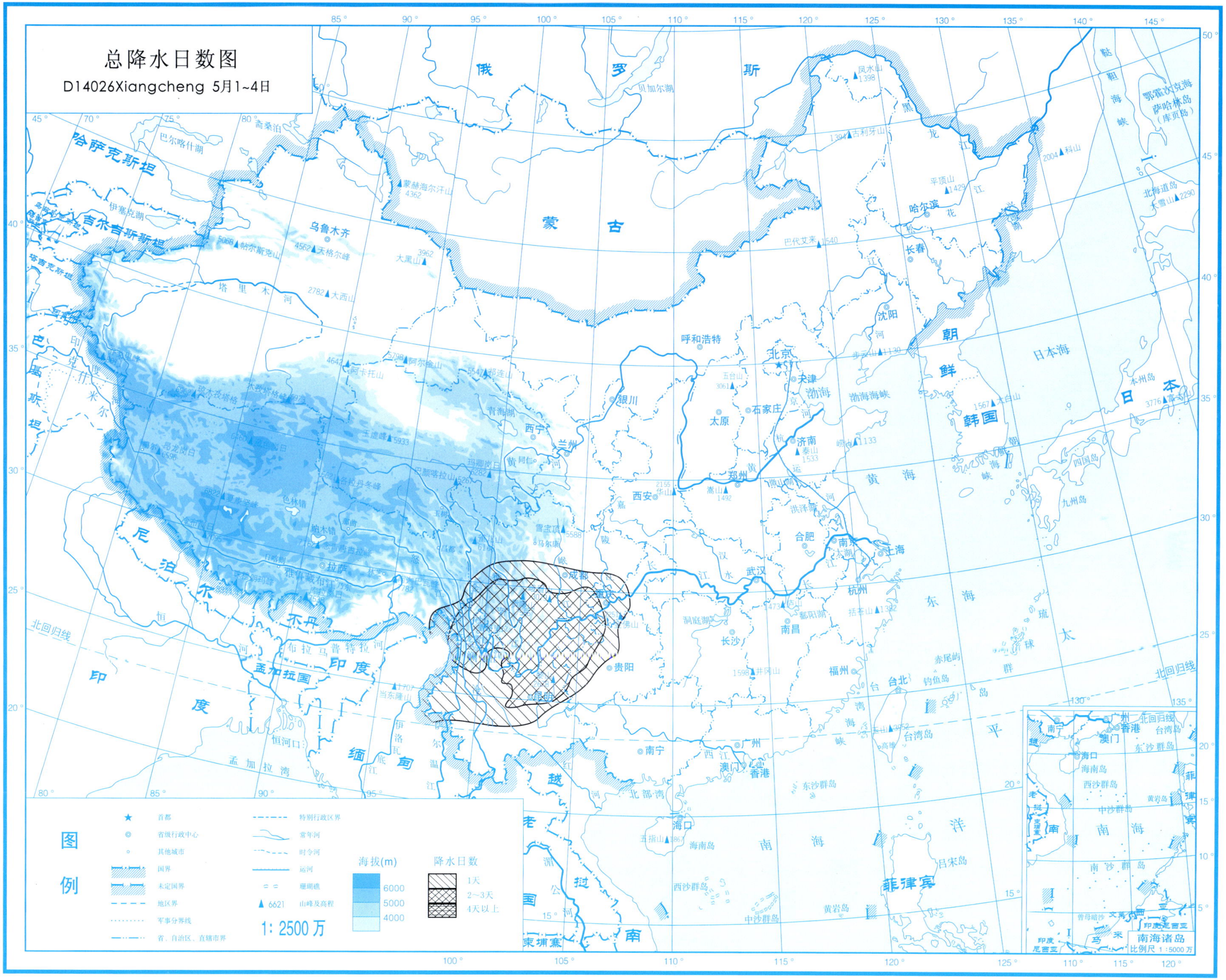
总降水日数图
D14026Xiangcheng 5月1~4日
图例
首都
省级行政中心
其他城市
国界
未定国界
地区界
军事分界线
省、自治区、直辖市界
特别行政区界
常年河
时令河
运河
珊瑚礁
6621 山峰及高程
1: 2500 万
海拔(m)
6000
5000
4000
降水日数
1天
2~3天
4天以上
南海诸岛
比例尺 1:5000 万

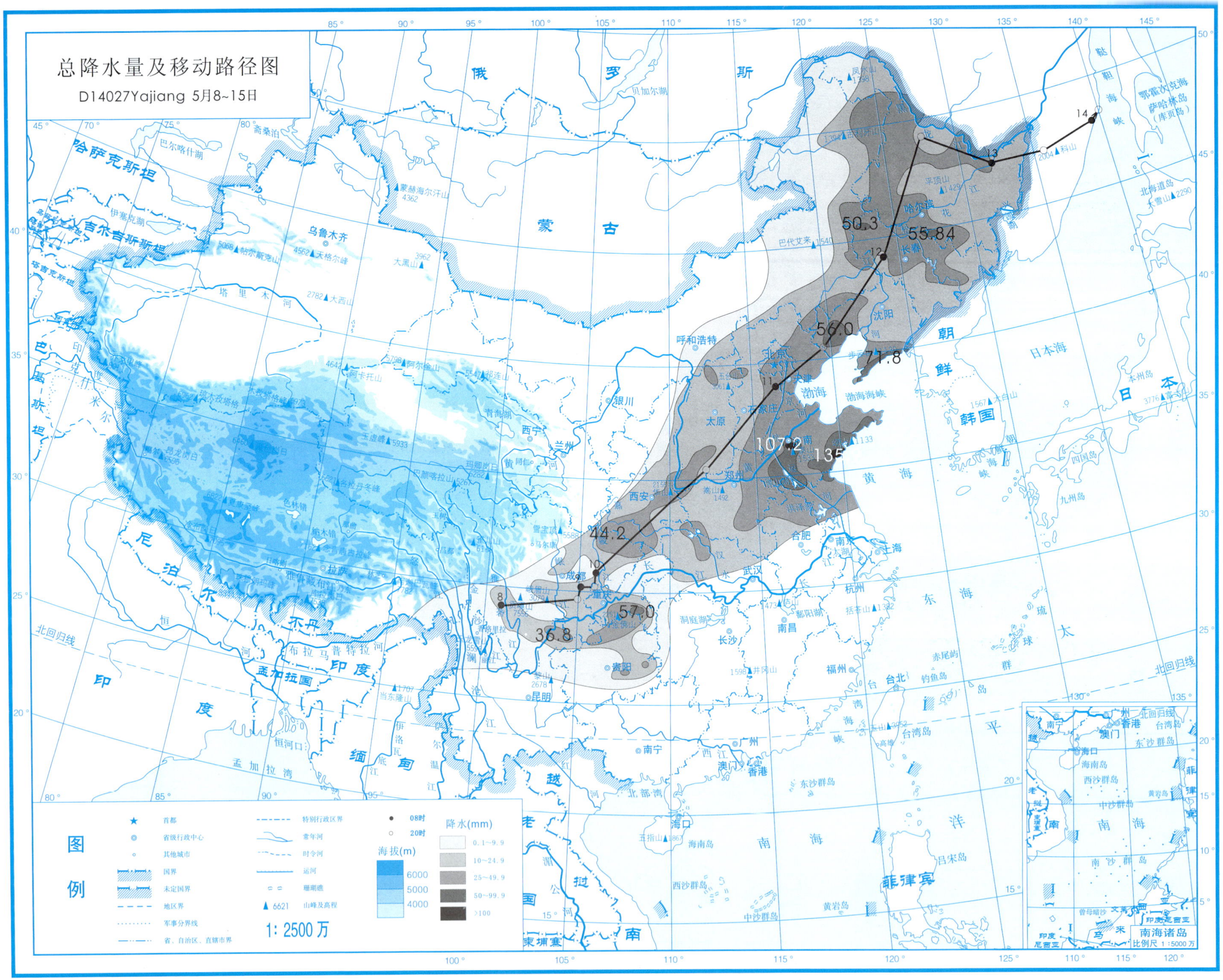
总降水量及移动路径图
D14027Yajiang 5月8~15日
50.3
55.84
56.0
71.8
107.2
135
44.2
57.0
36.8
图例
首都
省级行政中心
其他城市
国界
未定国界
地区界
军事分界线
省、自治区、直辖市界
特别行政区界
常年河
时令河
运河
珊瑚礁
山峰及高程
1: 2500万
08时
20时
海拔(m)
6000
5000
4000
降水(mm)
0.1~9.9
10~24.9
25~49.9
50~99.9
>100
南海诸岛
比例尺 1:5000万

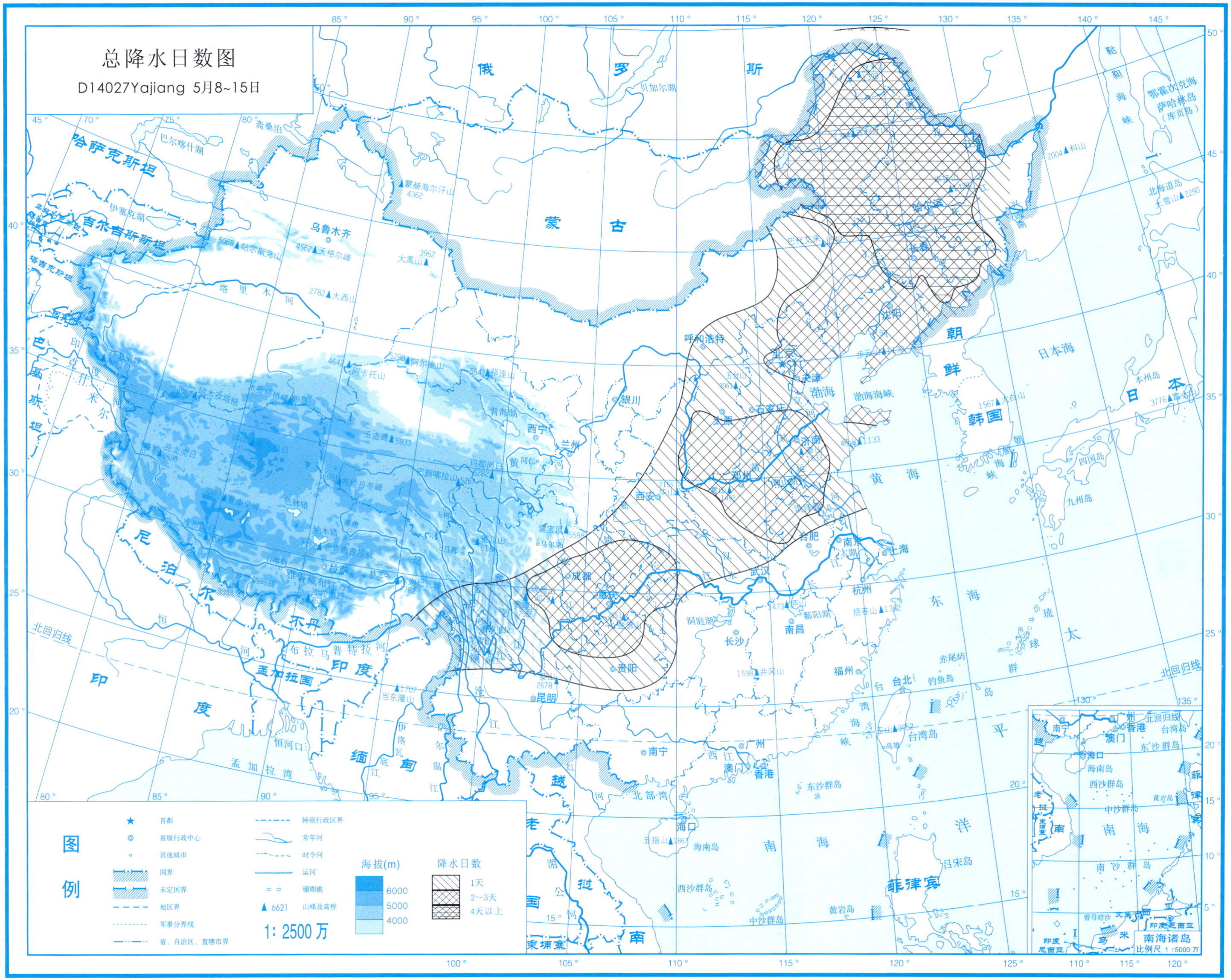
总降水日数图
D14027Yajiang 5月8~15日
图例
首都
省级行政中心
其他城市
国界
未定国界
地区界
军事分界线
省、自治区、直辖市界
特别行政区界
常年河
时令河
运河
珊瑚礁
6621 山峰及高程
1: 2500 万
海拔(m)
6000
5000
4000
降水日数
1天
2~3天
4天以上
南海诸岛
比例尺 1:5000 万
俄 罗 斯
蒙 古
哈萨克斯坦
吉尔吉斯斯坦
塔吉克斯坦
朝 鲜
韩国
日 本
日本海
黄 海
东 海
渤海
南 海
太 平 洋
尼 泊 尔
不丹
印 度
孟加拉国
缅 甸
越 南
老 挝
菲律宾
北回归线
乌鲁木齐
呼和浩特
哈尔滨
长春
沈阳
北京
天津
石家庄
太原
济南
郑州
西安
银川
兰州
西宁
成都
重庆
贵阳
昆明
拉萨
武汉
合肥
南京
上海
杭州
南昌
长沙
福州
台北
南宁
广州
香港
澳门
海口

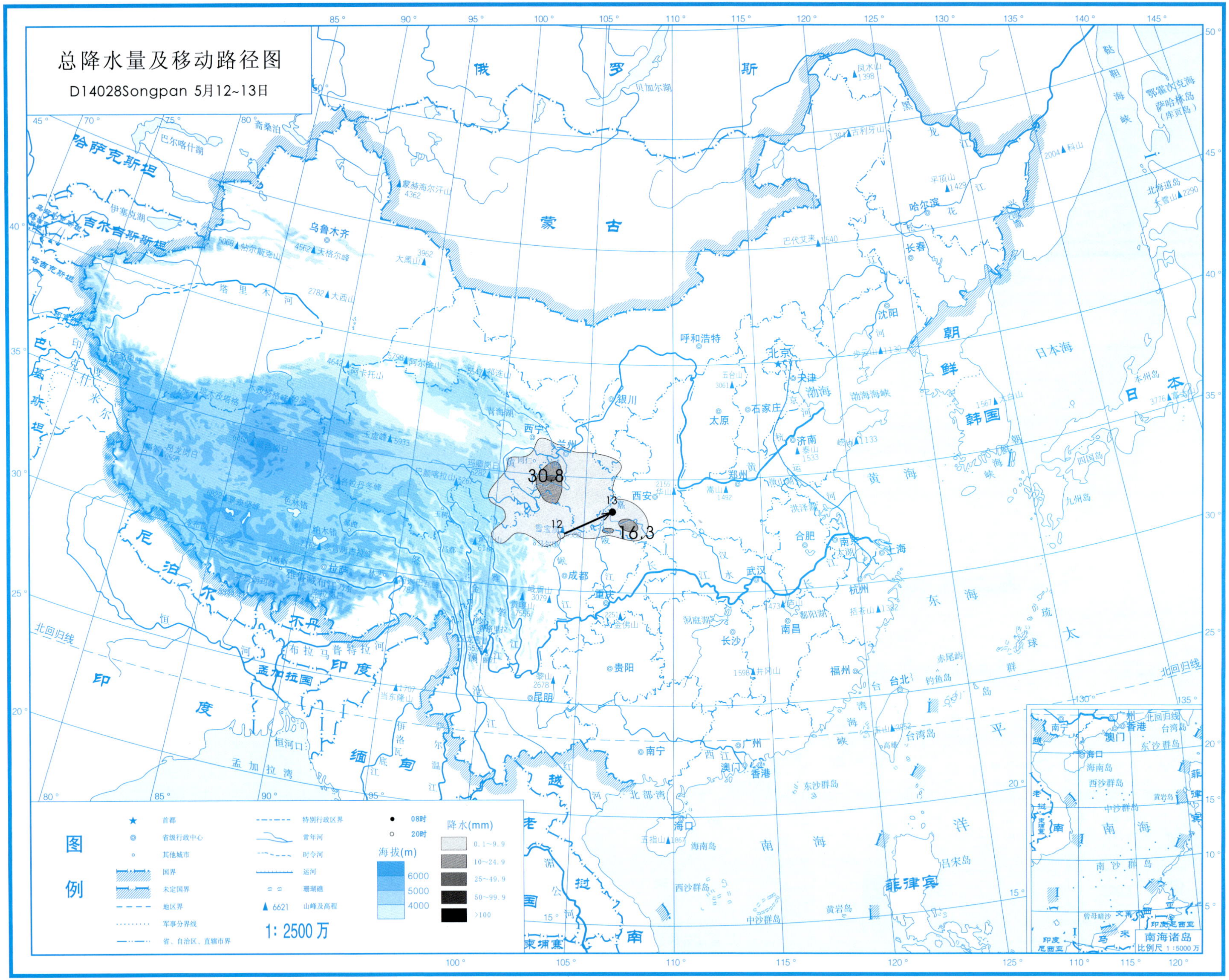
总降水量及移动路径图
D14028Songpan 5月12~13日
30.8
16.3
12
13
图例
首都
省级行政中心
其他城市
国界
未定国界
地区界
军事分界线
省、自治区、直辖市界
特别行政区界
常年河
时令河
运河
珊瑚礁
6621 山峰及高程
1: 2500万
08时
20时
海拔(m)
6000
5000
4000
降水(mm)
0.1~9.9
10~24.9
25~49.9
50~99.9
>100
南海诸岛
比例尺 1:5000万

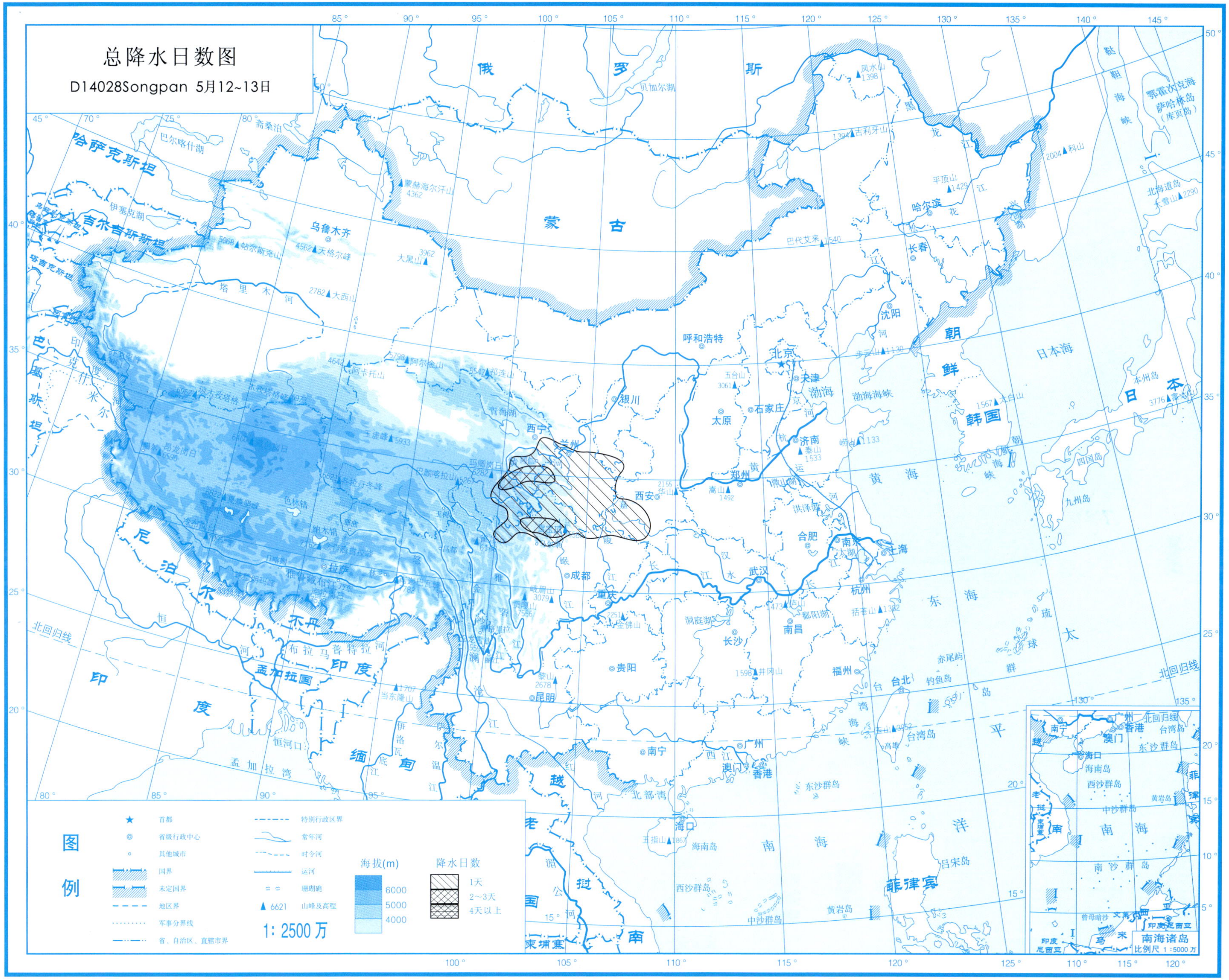
总降水日数图
D14028Songpan 5月12~13日
图例
首都
省级行政中心
其他城市
国界
未定国界
地区界
军事分界线
省、自治区、直辖市界
特别行政区界
常年河
时令河
运河
珊瑚礁
6621 山峰及高程
1: 2500 万
海拔(m)
6000
5000
4000
降水日数
1天
2~3天
4天以上
南海诸岛
比例尺 1:5000 万

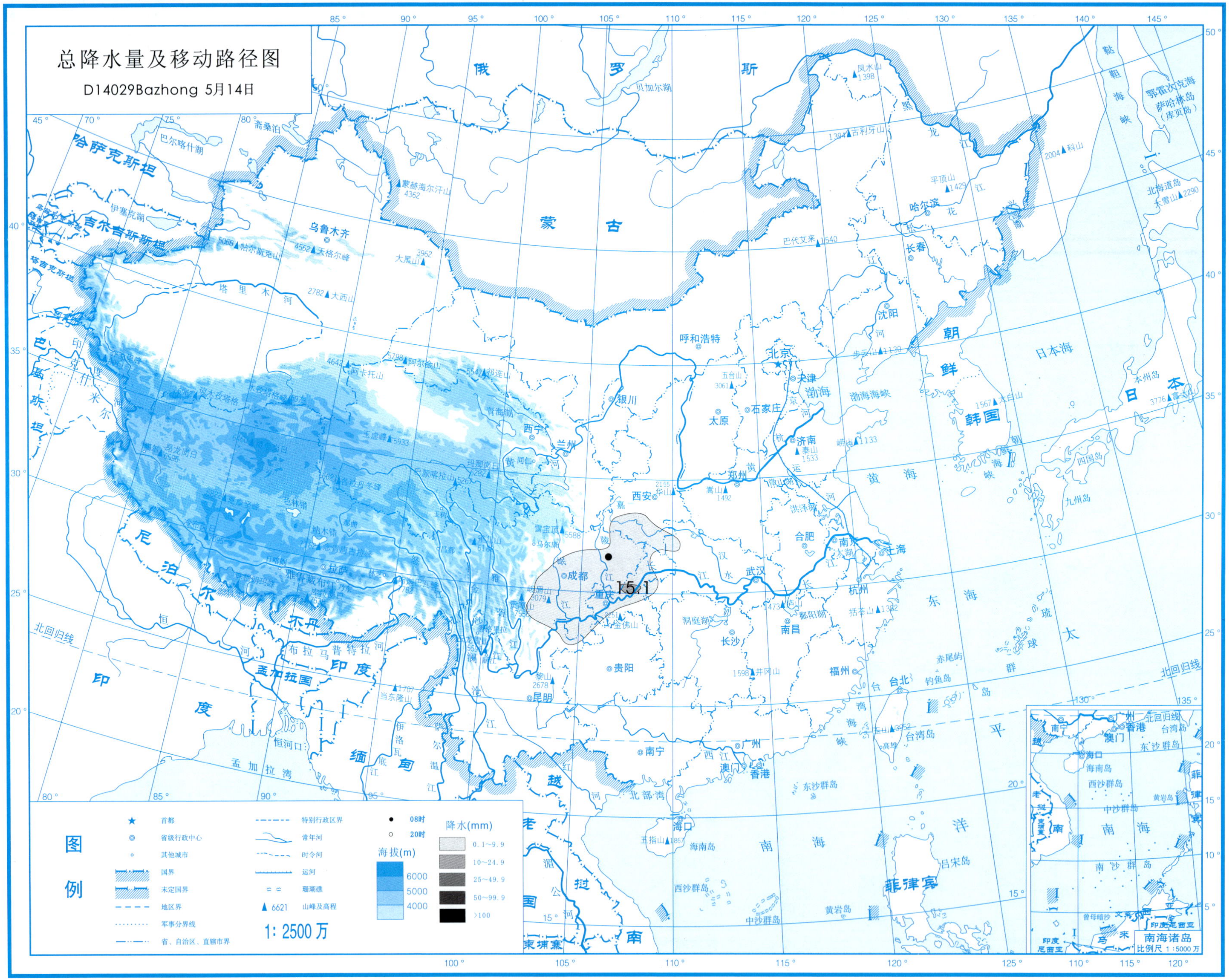
总降水量及移动路径图
D14029Bazhong 5月14日
15.1
图例
首都
省级行政中心
其他城市
国界
未定国界
地区界
军事分界线
省、自治区、直辖市界
特别行政区界
常年河
时令河
运河
珊瑚礁
6621 山峰及高程
08时
20时
海拔(m)
6000
5000
4000
降水(mm)
0.1～9.9
10～24.9
25～49.9
50～99.9
>100
1: 2500万
南海诸岛
比例尺 1:5000万

总降水日数图

D14029Bazhong 5月14日

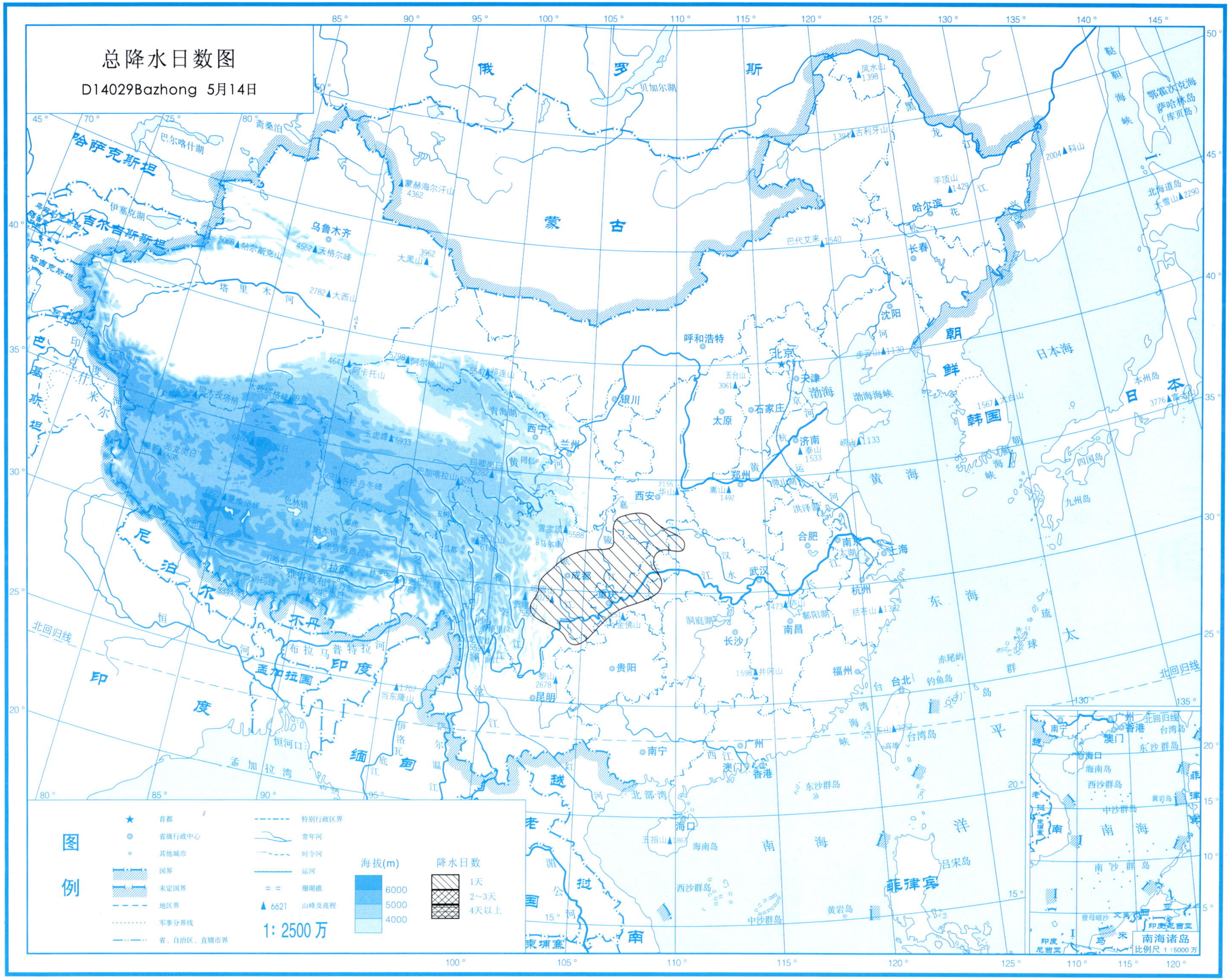

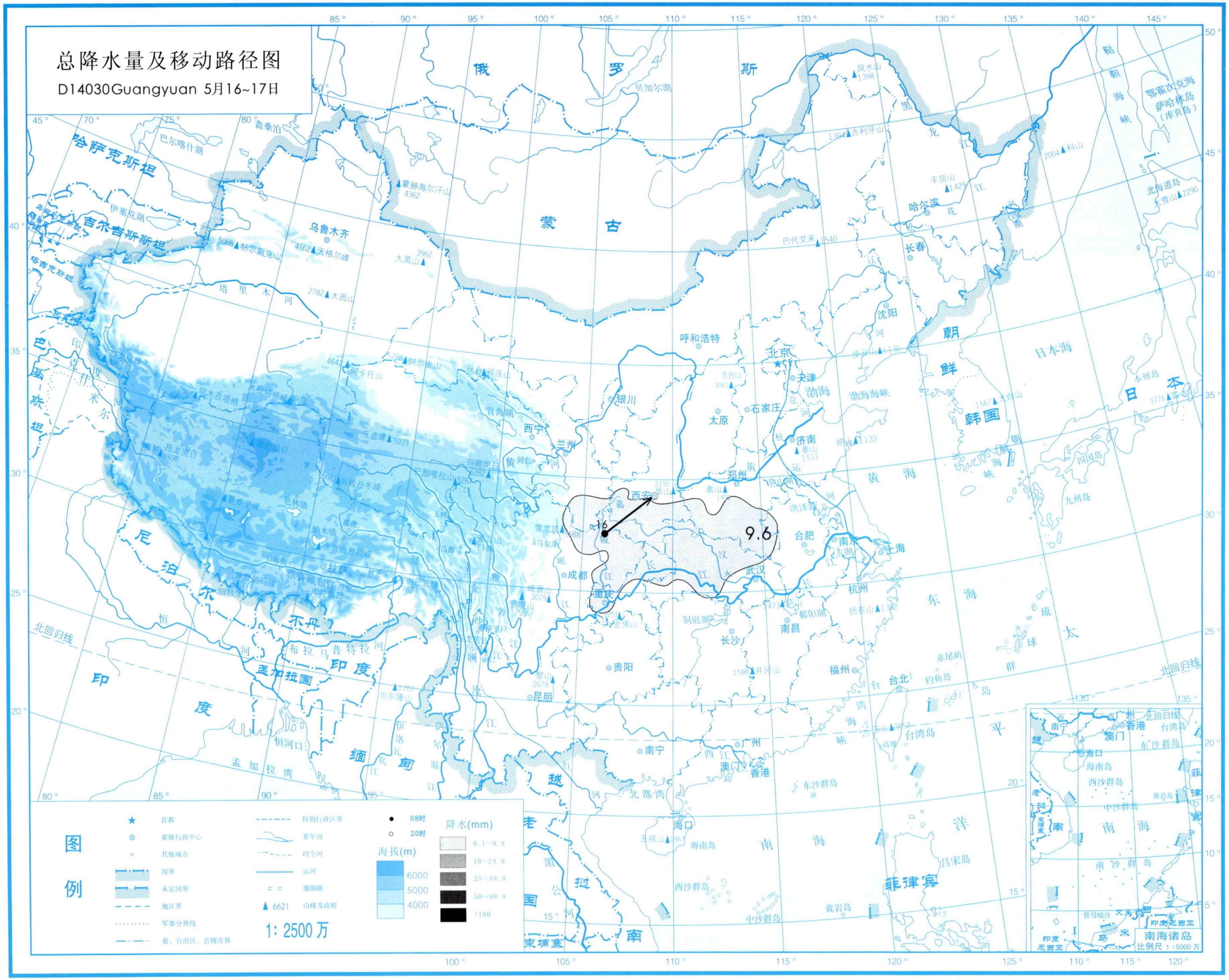
总降水量及移动路径图
D14030Guangyuan 5月16~17日
16
9.6
图例
首都
省级行政中心
其他城市
国界
未定国界
地区界
军事分界线
省、自治区、直辖市界
特别行政区界
常年河
时令河
运河
珊瑚礁
6621 山峰及高程
08时
20时
海拔(m)
6000
5000
4000
降水(mm)
0.1~9.9
10~24.9
25~49.9
50~99.9
>100
1: 2500万
南海诸岛
比例尺 1:5000万

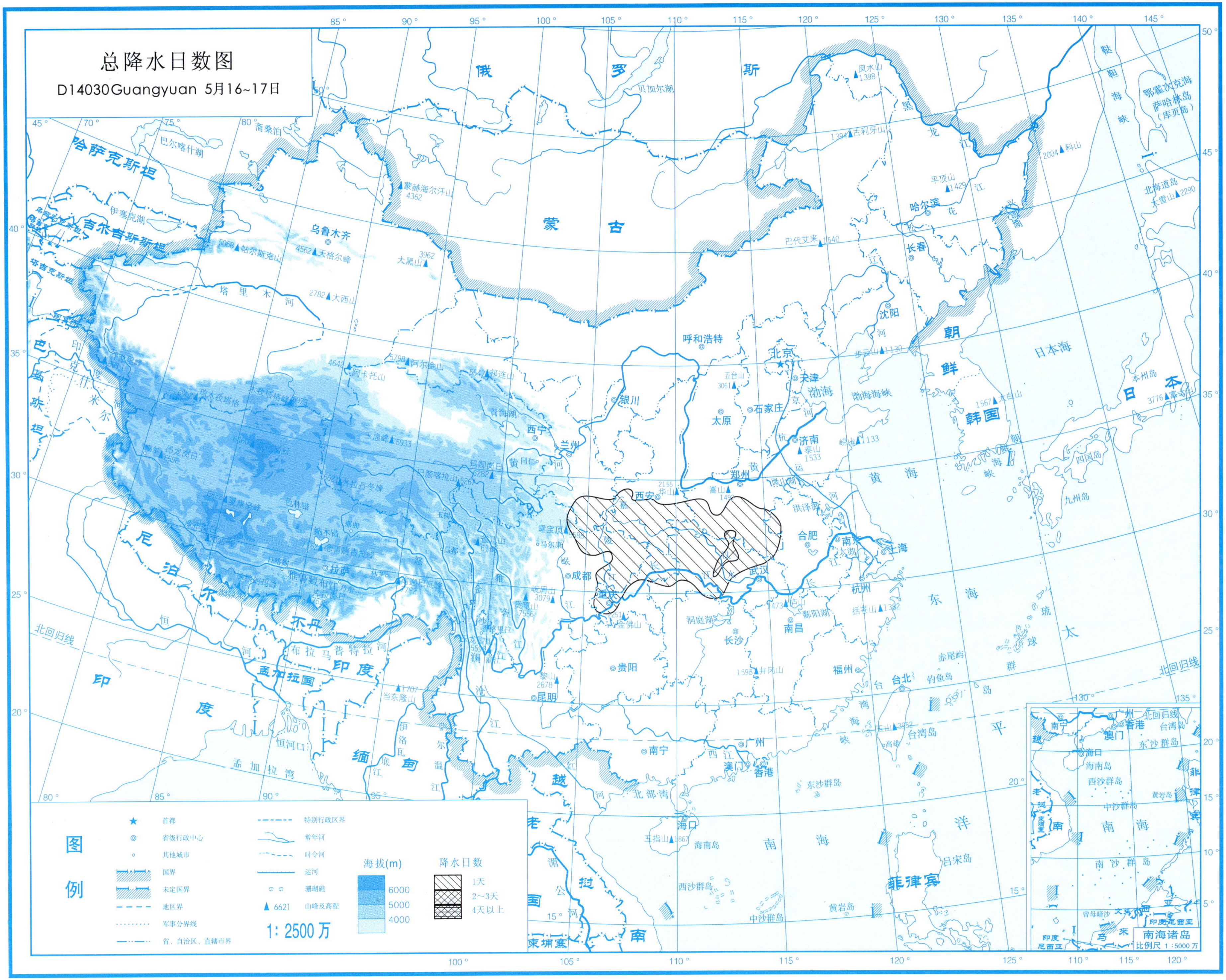
总降水日数图
D14030Guangyuan 5月16~17日
图例
首都
省级行政中心
其他城市
国界
未定国界
地区界
军事分界线
省、自治区、直辖市界
特别行政区界
常年河
时令河
运河
珊瑚礁
6621 山峰及高程
海拔(m)
6000
5000
4000
降水日数
1天
2~3天
4天以上
1: 2500 万
南海诸岛
比例尺 1 : 5000 万
俄
罗
斯
蒙
古
哈萨克斯坦
吉尔吉斯斯坦
塔吉克斯坦
巴基斯坦
印度
尼泊尔
不丹
孟加拉国
缅甸
老挝
越南
柬埔寨
泰国
菲律宾
朝鲜
韩国
日本
乌鲁木齐
呼和浩特
北京
天津
石家庄
太原
银川
西宁
兰州
西安
郑州
济南
合肥
南京
上海
武汉
杭州
南昌
长沙
成都
重庆
贵阳
昆明
南宁
广州
福州
台北
香港
澳门
海口
哈尔滨
长春
沈阳
渤海
黄海
东海
南海
日本海
太平洋
北回归线
贝加尔湖
巴尔喀什湖
青海湖
洞庭湖
鄱阳湖
太湖
塔里木河
黄河
长江
台湾岛
海南岛
东沙群岛
西沙群岛
中沙群岛
南沙群岛
黄岩岛
钓鱼岛
赤尾屿

总降水量及移动路径图

D14031Kangding 5月23~25日

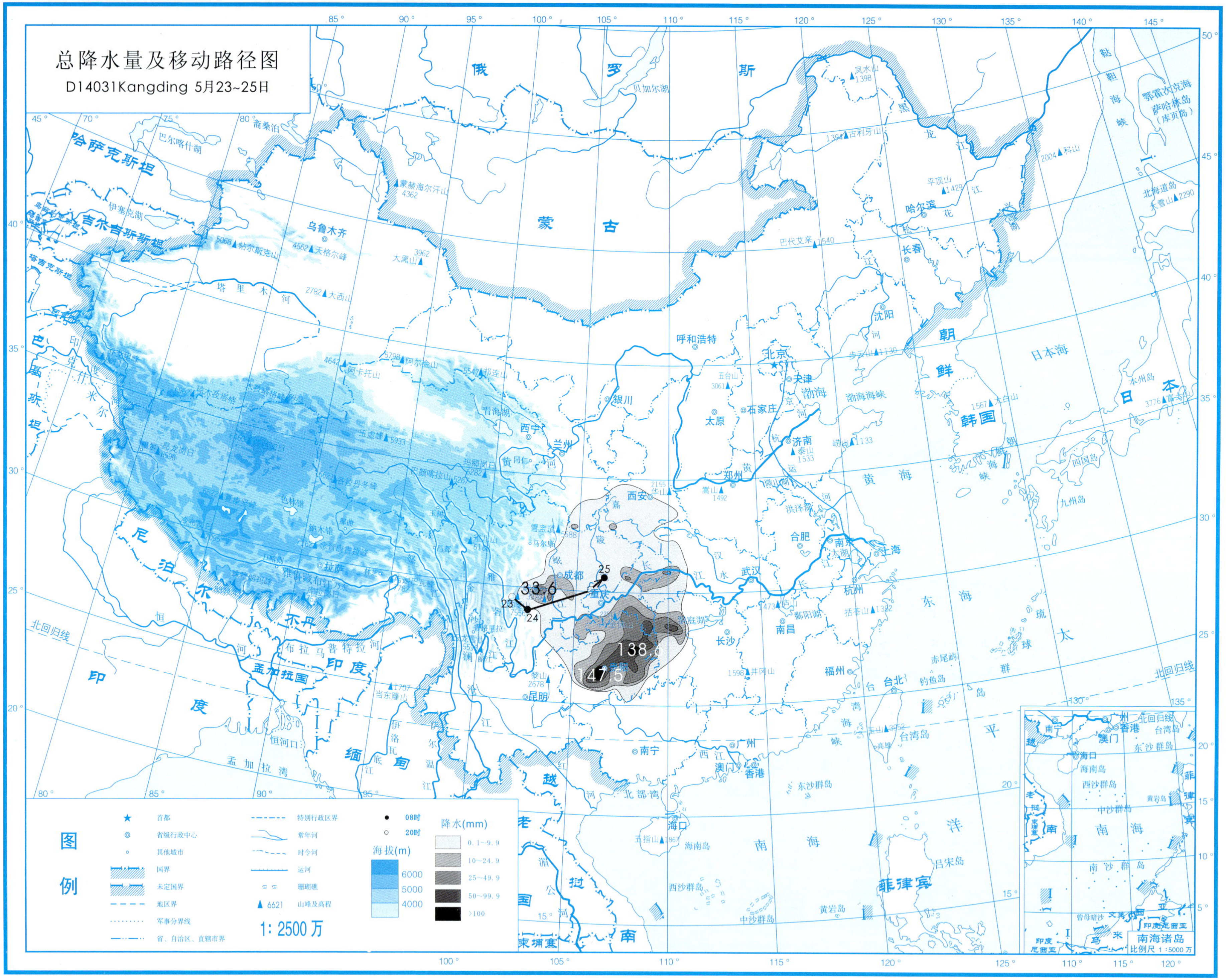

总降水日数图

D14031Kangding 5月23~25日

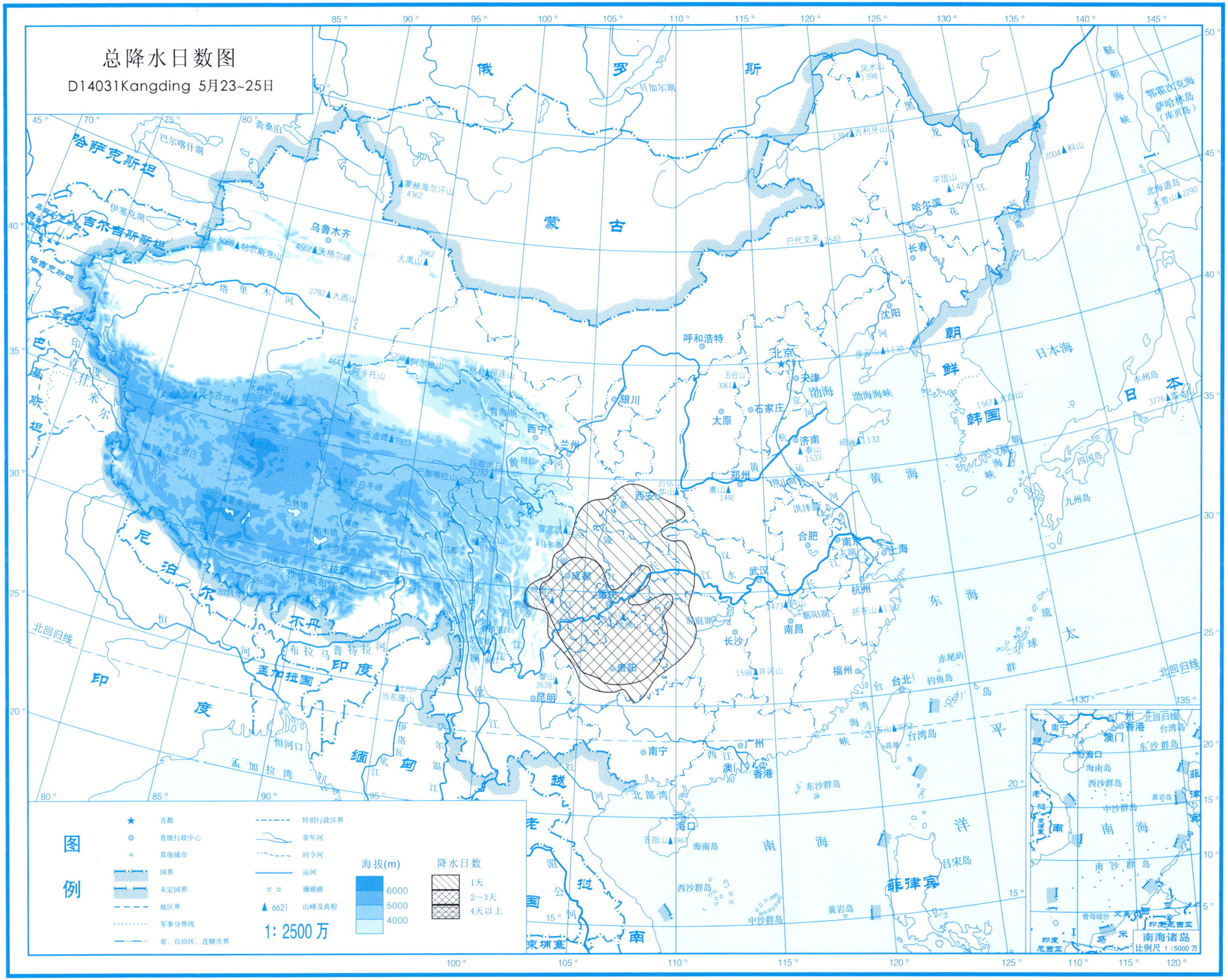

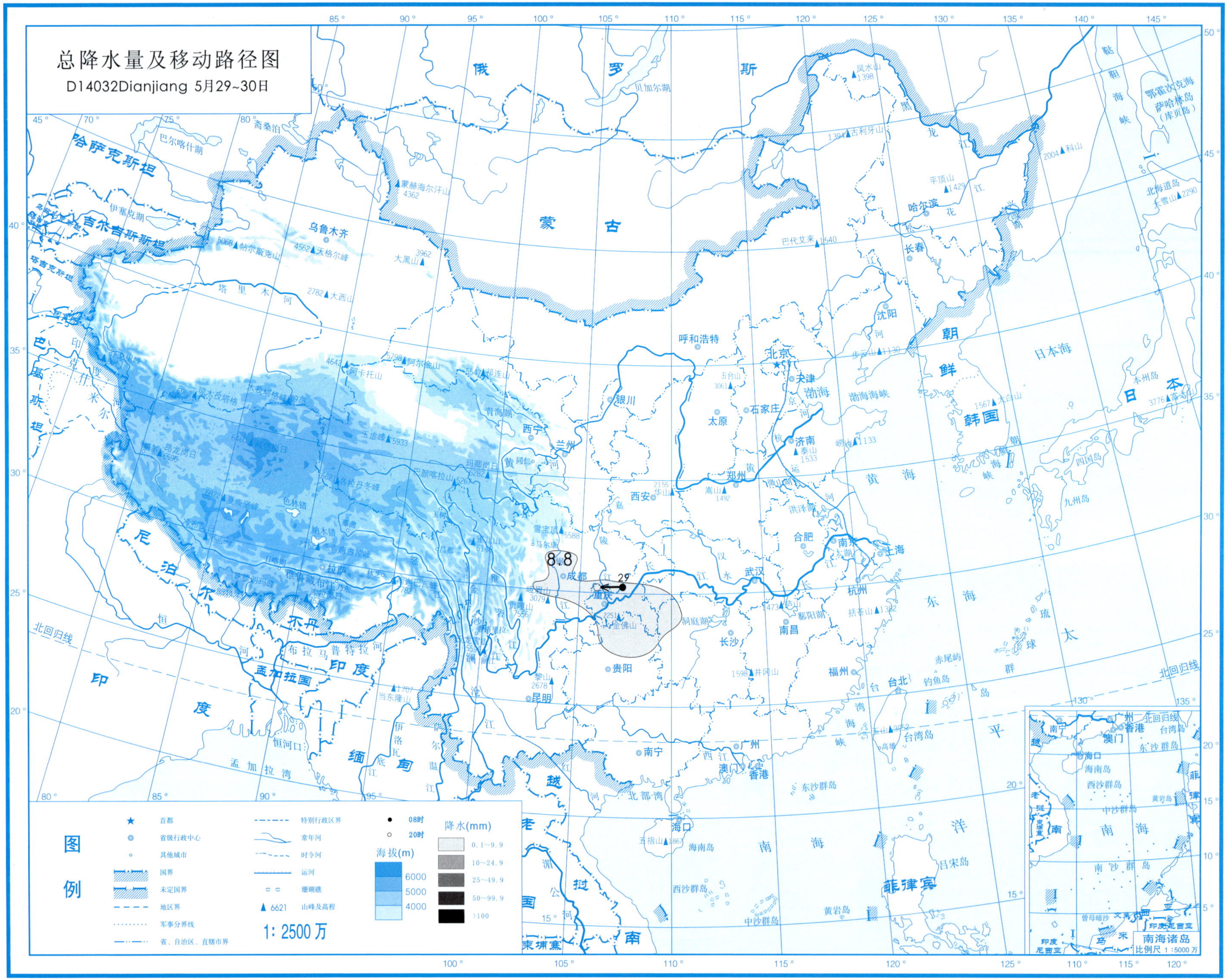
总降水量及移动路径图
D14032Dianjiang 5月29~30日
8.8
29
图例
首都
省级行政中心
其他城市
国界
未定国界
地区界
军事分界线
省、自治区、直辖市界
特别行政区界
常年河
时令河
运河
珊瑚礁
6621 山峰及高程
08时
20时
海拔(m)
6000
5000
4000
降水(mm)
0.1~9.9
10~24.9
25~49.9
50~99.9
>100
1: 2500 万
南海诸岛
比例尺 1:5000 万
俄罗斯
蒙古
哈萨克斯坦
吉尔吉斯斯坦
塔吉克斯坦
巴基斯坦
印度
尼泊尔
不丹
孟加拉国
缅甸
老挝
越南
泰国
柬埔寨
朝鲜
韩国
日本
菲律宾
北京
天津
石家庄
太原
呼和浩特
沈阳
长春
哈尔滨
济南
郑州
西安
银川
兰州
西宁
成都
重庆
贵阳
昆明
拉萨
乌鲁木齐
武汉
长沙
南昌
合肥
南京
上海
杭州
福州
台北
广州
南宁
海口
香港
澳门
渤海
黄海
东海
南海
日本海
太平洋
北回归线

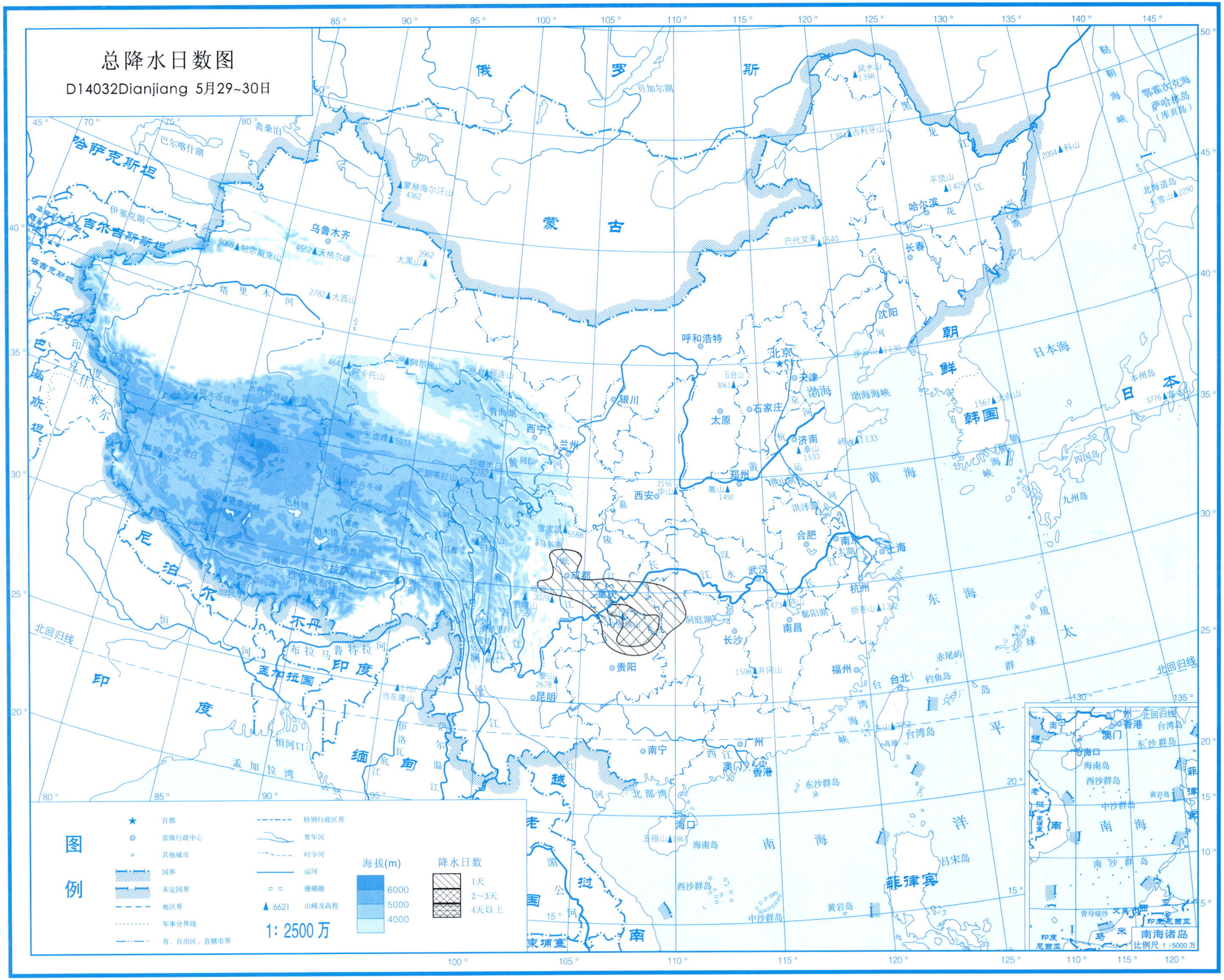

总降水日数图
D14032Dianjiang 5月29~30日
图例
首都
省级行政中心
其他城市
国界
未定国界
地区界
军事分界线
省、自治区、直辖市界
特别行政区界
常年河
时令河
运河
珊瑚礁
6621 山峰及高程
海拔(m)
6000
5000
4000
降水日数
1天
2~3天
4天以上
1: 2500万
南海诸岛
比例尺 1:5000万
俄罗斯
蒙古
哈萨克斯坦
吉尔吉斯斯坦
塔吉克斯坦
巴基斯坦
尼泊尔
不丹
印度
孟加拉国
缅甸
老挝
越南
泰国
柬埔寨
朝鲜
韩国
日本
菲律宾
北京
天津
石家庄
太原
呼和浩特
沈阳
长春
哈尔滨
济南
郑州
西安
银川
兰州
西宁
乌鲁木齐
拉萨
成都
重庆
贵阳
昆明
武汉
长沙
南昌
合肥
南京
上海
杭州
福州
台北
广州
南宁
海口
香港
澳门

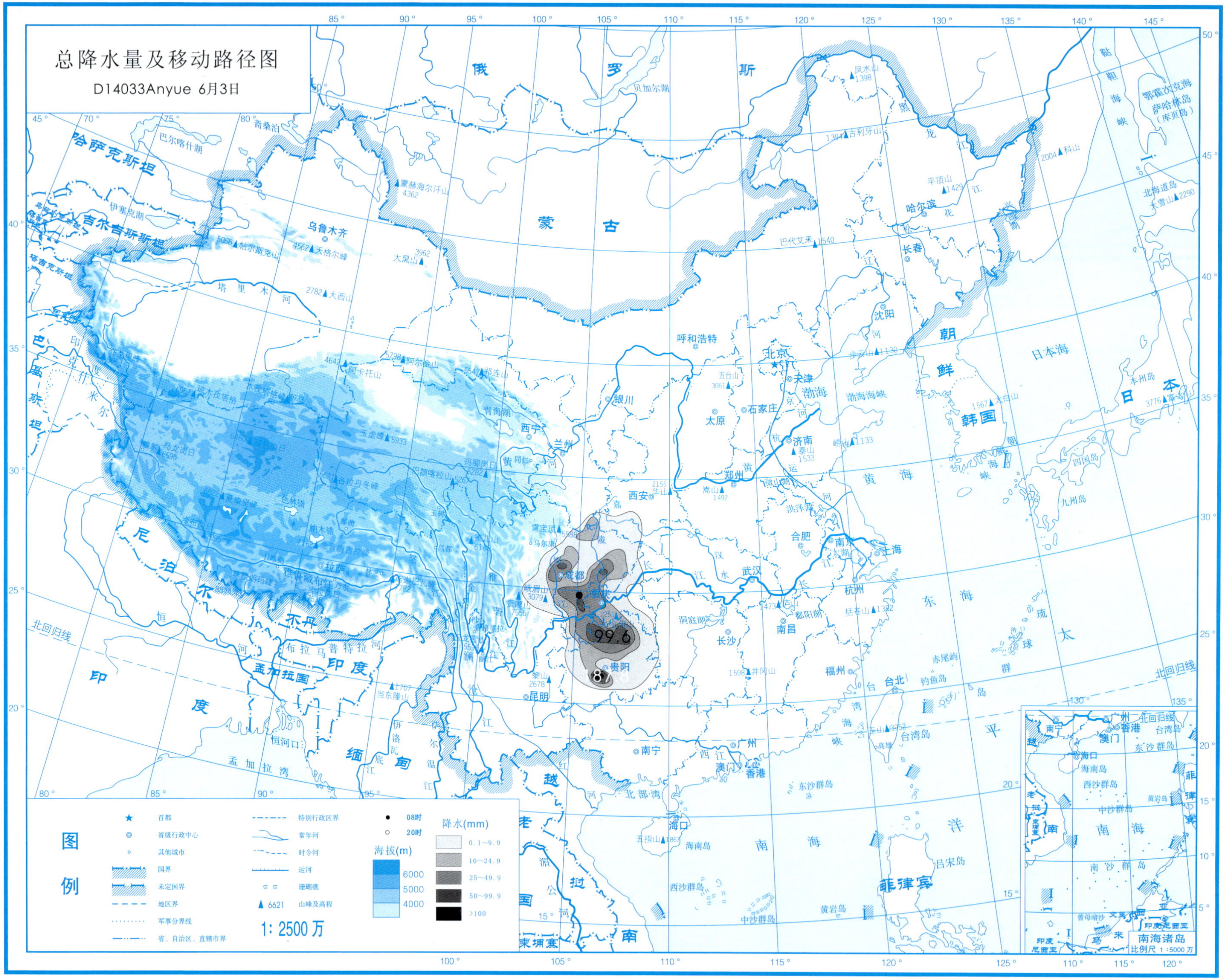
总降水量及移动路径图
D14033Anyue 6月3日
99.6
87.8
图例
首都
省级行政中心
其他城市
国界
未定国界
地区界
军事分界线
省、自治区、直辖市界
特别行政区界
常年河
时令河
运河
珊瑚礁
6621 山峰及高程
08时
20时
海拔(m)
6000
5000
4000
降水(mm)
0.1～9.9
10～24.9
25～49.9
50～99.9
>100
1: 2500 万
南海诸岛
比例尺 1:5000 万

总降水日数图

D14033Anyue 6月3日

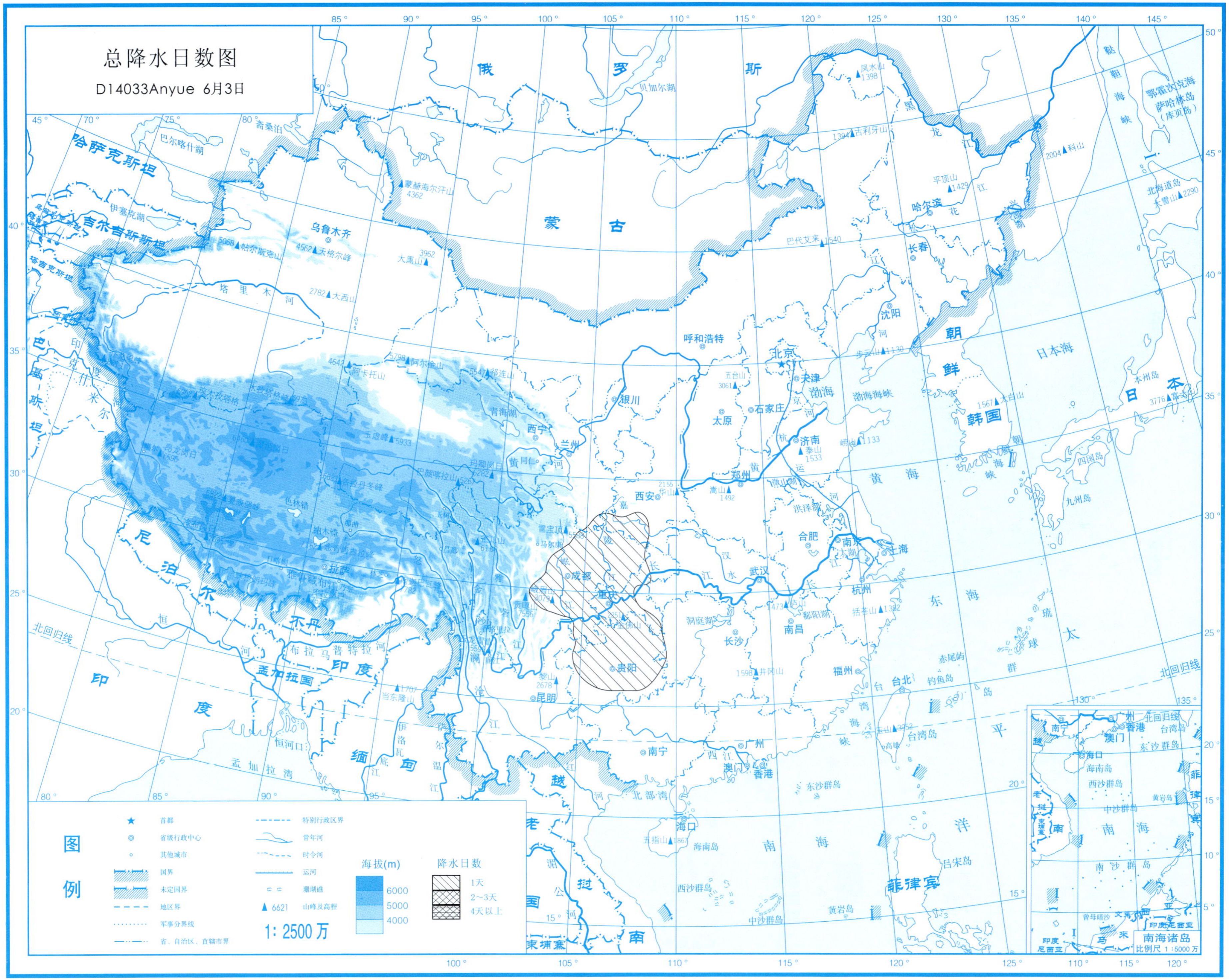

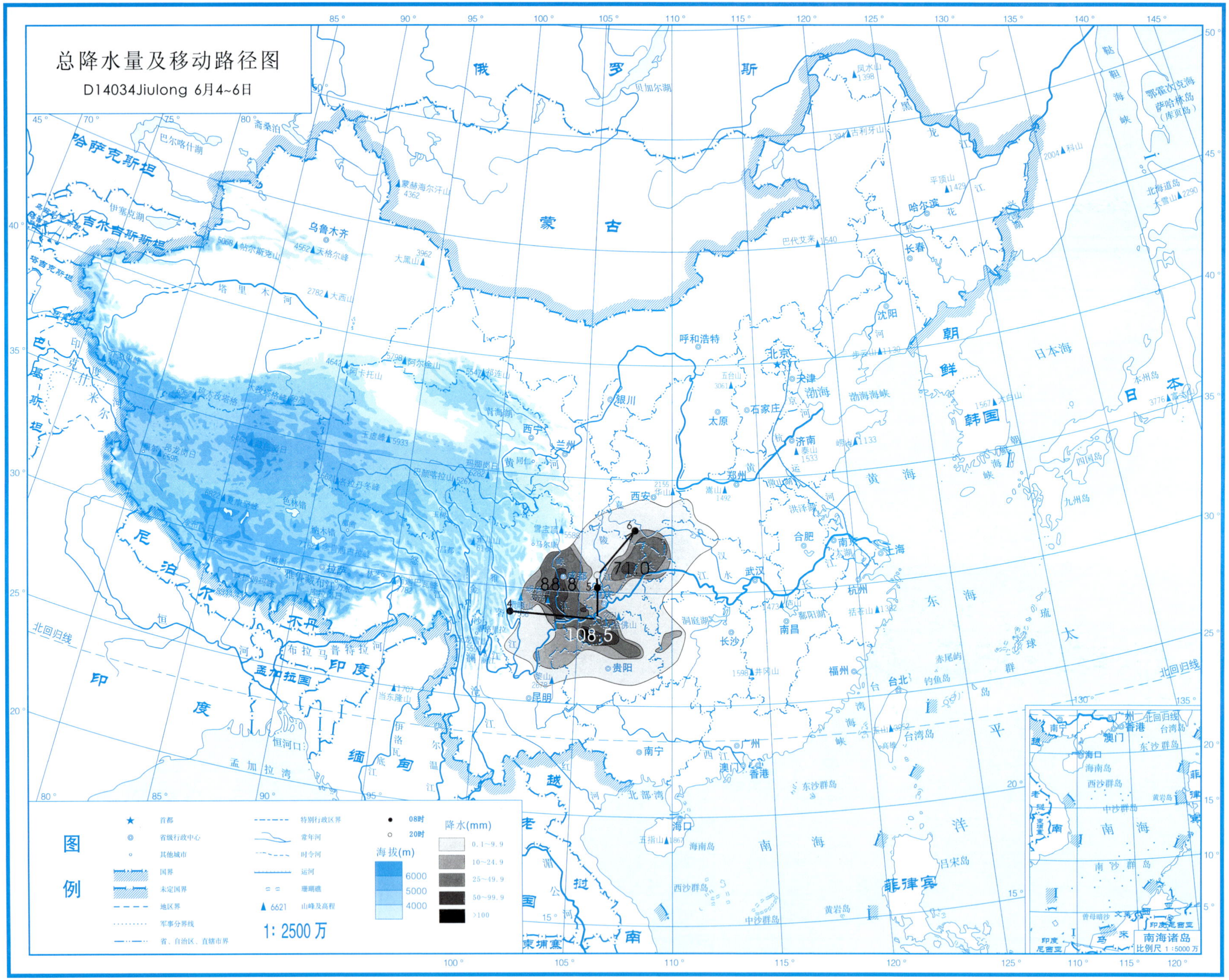
总降水量及移动路径图
D14034Jiulong 6月4~6日
88.8
71.0
108.5
图例
首都
省级行政中心
其他城市
国界
未定国界
地区界
军事分界线
省、自治区、直辖市界
特别行政区界
常年河
时令河
运河
珊瑚礁
6621 山峰及高程
1: 2500 万
08时
20时
海拔(m)
6000
5000
4000
降水(mm)
0.1~9.9
10~24.9
25~49.9
50~99.9
>100
南海诸岛
比例尺 1:5000 万

总降水日数图

D14034Jiulong 6月4~6日

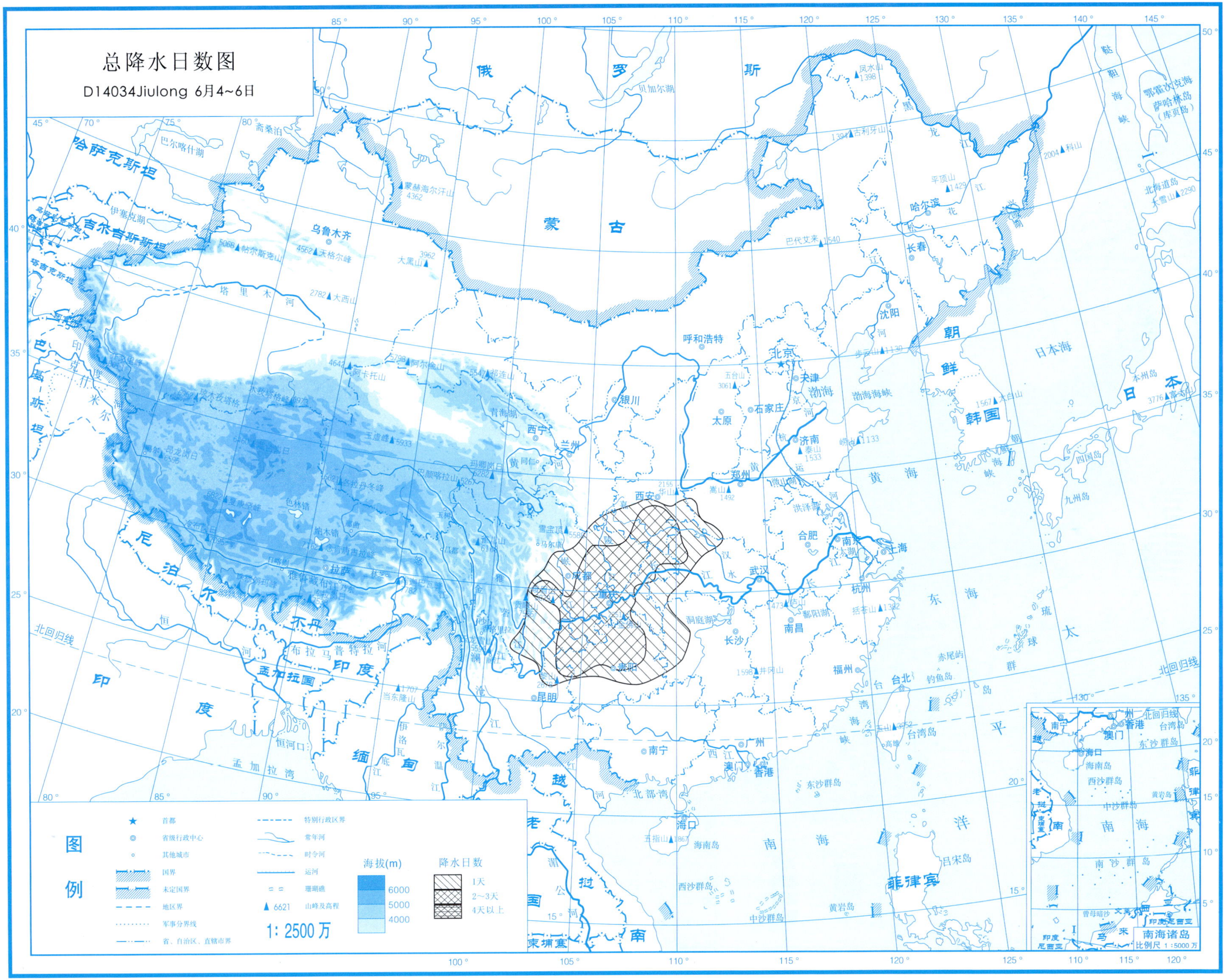

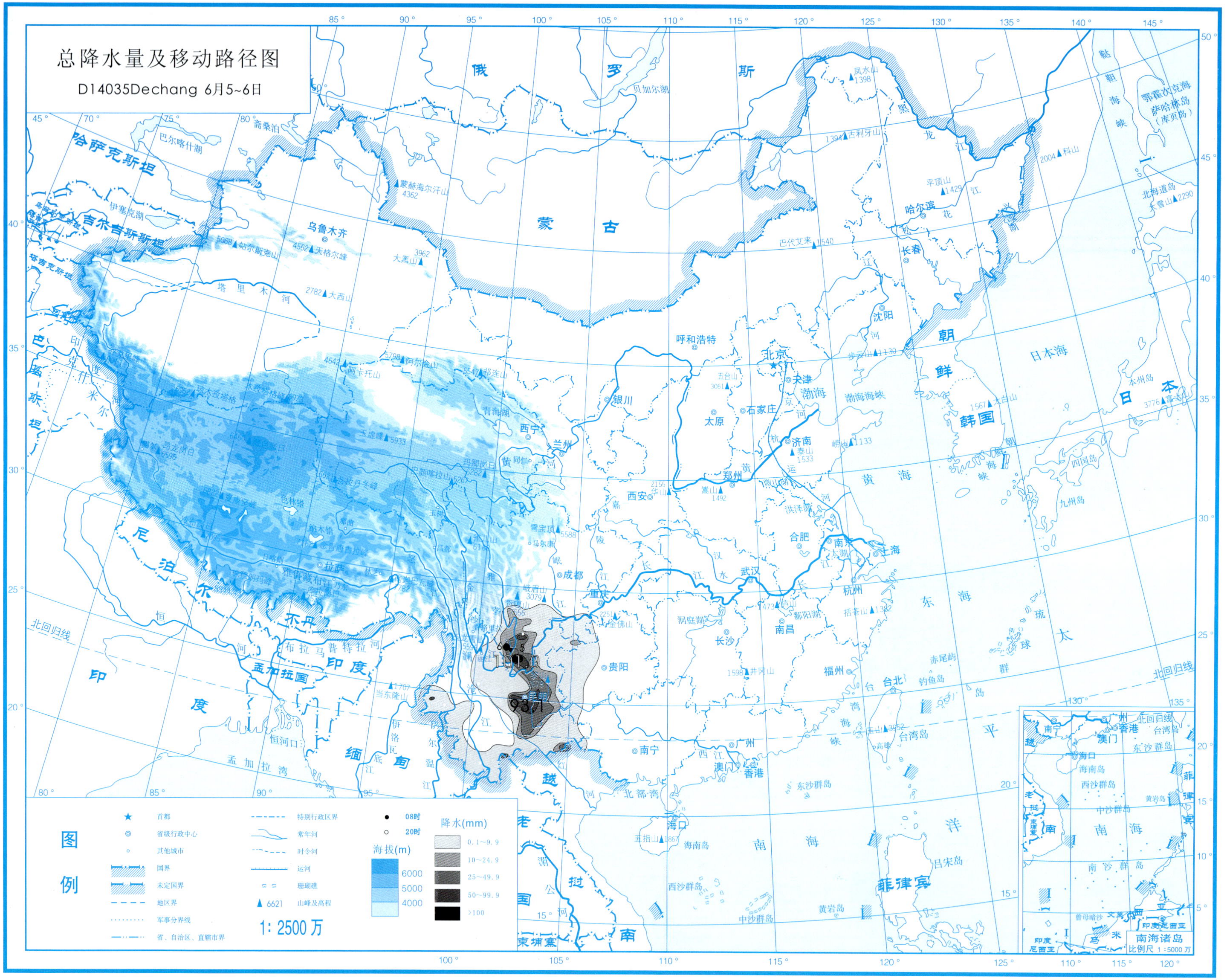

总降水量及移动路径图
D14035Dechang 6月5~6日

总降水日数图

D14035Dechang 6月5~6日

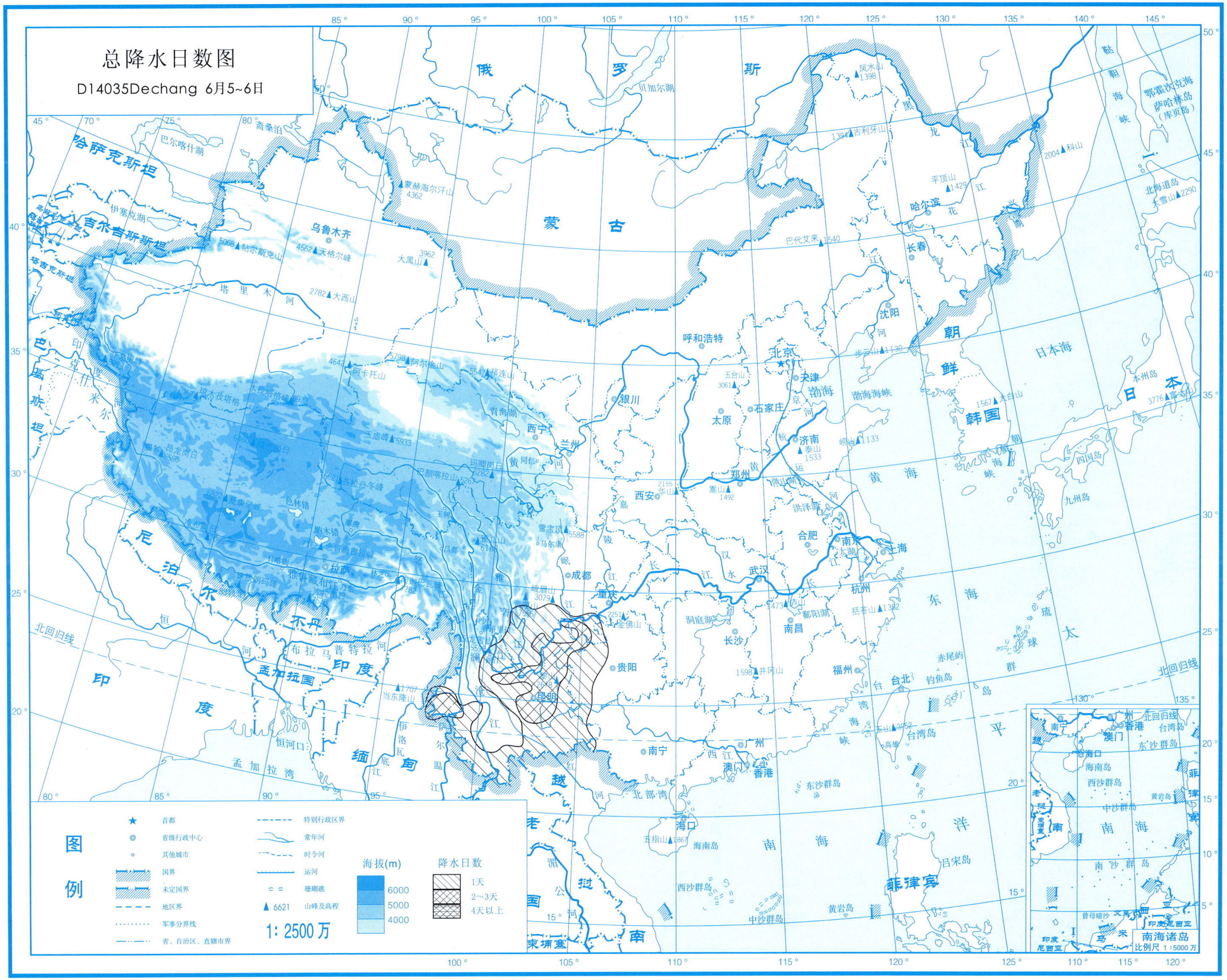

总降水量及移动路径图

D14036Yuechi 6月8~10日

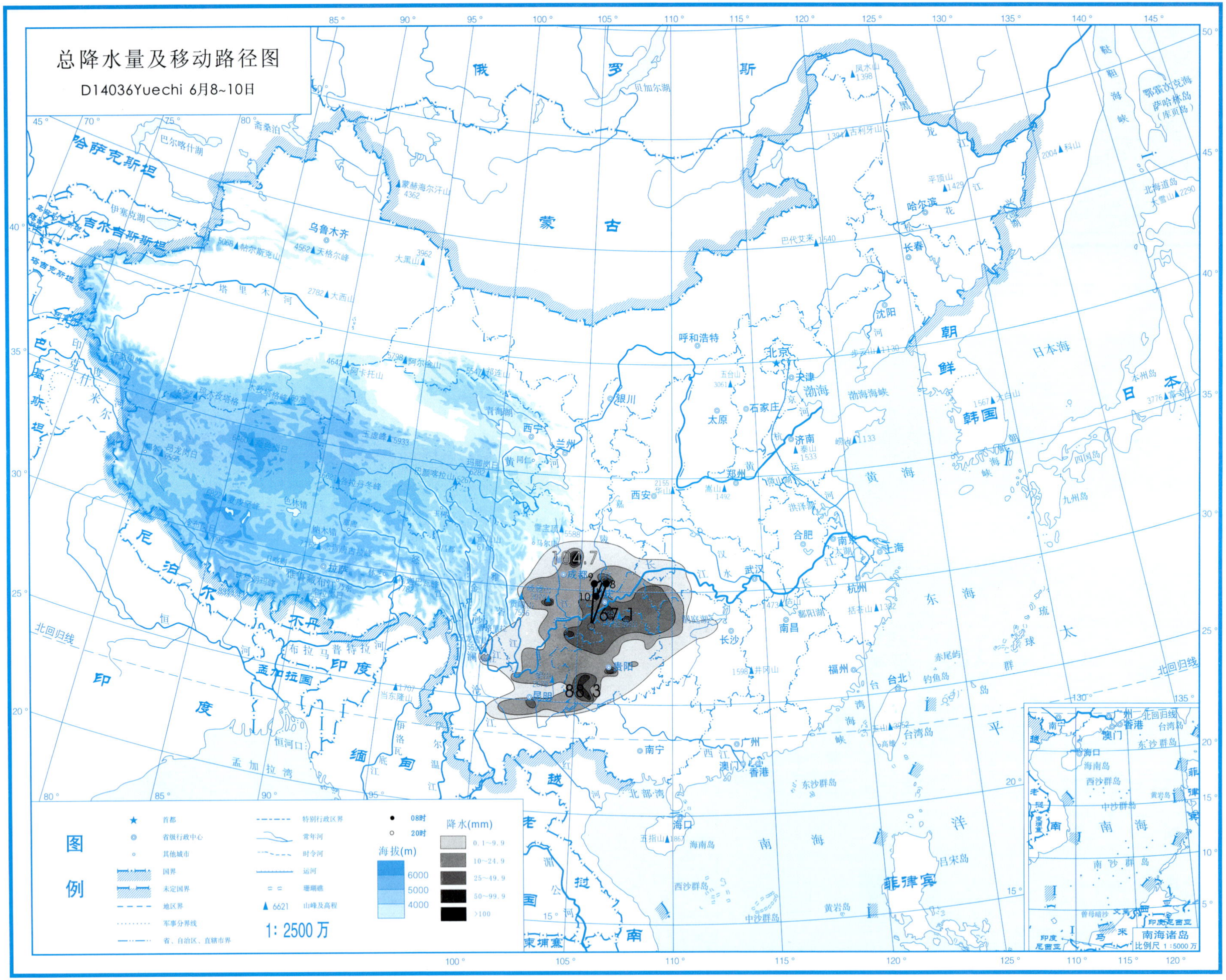

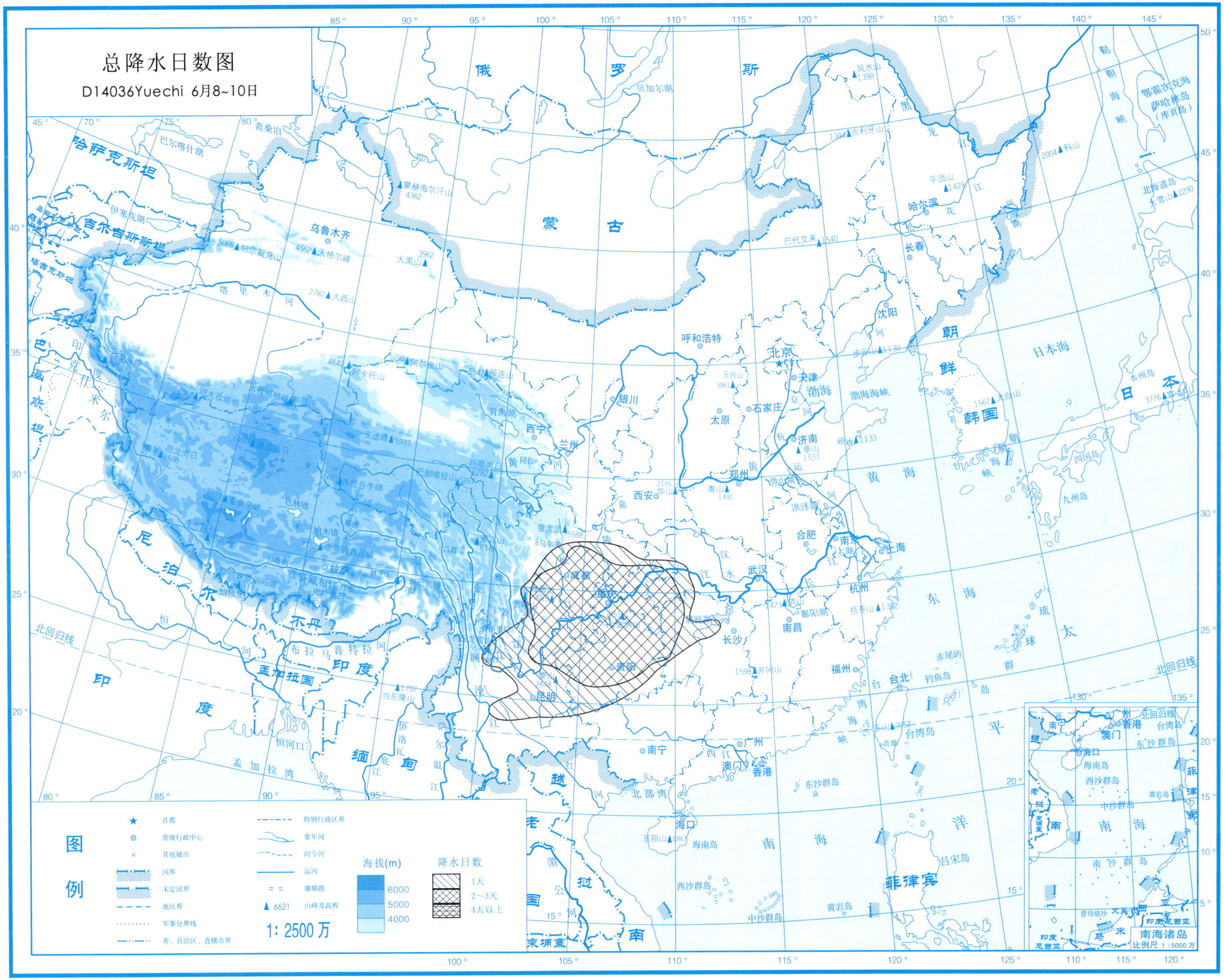
总降水日数图
D14036Yuechi 6月8~10日
图例
首都
省级行政中心
其他城市
国界
未定国界
地区界
军事分界线
省、自治区、直辖市界
特别行政区界
常年河
时令河
运河
珊瑚礁
6621 山峰及高程
海拔(m)
6000
5000
4000
降水日数
1天
2~3天
4天以上
1: 2500 万
俄 罗 斯
蒙 古
哈萨克斯坦
吉尔吉斯斯坦
塔吉克斯坦
巴基斯坦
印度
尼泊尔
不丹
孟加拉国
缅甸
老挝
越南
泰国
柬埔寨
菲律宾
朝鲜
韩国
日本
日本海
黄海
东海
南海
太平洋
北京
天津
石家庄
太原
呼和浩特
沈阳
长春
哈尔滨
济南
郑州
西安
银川
兰州
西宁
乌鲁木齐
拉萨
成都
重庆
贵阳
昆明
南宁
广州
香港
澳门
海口
长沙
武汉
南昌
合肥
南京
上海
杭州
福州
台北
北回归线
南海诸岛
比例尺 1:5000 万

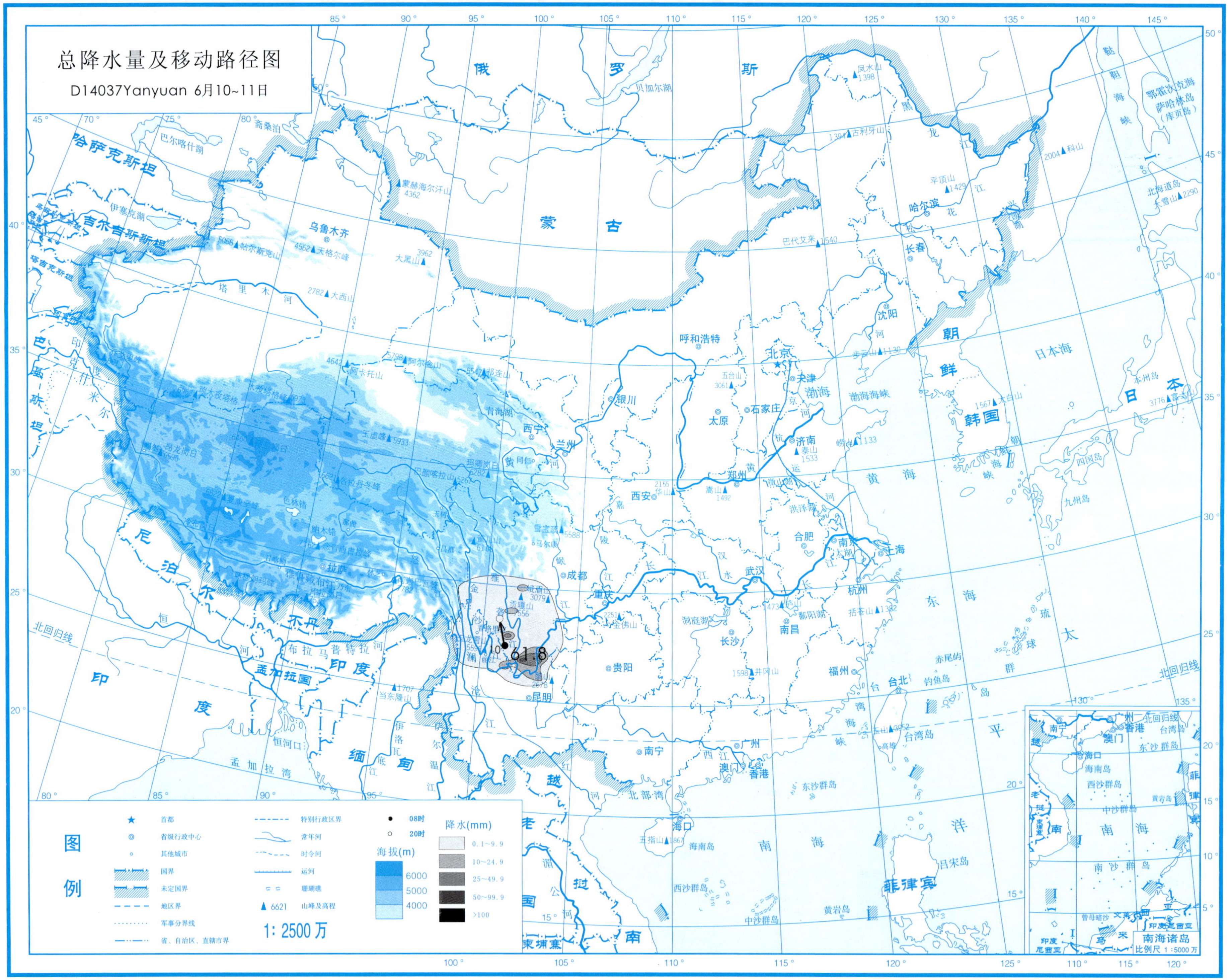
总降水量及移动路径图
D14037Yanyuan 6月10~11日
图例
首都
省级行政中心
其他城市
国界
未定国界
地区界
军事分界线
省、自治区、直辖市界
特别行政区界
常年河
时令河
运河
珊瑚礁
6621 山峰及高程
1: 2500 万
08时
20时
海拔(m)
6000
5000
4000
降水(mm)
0.1~9.9
10~24.9
25~49.9
50~99.9
>100
南海诸岛
比例尺 1:5000 万

总降水日数图

D14037Yanyuan 6月10~11日

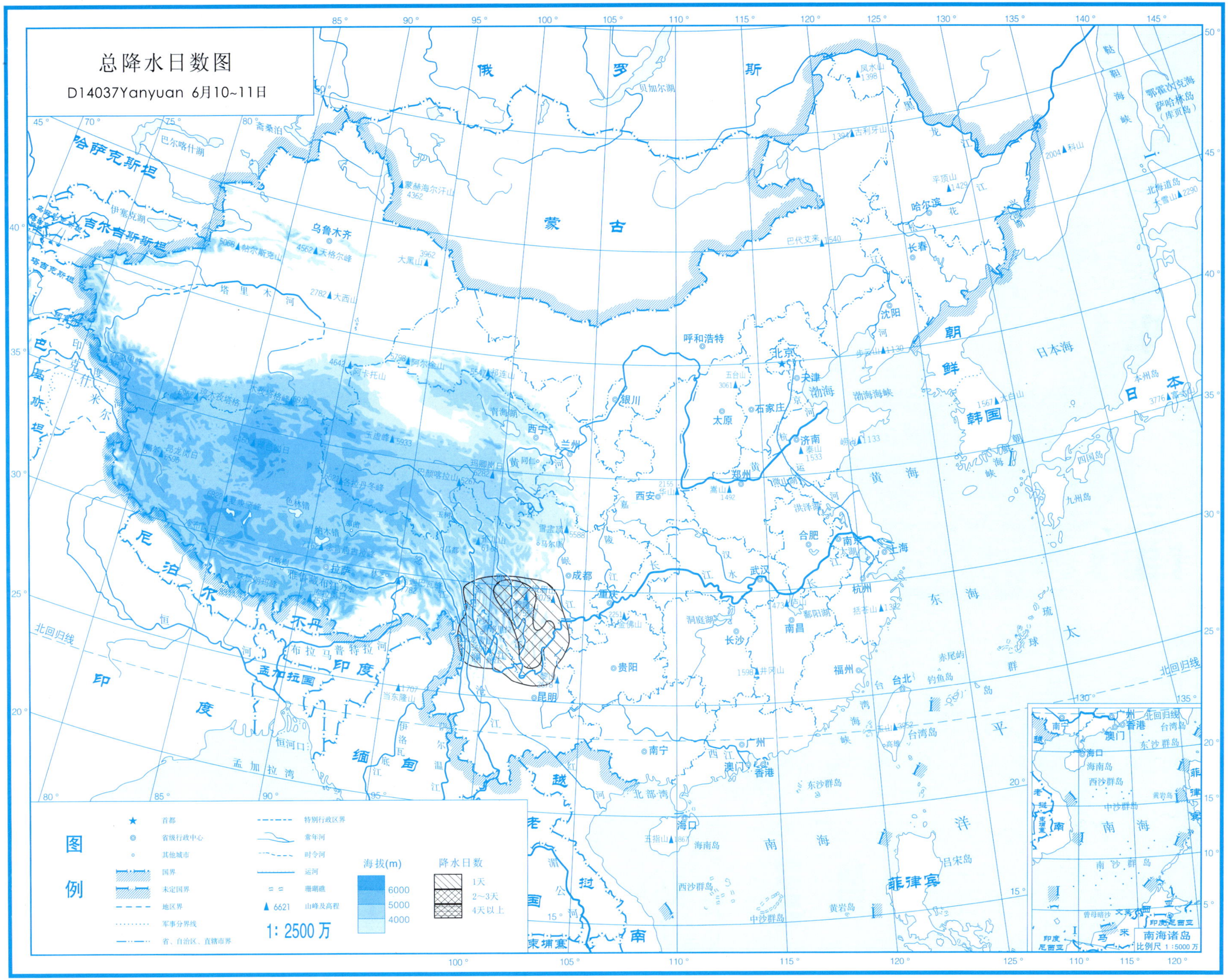

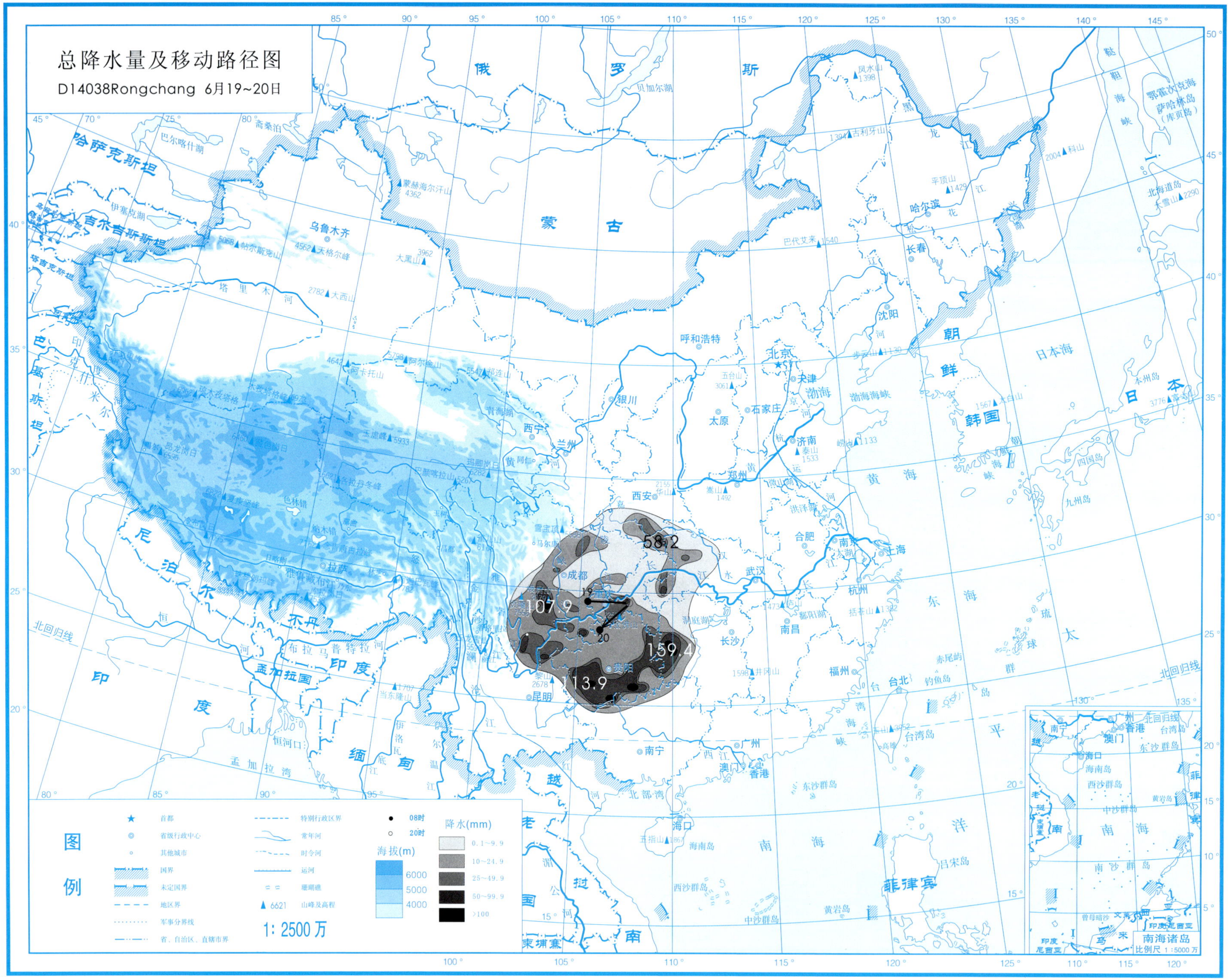
总降水量及移动路径图
D14038Rongchang 6月19~20日
58.2
107.9
159.4
113.9
19
20
图例
首都
省级行政中心
其他城市
国界
未定国界
地区界
军事分界线
省、自治区、直辖市界
特别行政区界
常年河
时令河
运河
珊瑚礁
6621 山峰及高程
1: 2500 万
08时
20时
海拔(m)
6000
5000
4000
降水(mm)
0.1~9.9
10~24.9
25~49.9
50~99.9
>100
俄
罗
斯
蒙
古
哈萨克斯坦
吉尔吉斯斯坦
塔吉克斯坦
巴基斯坦
尼泊尔
不丹
印度
孟加拉国
缅甸
老挝
越南
泰国
柬埔寨
朝鲜
韩国
日本
菲律宾
乌鲁木齐
呼和浩特
北京
天津
石家庄
太原
银川
西宁
兰州
西安
郑州
济南
沈阳
长春
哈尔滨
成都
重庆
贵阳
昆明
武汉
长沙
南昌
合肥
南京
上海
杭州
福州
台北
广州
香港
澳门
南宁
海口
拉萨
黄海
东海
南海
渤海
日本海
太平洋
北回归线
南海诸岛
比例尺 1:5000 万

总降水日数图

D14038Rongchang 6月19~20日

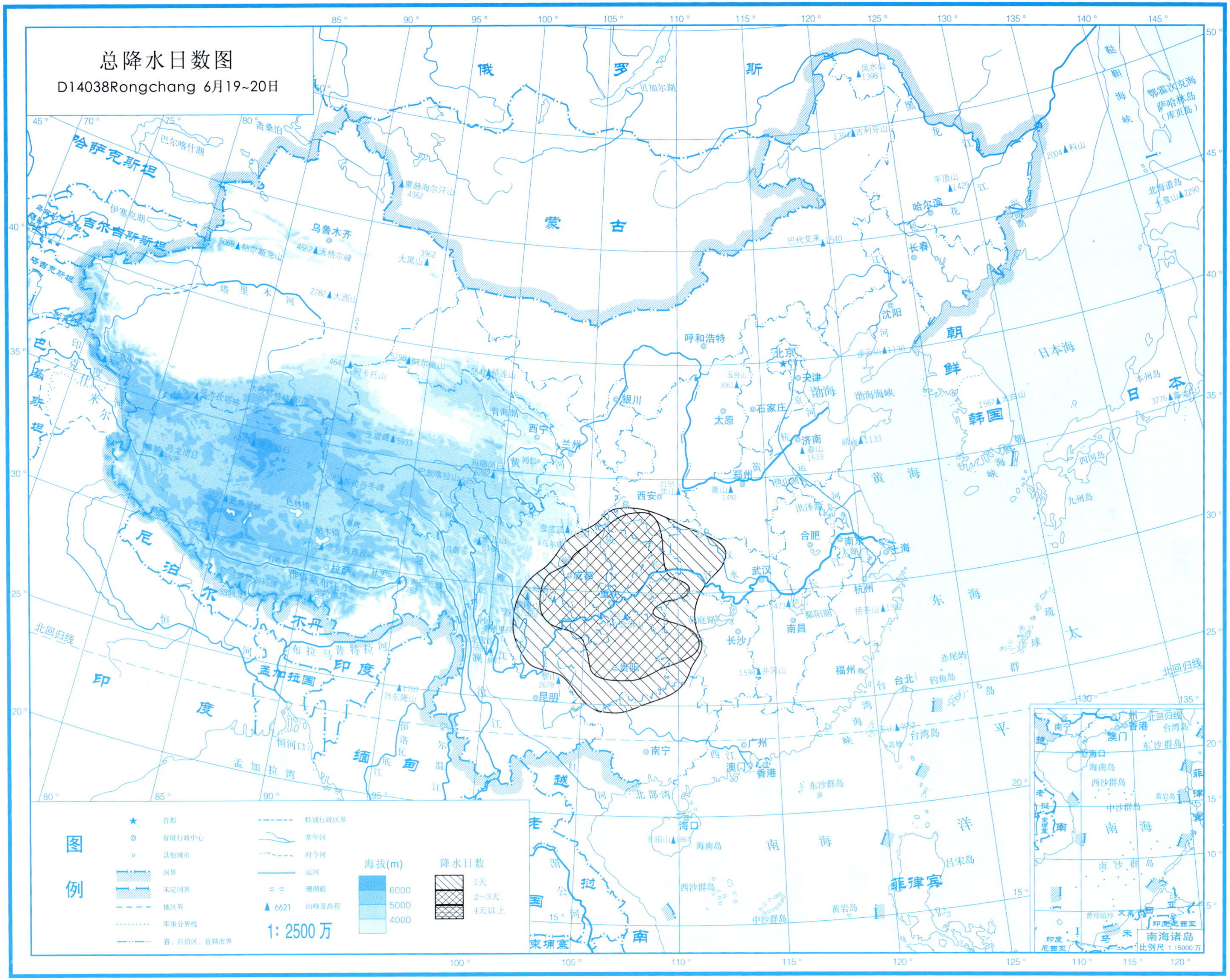

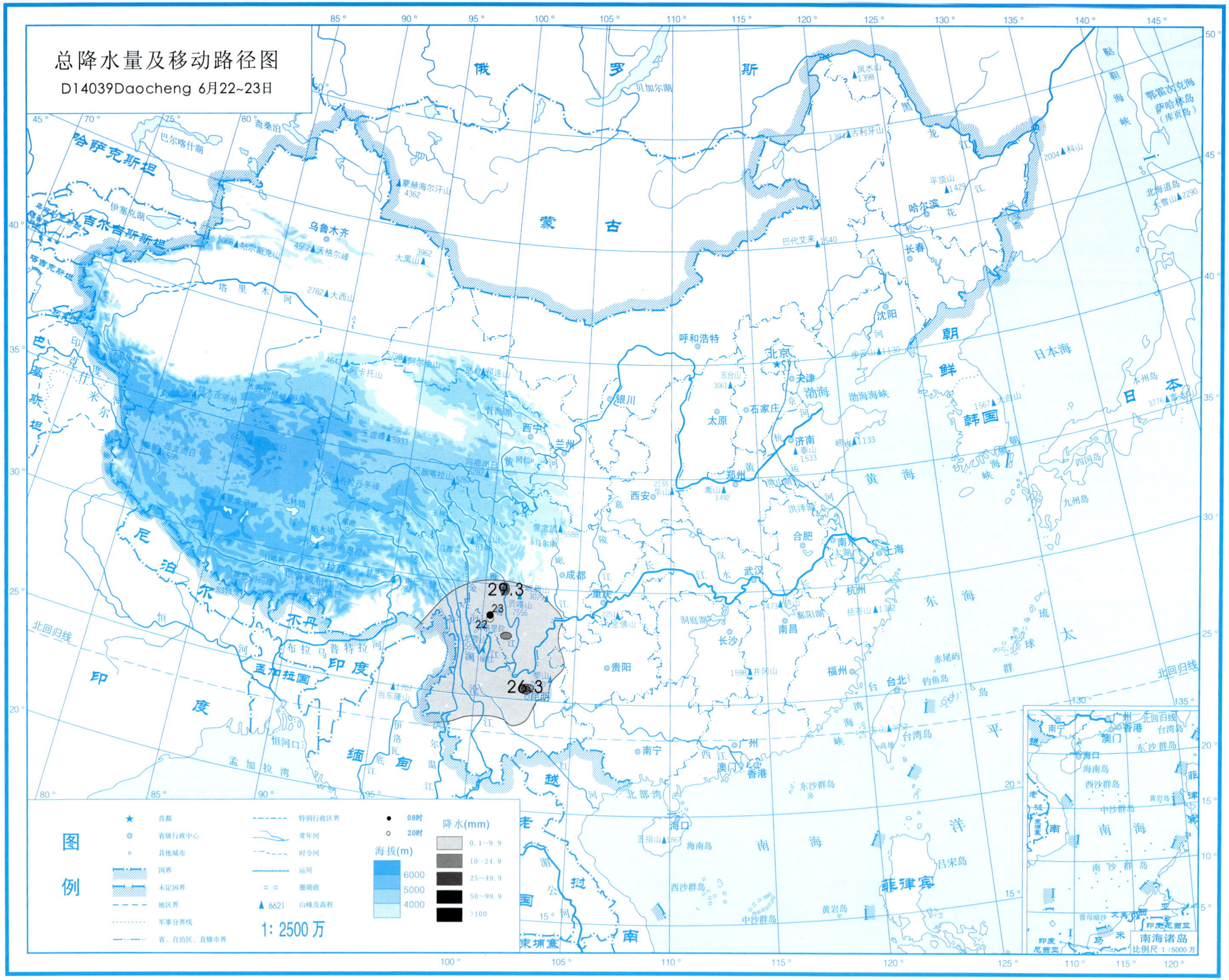
总降水量及移动路径图
D14039Daocheng 6月22~23日
29.3
23
22
26.3
图例
首都
省级行政中心
其他城市
国界
未定国界
地区界
军事分界线
省、自治区、直辖市界
特别行政区界
常年河
时令河
运河
珊瑚礁
6621 山峰及高程
08时
20时
海拔(m)
6000
5000
4000
降水(mm)
0.1~9.9
10~24.9
25~49.9
50~99.9
>100
1:2500万
南海诸岛
比例尺 1:5000万

总降水日数图

D14039Daocheng 6月22~23日

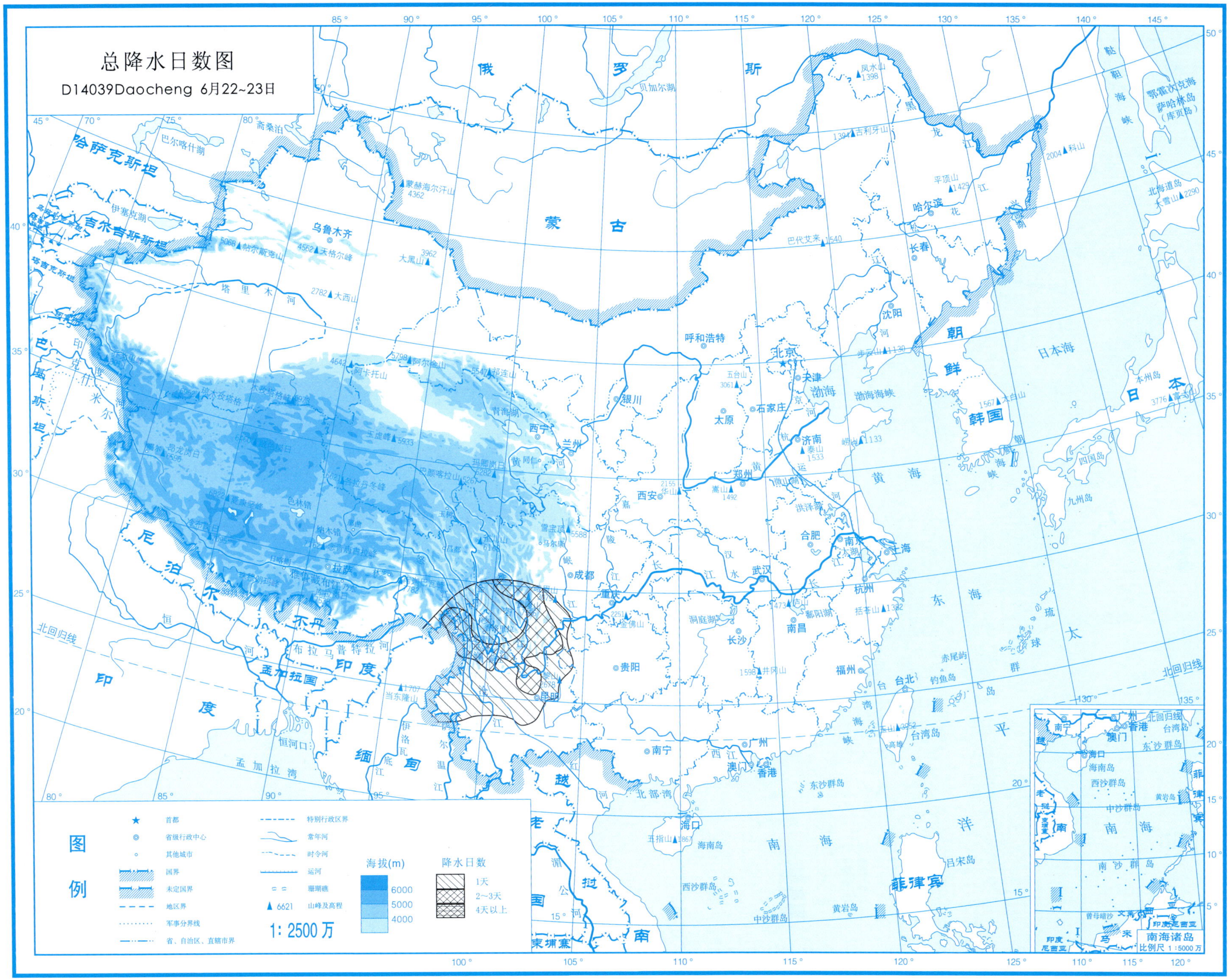

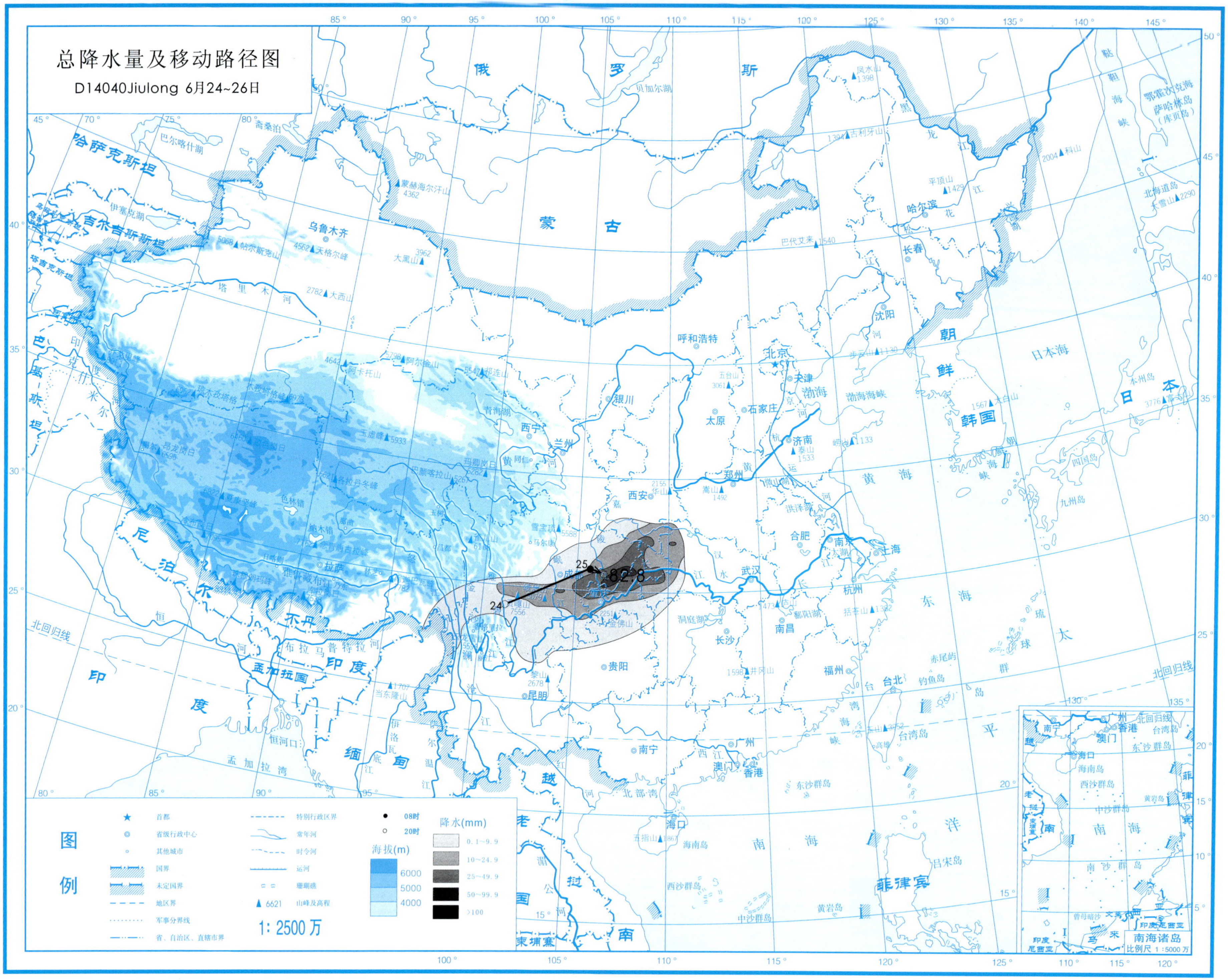
总降水量及移动路径图
D14040Jiulong 6月24~26日
图例
首都
省级行政中心
其他城市
国界
未定国界
地区界
军事分界线
省、自治区、直辖市界
特别行政区界
常年河
时令河
运河
珊瑚礁
6621 山峰及高程
1: 2500万
08时
20时
海拔(m)
6000
5000
4000
降水(mm)
0.1~9.9
10~24.9
25~49.9
50~99.9
>100
24
25
82.8
南海诸岛
比例尺 1:5000万

总降水日数图

D14040Jiulong 6月24~26日

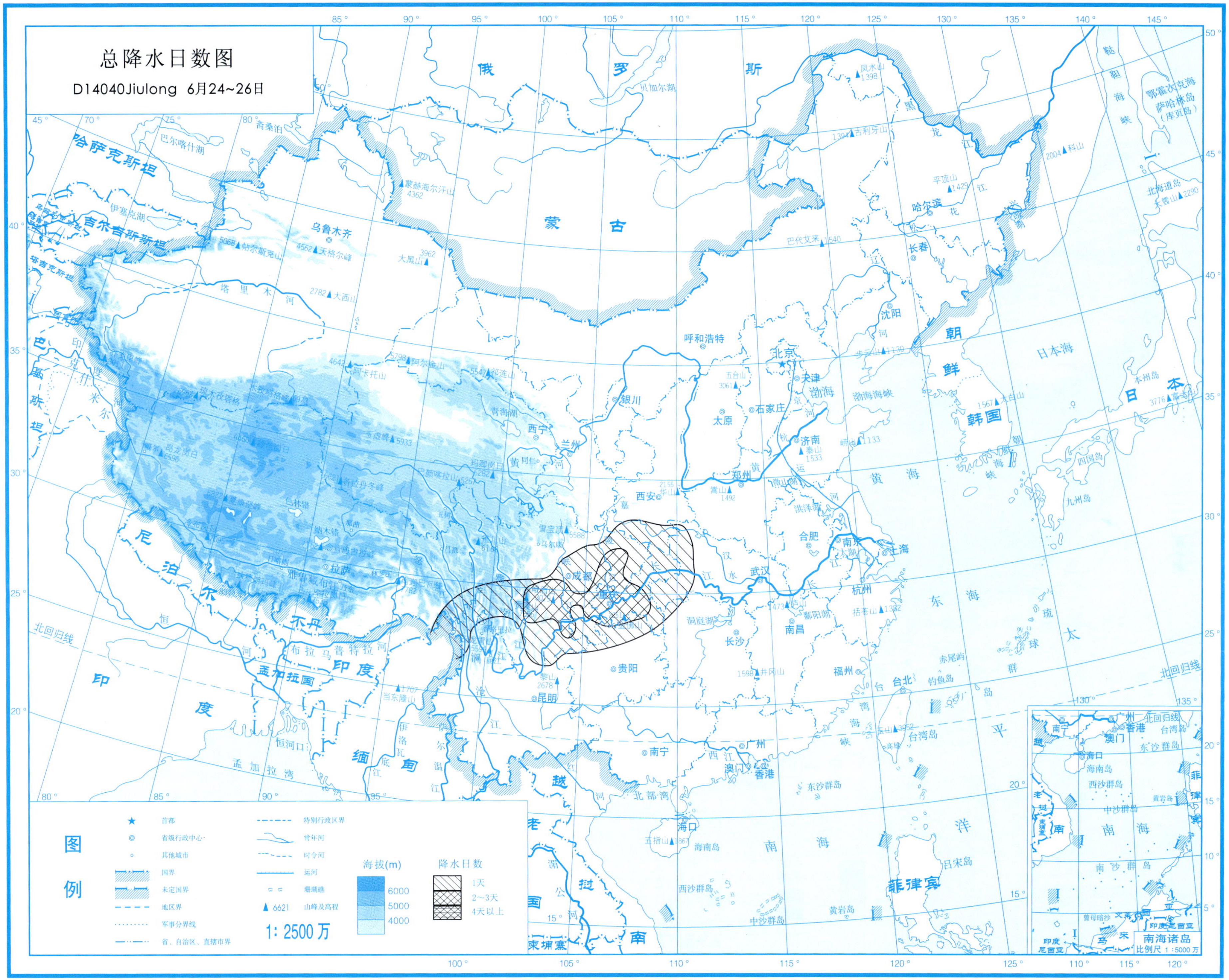

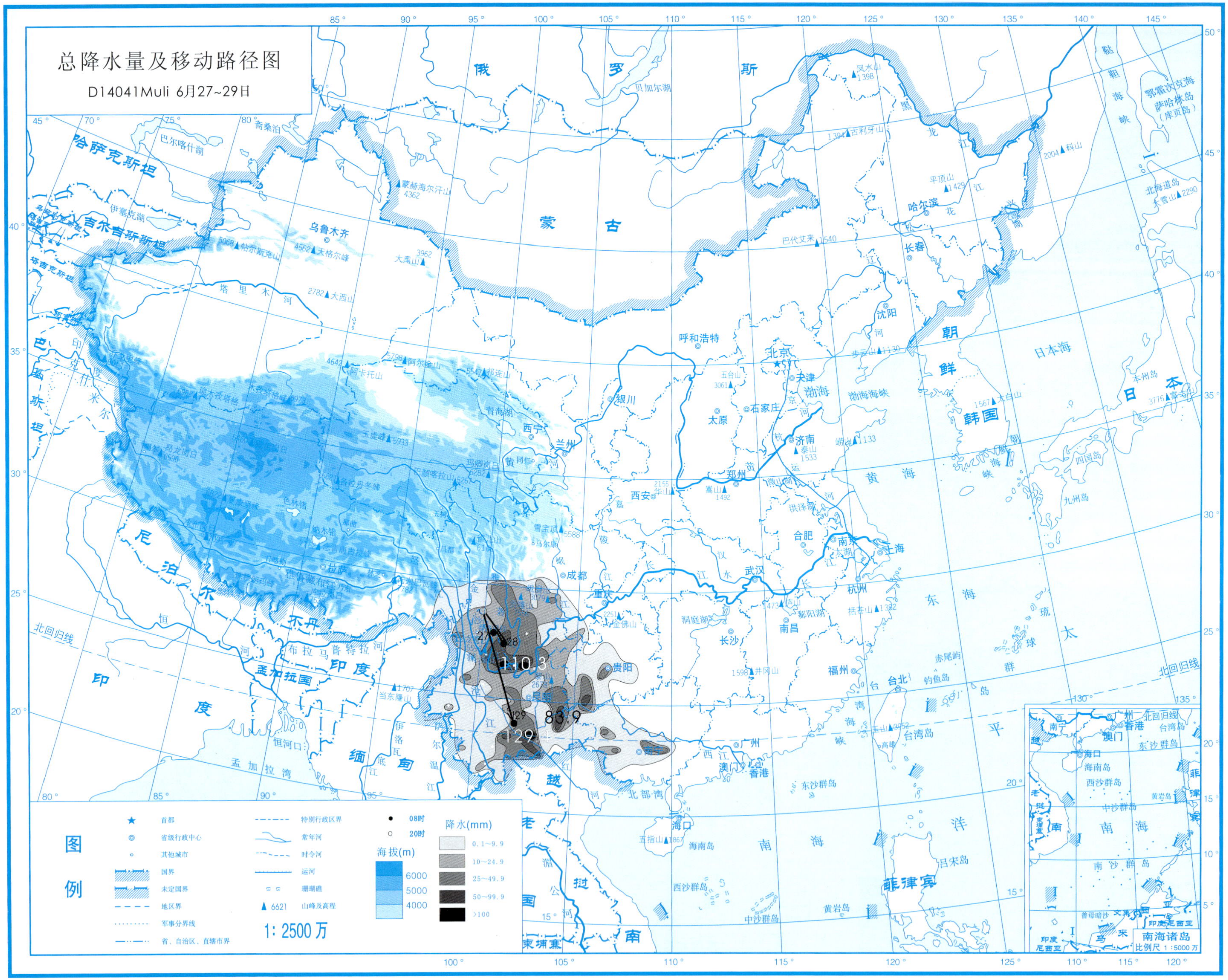
总降水量及移动路径图
D14041Muli 6月27~29日
图例
首都
省级行政中心
其他城市
国界
未定国界
地区界
军事分界线
省、自治区、直辖市界
特别行政区界
常年河
时令河
运河
珊瑚礁
6621 山峰及高程
08时
20时
海拔(m)
6000
5000
4000
降水(mm)
0.1~9.9
10~24.9
25~49.9
50~99.9
>100
1: 2500 万
110.3
83.9
129
南海诸岛
比例尺 1:5000 万

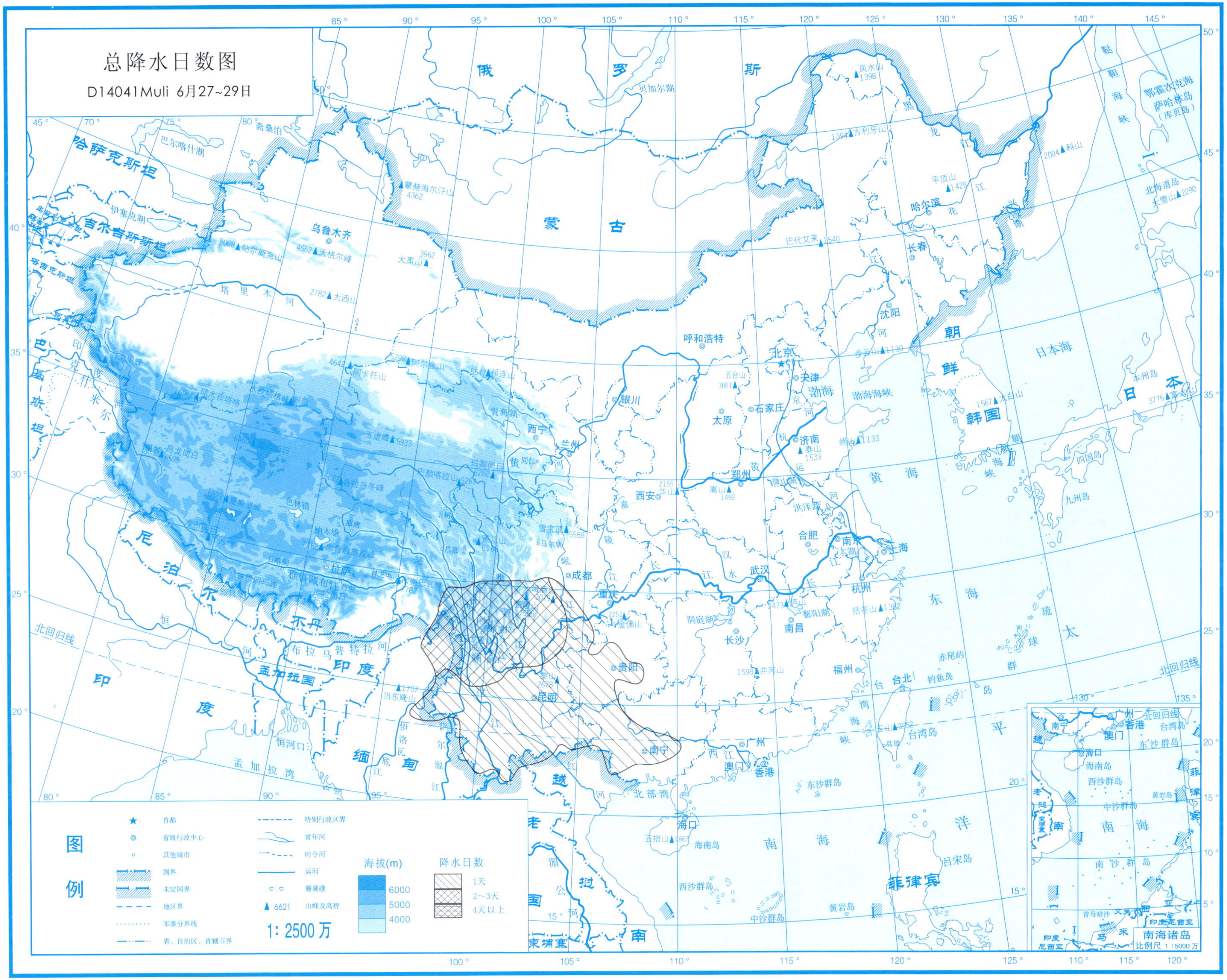
总降水日数图
D14041Muli 6月27~29日
图例
首都
省级行政中心
其他城市
国界
未定国界
地区界
军事分界线
省、自治区、直辖市界
特别行政区界
常年河
时令河
运河
珊瑚礁
6621 山峰及高程
海拔(m)
6000
5000
4000
降水日数
1天
2~3天
4天以上
1: 2500 万
南海诸岛
比例尺 1 : 5000 万
俄 罗 斯
蒙 古
哈萨克斯坦
吉尔吉斯斯坦
塔吉克斯坦
巴基斯坦
尼泊尔
不丹
印度
孟加拉国
缅甸
老挝
越南
泰国
柬埔寨
朝鲜
韩国
日本
菲律宾
北京
日本海
黄 海
东 海
南 海
太 平 洋
北回归线

总降水量及移动路径图

D14042Yanyuan 6月28~29日

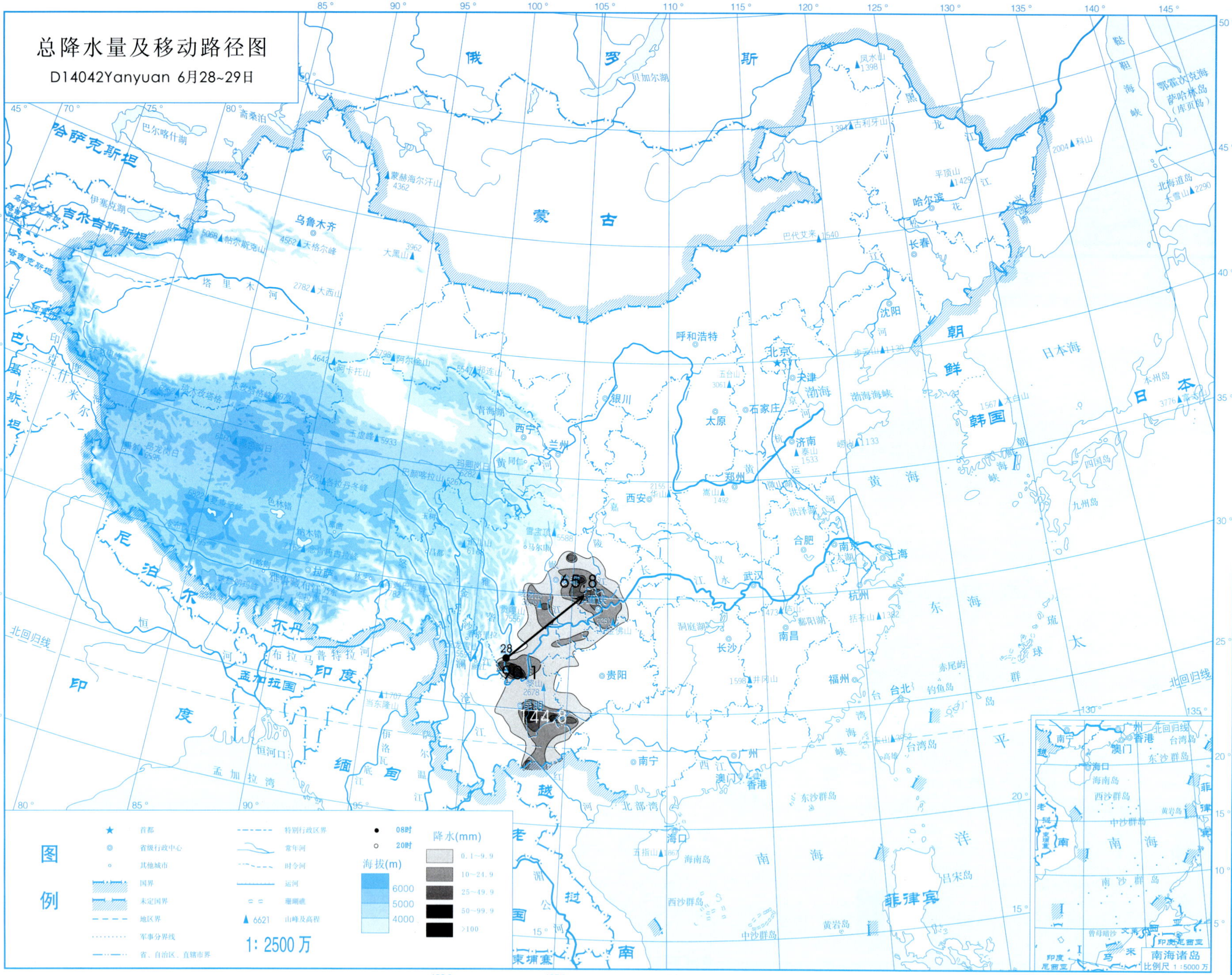

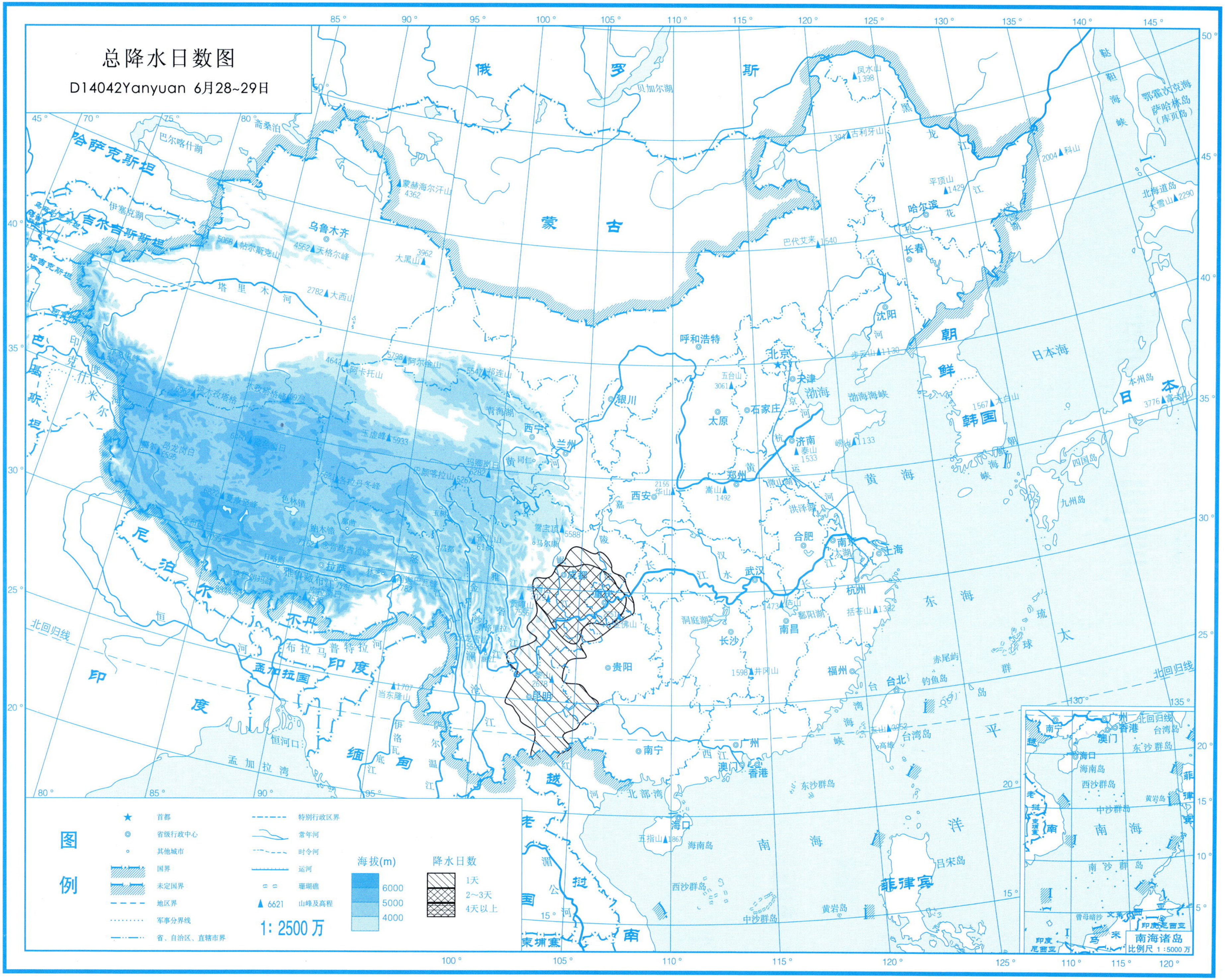

总降水日数图
D14042Yanyuan 6月28~29日
图例
首都
省级行政中心
其他城市
国界
未定国界
地区界
军事分界线
省、自治区、直辖市界
特别行政区界
常年河
时令河
运河
珊瑚礁
6621 山峰及高程
海拔(m)
6000
5000
4000
降水日数
1天
2~3天
4天以上
1: 2500 万
南海诸岛
比例尺 1 : 5000 万
俄罗斯
蒙古
哈萨克斯坦
吉尔吉斯斯坦
塔吉克斯坦
巴基斯坦
印度
尼泊尔
不丹
孟加拉国
缅甸
老挝
越南
泰国
柬埔寨
朝鲜
韩国
日本
菲律宾
乌鲁木齐
拉萨
西宁
兰州
银川
呼和浩特
北京
天津
石家庄
太原
济南
郑州
西安
成都
重庆
贵阳
昆明
南宁
广州
香港
澳门
海口
长沙
武汉
南昌
合肥
南京
上海
杭州
福州
台北
沈阳
长春
哈尔滨
渤海
黄海
东海
南海
日本海
太平洋
北回归线

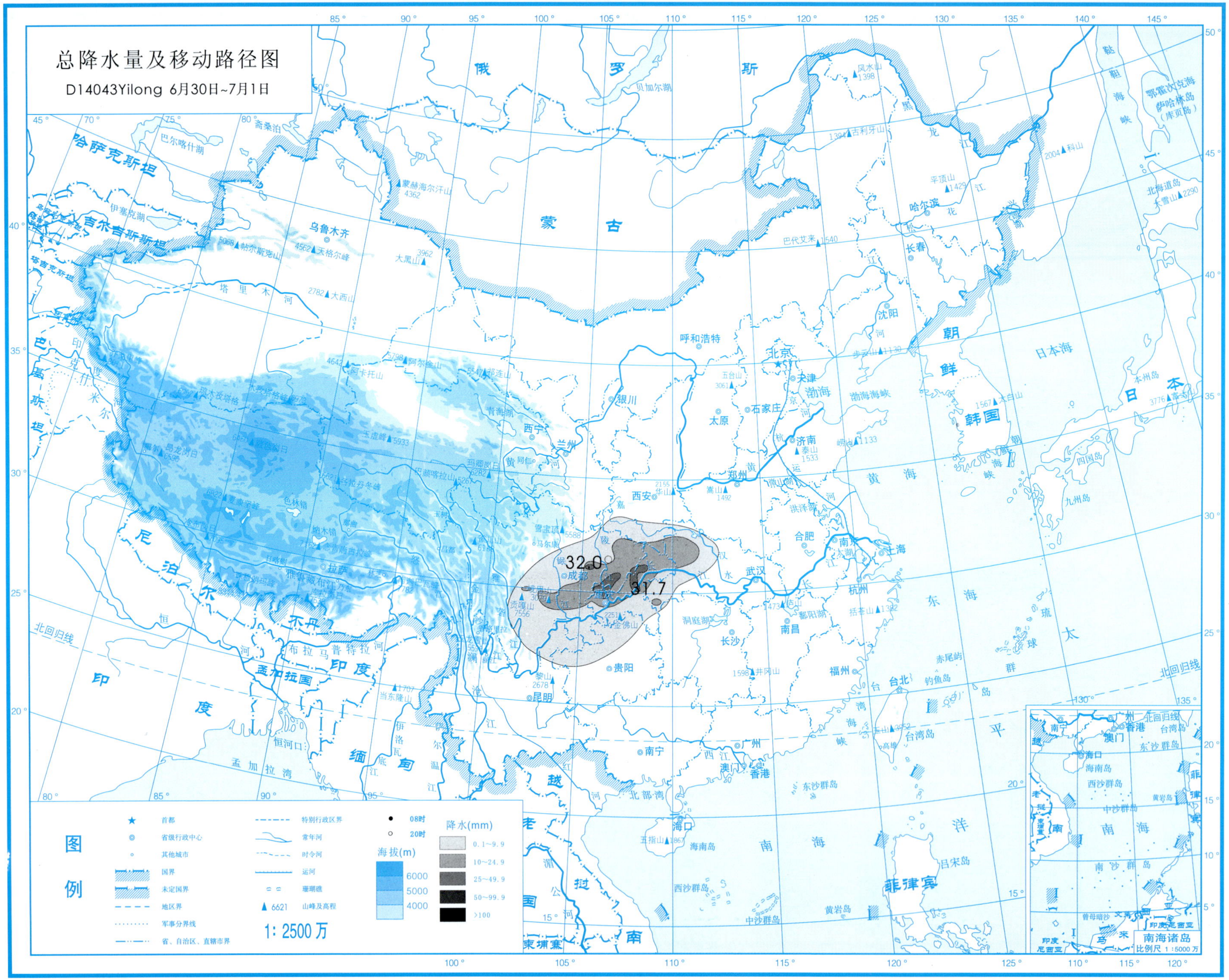
总降水量及移动路径图
D14043Yilong 6月30日~7月1日
32.0
31.7
图例
首都
省级行政中心
其他城市
国界
未定国界
地区界
军事分界线
省、自治区、直辖市界
特别行政区界
常年河
时令河
运河
珊瑚礁
6621 山峰及高程
08时
20时
海拔(m)
6000
5000
4000
降水(mm)
0.1~9.9
10~24.9
25~49.9
50~99.9
>100
1: 2500 万
南海诸岛
比例尺 1:5000 万

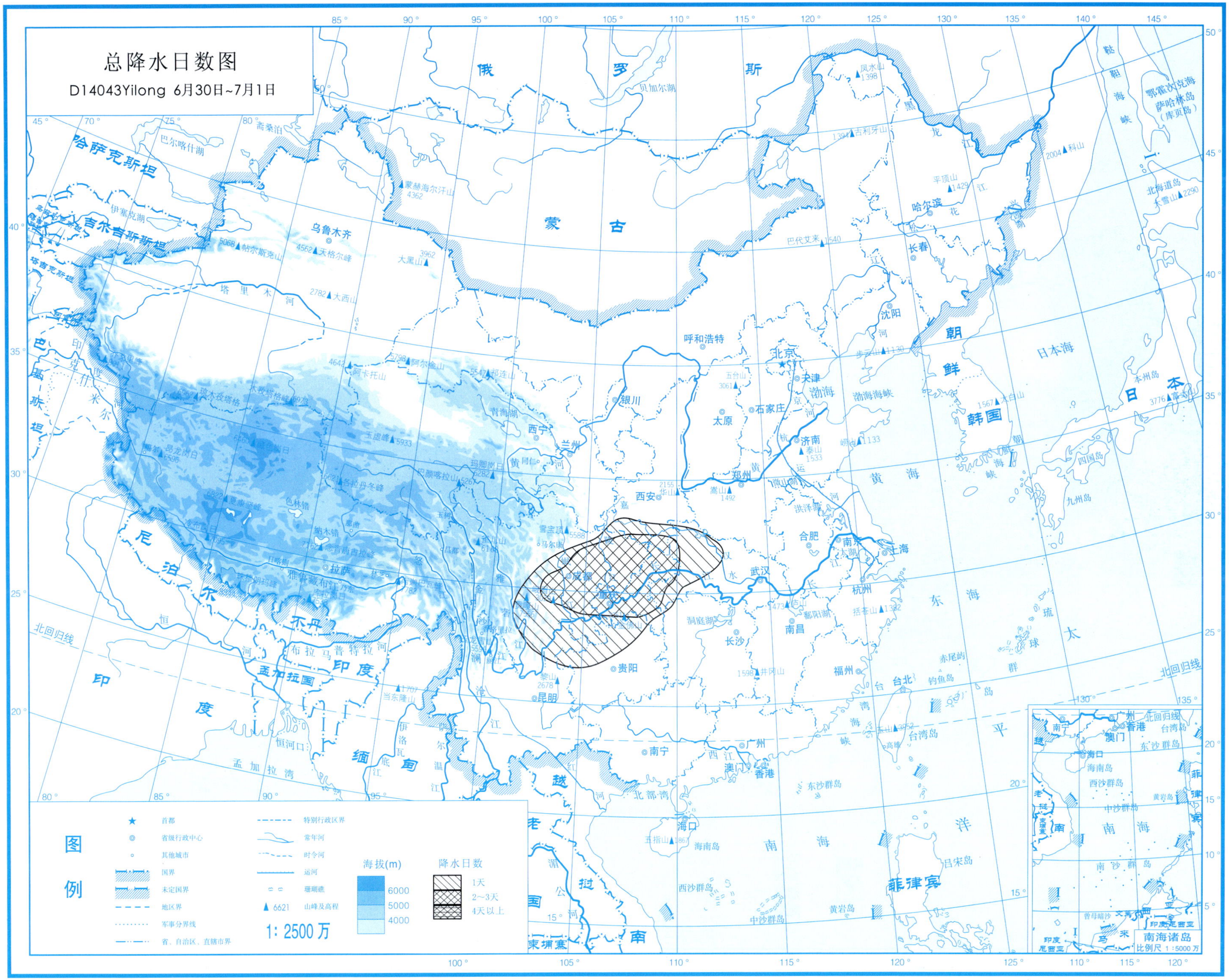
总降水日数图
D14043Yilong 6月30日~7月1日
图例
首都
省级行政中心
其他城市
国界
未定国界
地区界
军事分界线
省、自治区、直辖市界
特别行政区界
常年河
时令河
运河
珊瑚礁
6621 山峰及高程
1: 2500 万
海拔(m)
6000
5000
4000
降水日数
1天
2~3天
4天以上
俄罗斯
蒙古
哈萨克斯坦
吉尔吉斯斯坦
塔吉克斯坦
巴基斯坦
尼泊尔
不丹
印度
孟加拉国
缅甸
老挝
越南
泰国
柬埔寨
朝鲜
韩国
日本
菲律宾
日本海
黄海
东海
南海
太平洋
北回归线
南海诸岛
比例尺 1：5000 万

总降水量及移动路径图

D14044Yajiang 7月2~8日

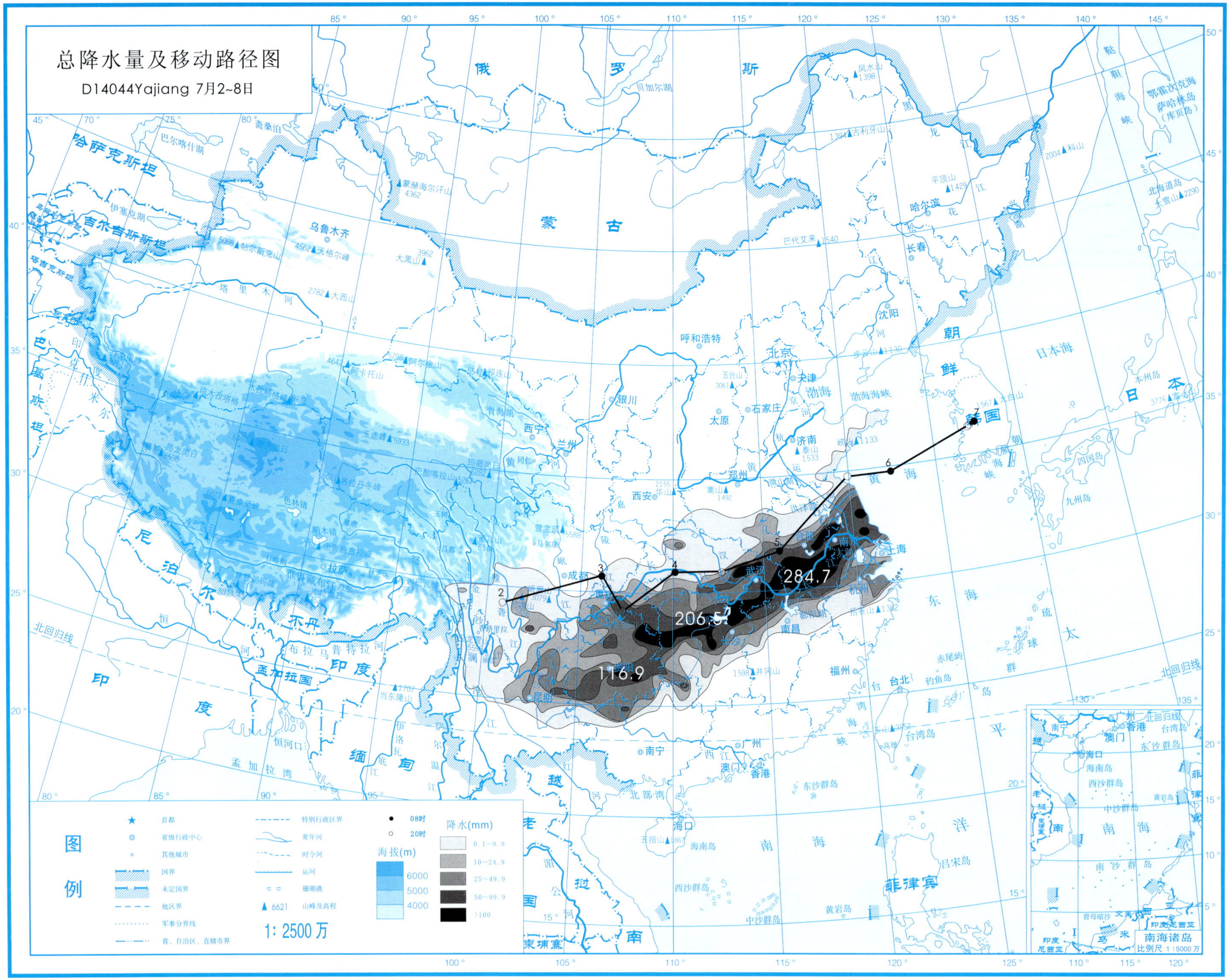

总降水日数图

D14044Yajiang 7月2~8日

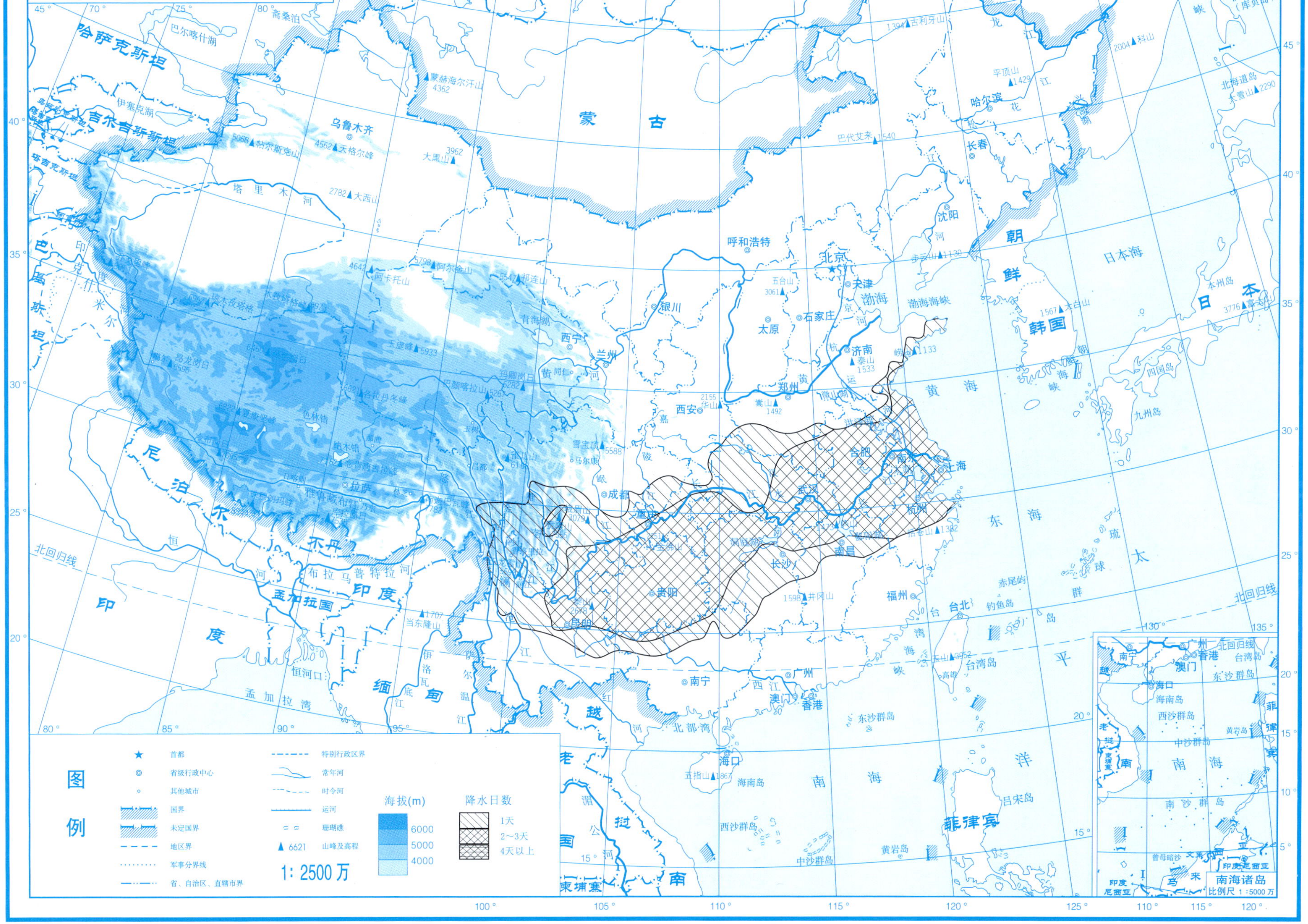

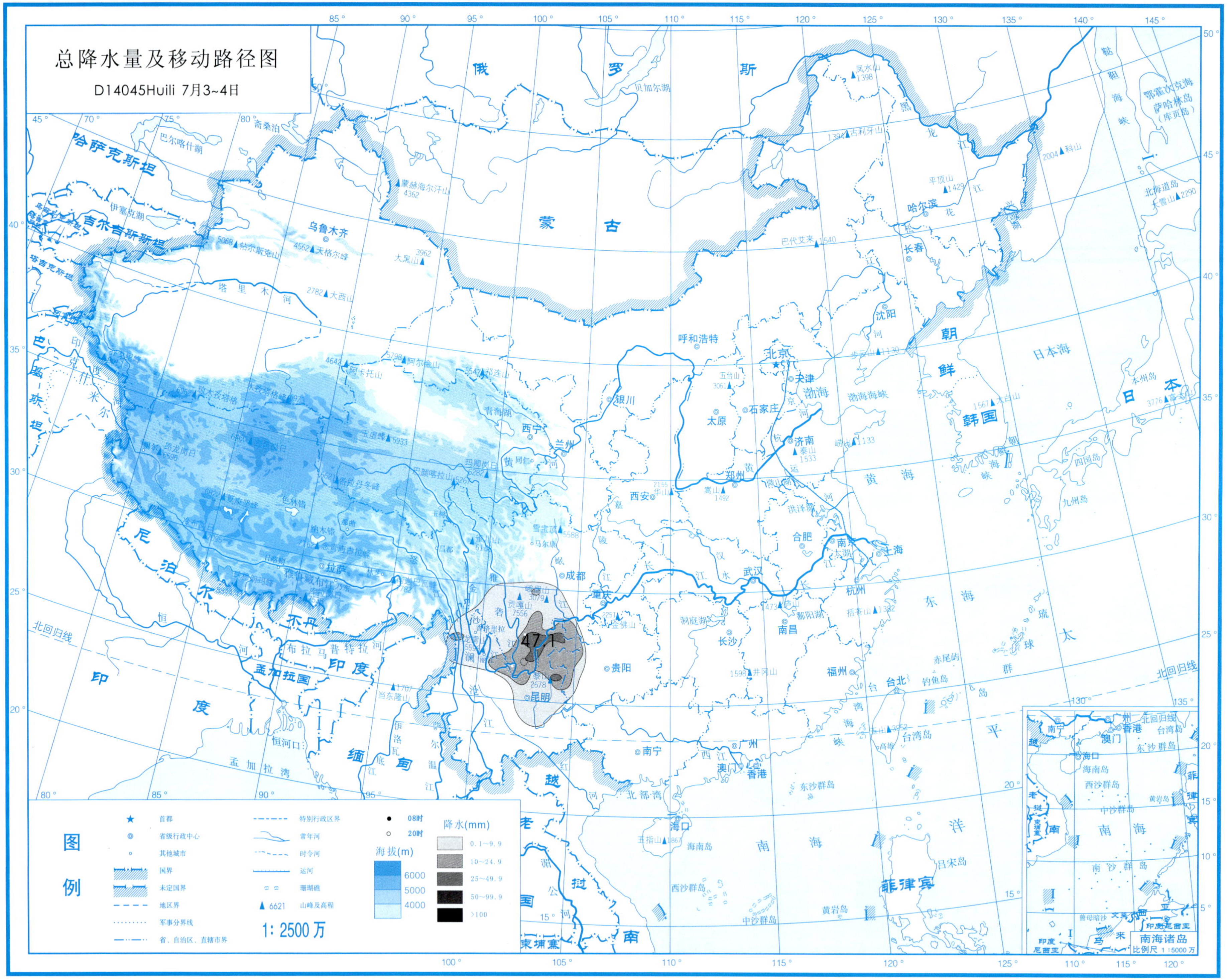
总降水量及移动路径图
D14045Huili 7月3~4日
47.1
图例
首都
省级行政中心
其他城市
国界
未定国界
地区界
军事分界线
省、自治区、直辖市界
特别行政区界
常年河
时令河
运河
珊瑚礁
6621 山峰及高程
08时
20时
海拔(m)
6000
5000
4000
降水(mm)
0.1~9.9
10~24.9
25~49.9
50~99.9
>100
1: 2500 万
南海诸岛
比例尺 1:5000 万

总降水日数图

D14045Huili 7月3~4日

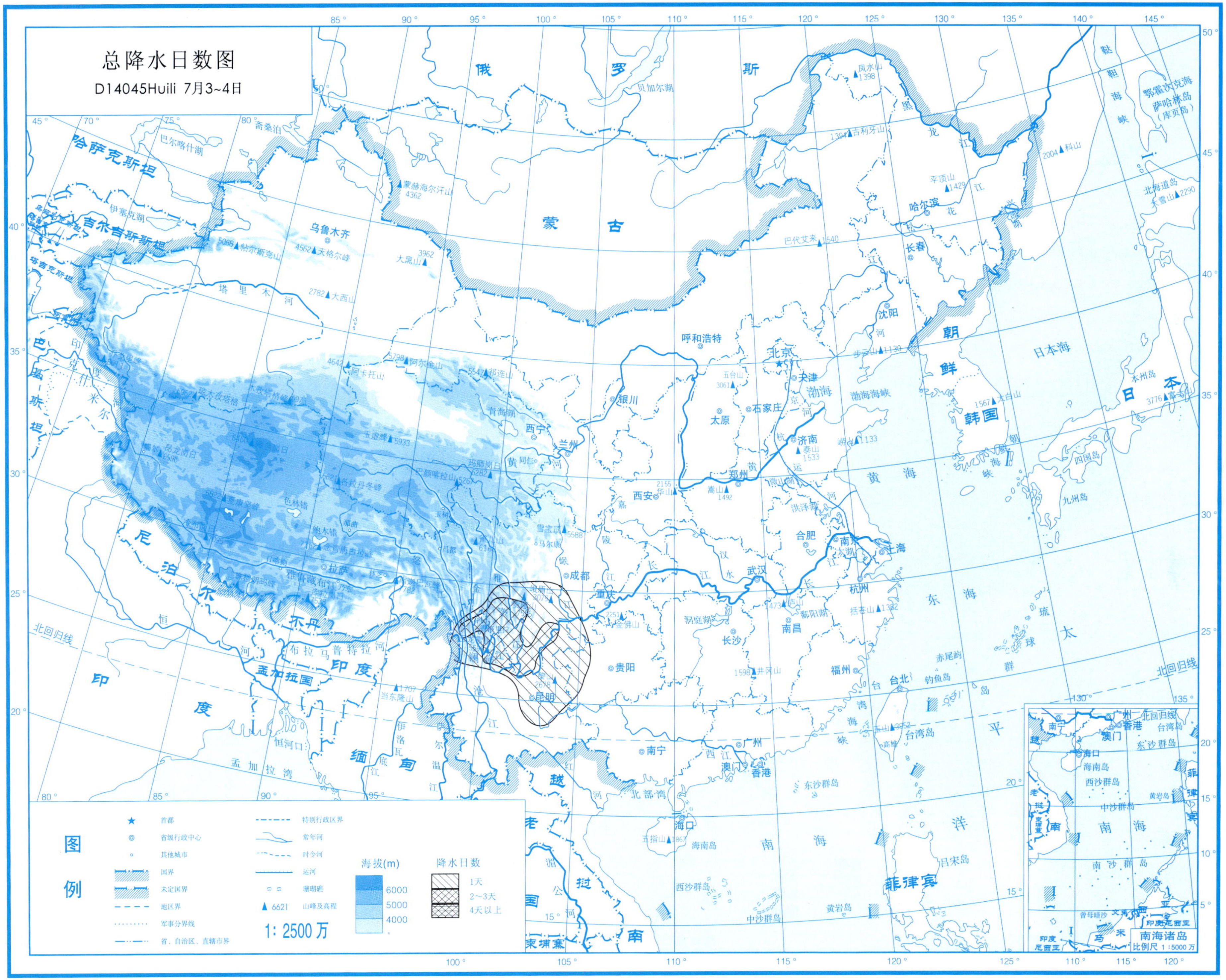

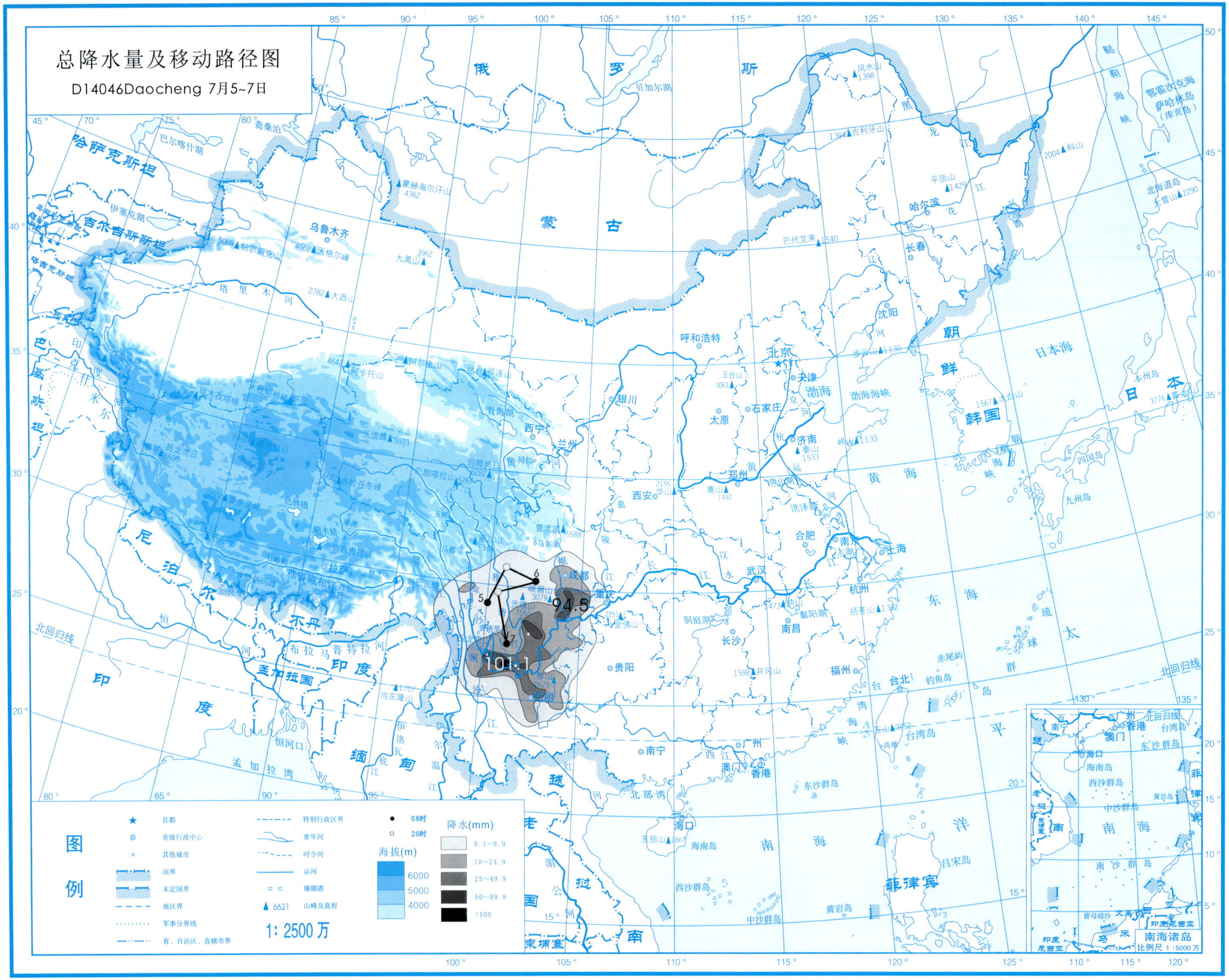

总降水量及移动路径图
D14046Daocheng 7月5~7日
94.5
101.1
图例
首都
省级行政中心
其他城市
国界
未定国界
地区界
军事分界线
省、自治区、直辖市界
特别行政区界
常年河
时令河
运河
珊瑚礁
6621 山峰及高程
08时
20时
海拔(m)
6000
5000
4000
降水(mm)
0.1~9.9
10~24.9
25~49.9
50~99.9
>100
1: 2500 万
南海诸岛
比例尺 1:5000 万

总降水日数图

D14046Daocheng 7月5~7日

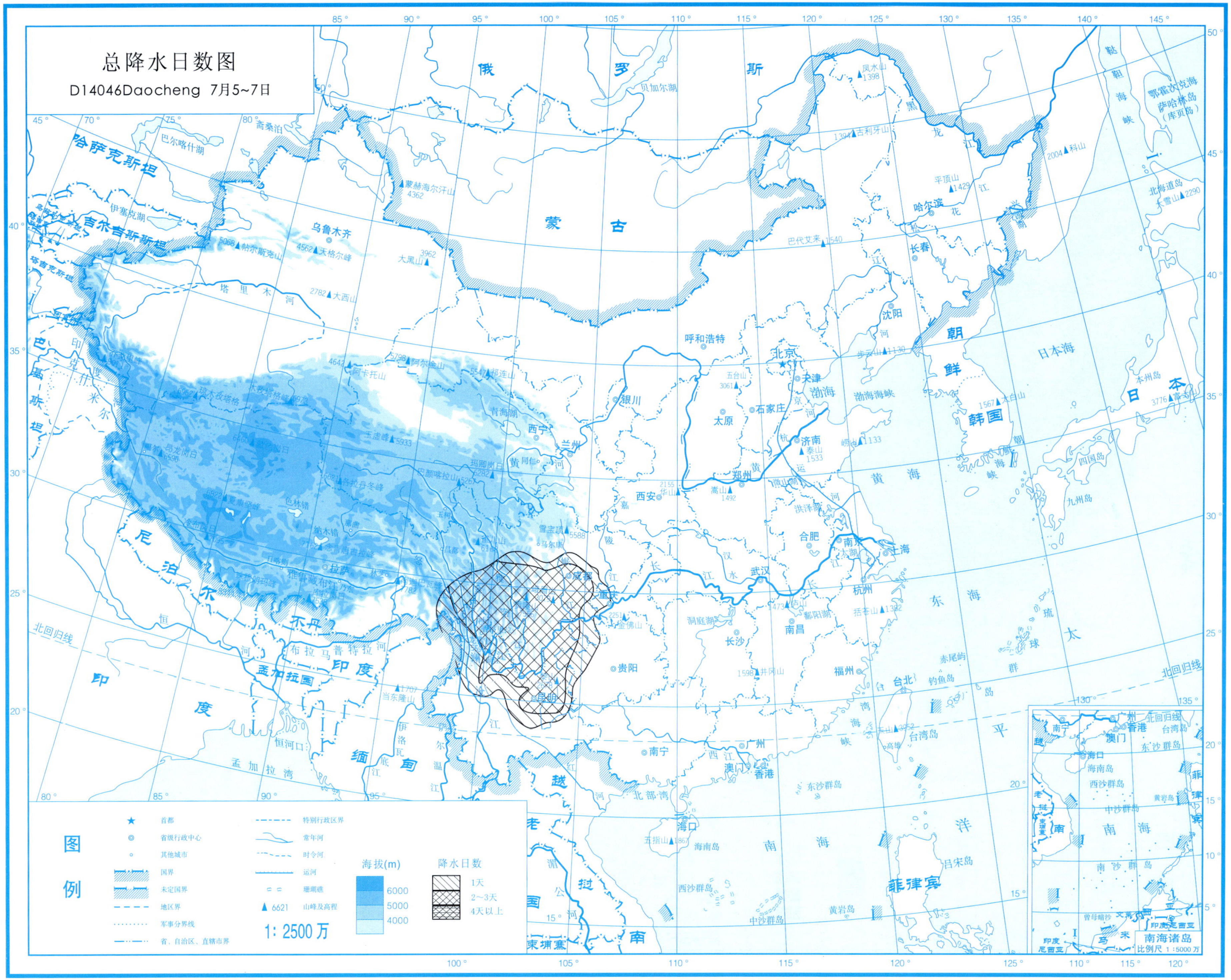

总降水量及移动路径图

D14047Leshan 7月9~12日

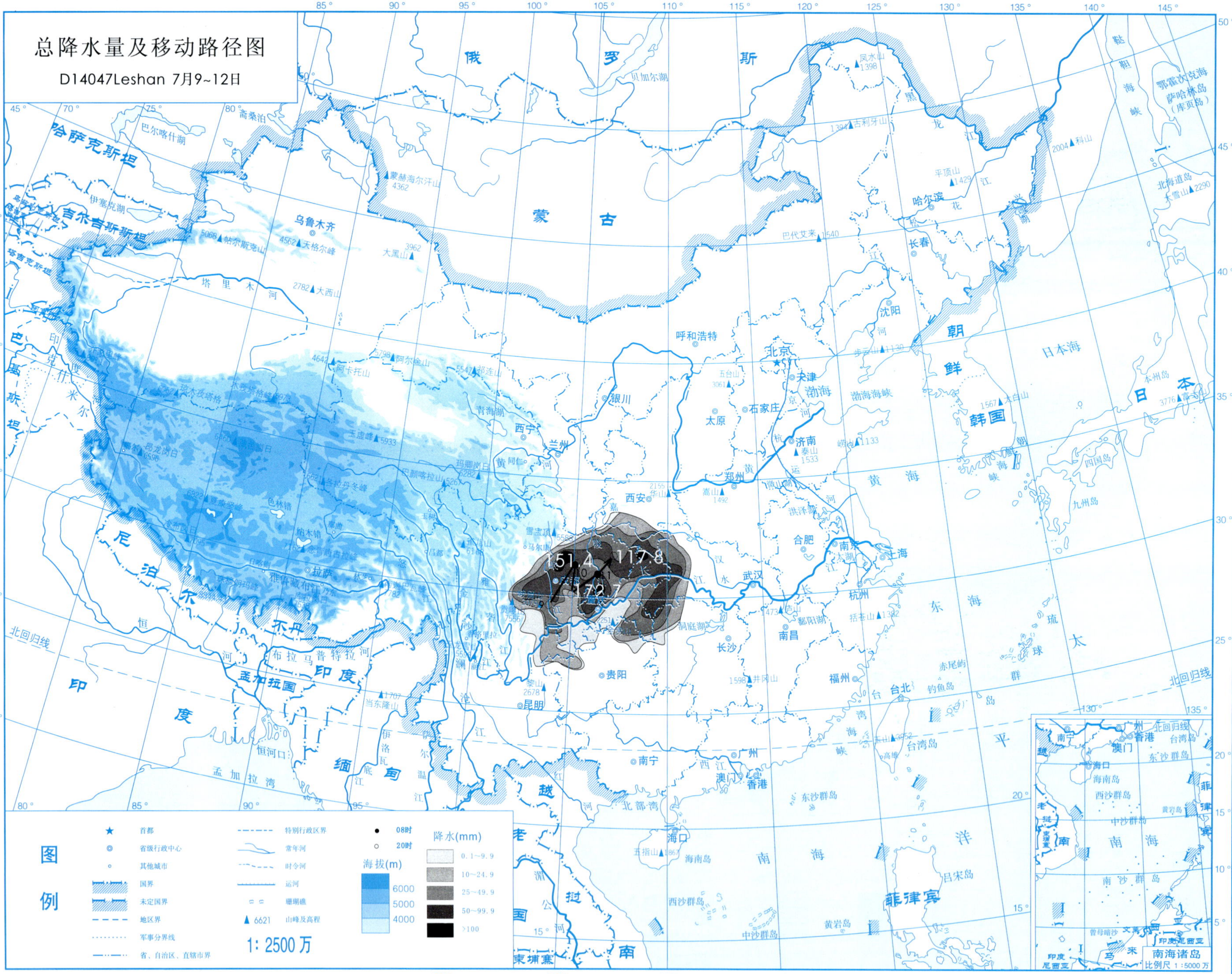

总降水日数图

D14047Leshan 7月9~12日

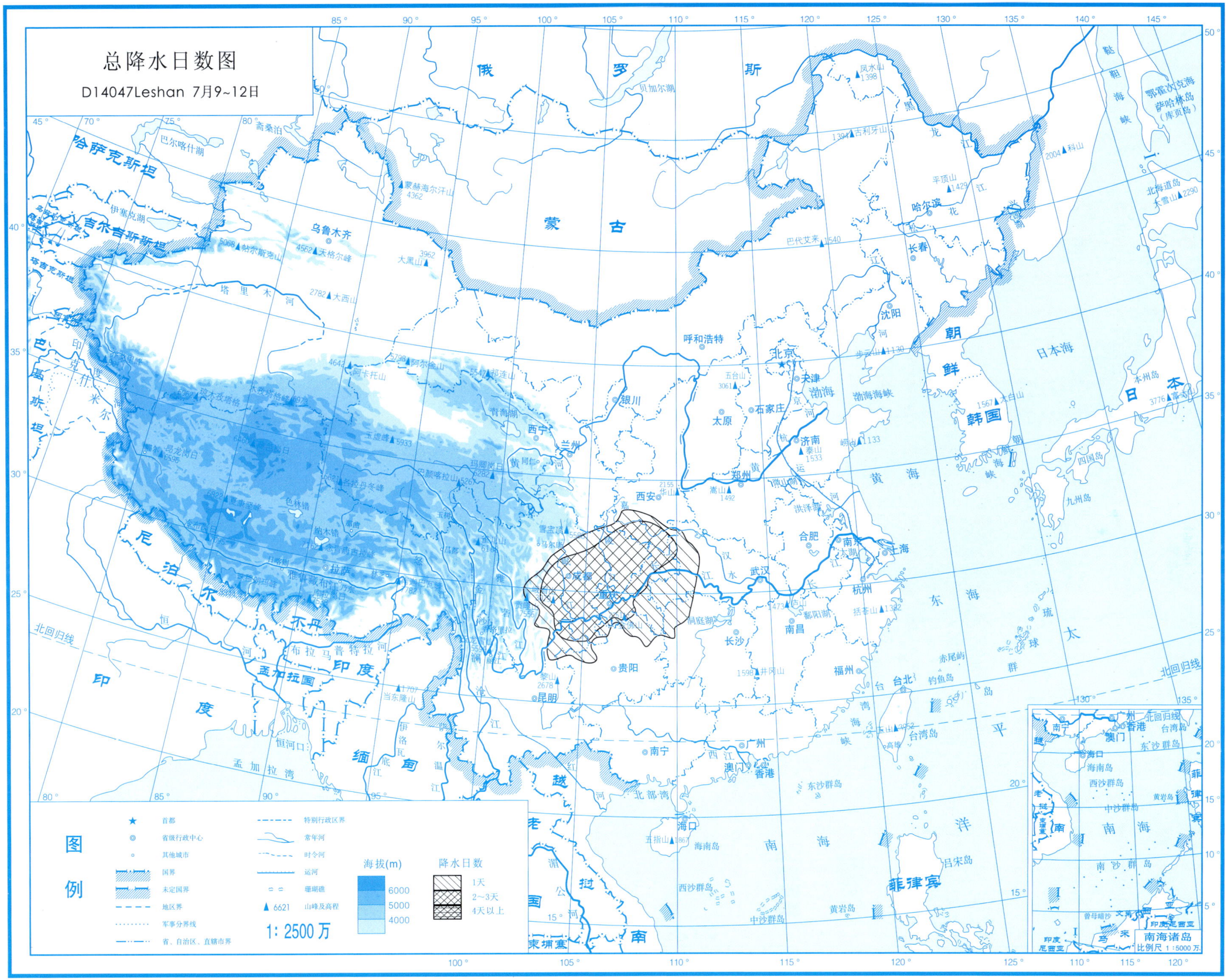

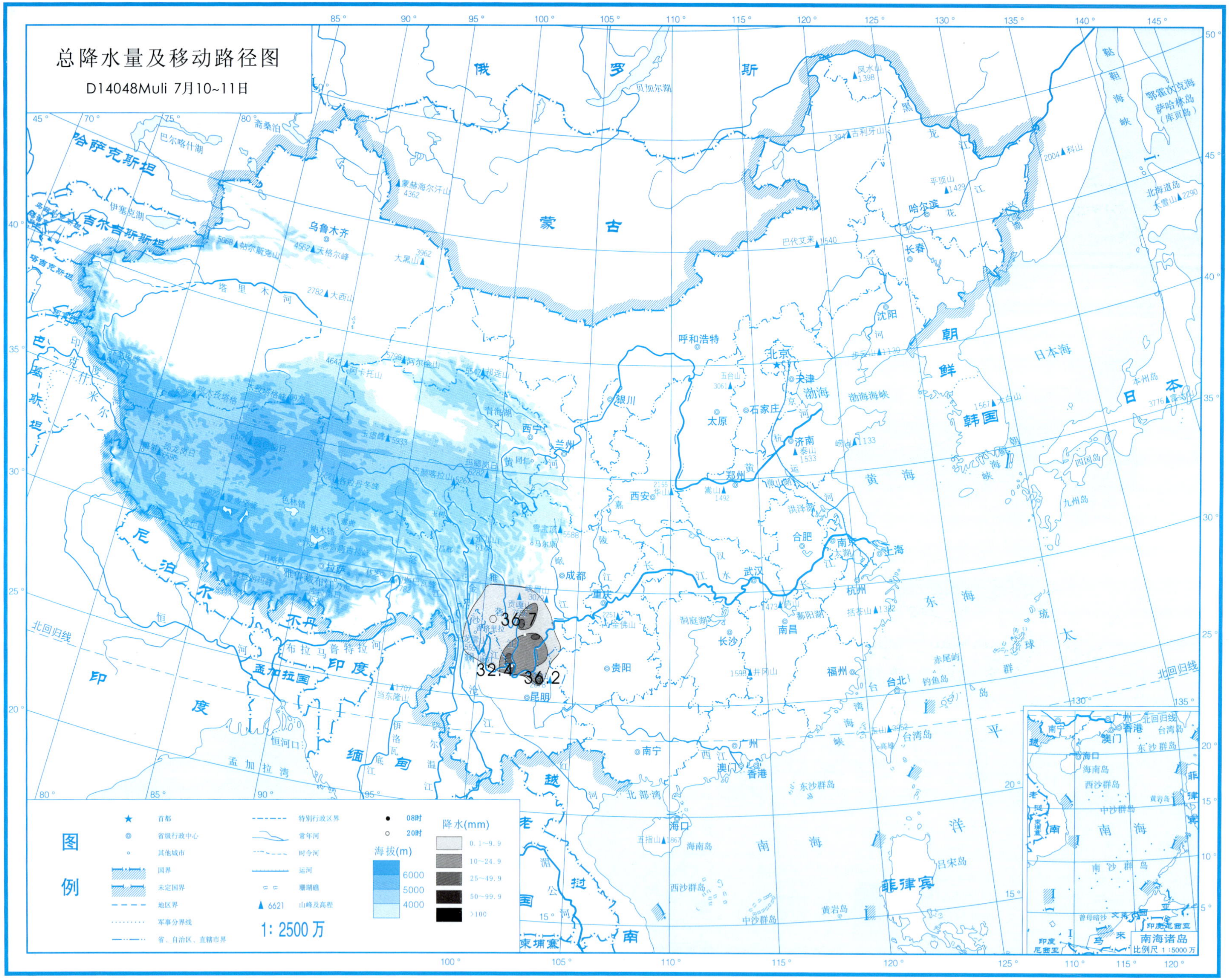
总降水量及移动路径图
D14048Muli 7月10~11日
36.7
32.4
36.2
图例
首都
省级行政中心
其他城市
国界
未定国界
地区界
军事分界线
省、自治区、直辖市界
特别行政区界
常年河
时令河
运河
珊瑚礁
6621 山峰及高程
1: 2500 万
08时
20时
海拔(m)
6000
5000
4000
降水(mm)
0.1~9.9
10~24.9
25~49.9
50~99.9
>100
南海诸岛
比例尺 1:5000 万

总降水日数图

D14048Muli 7月10~11日

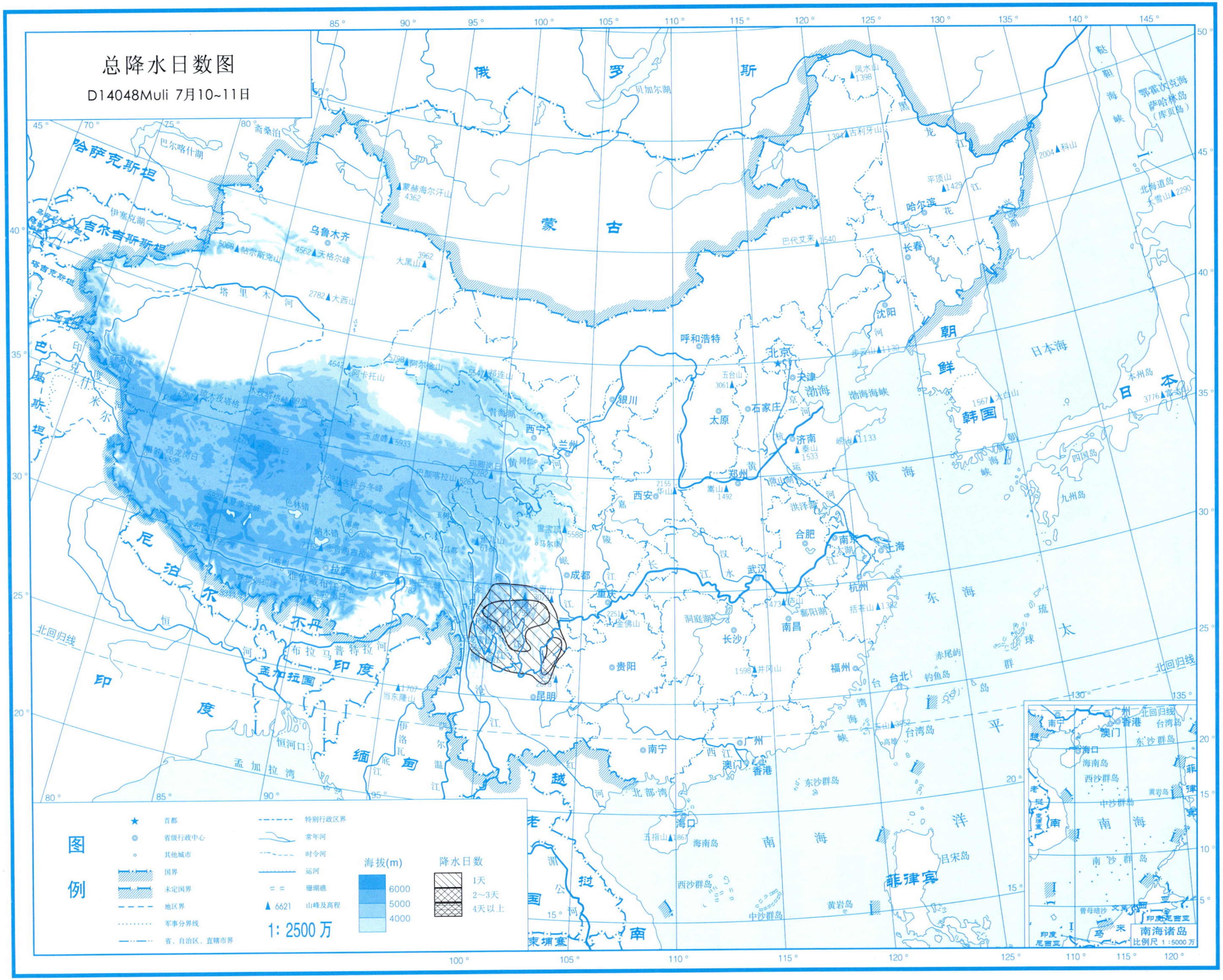

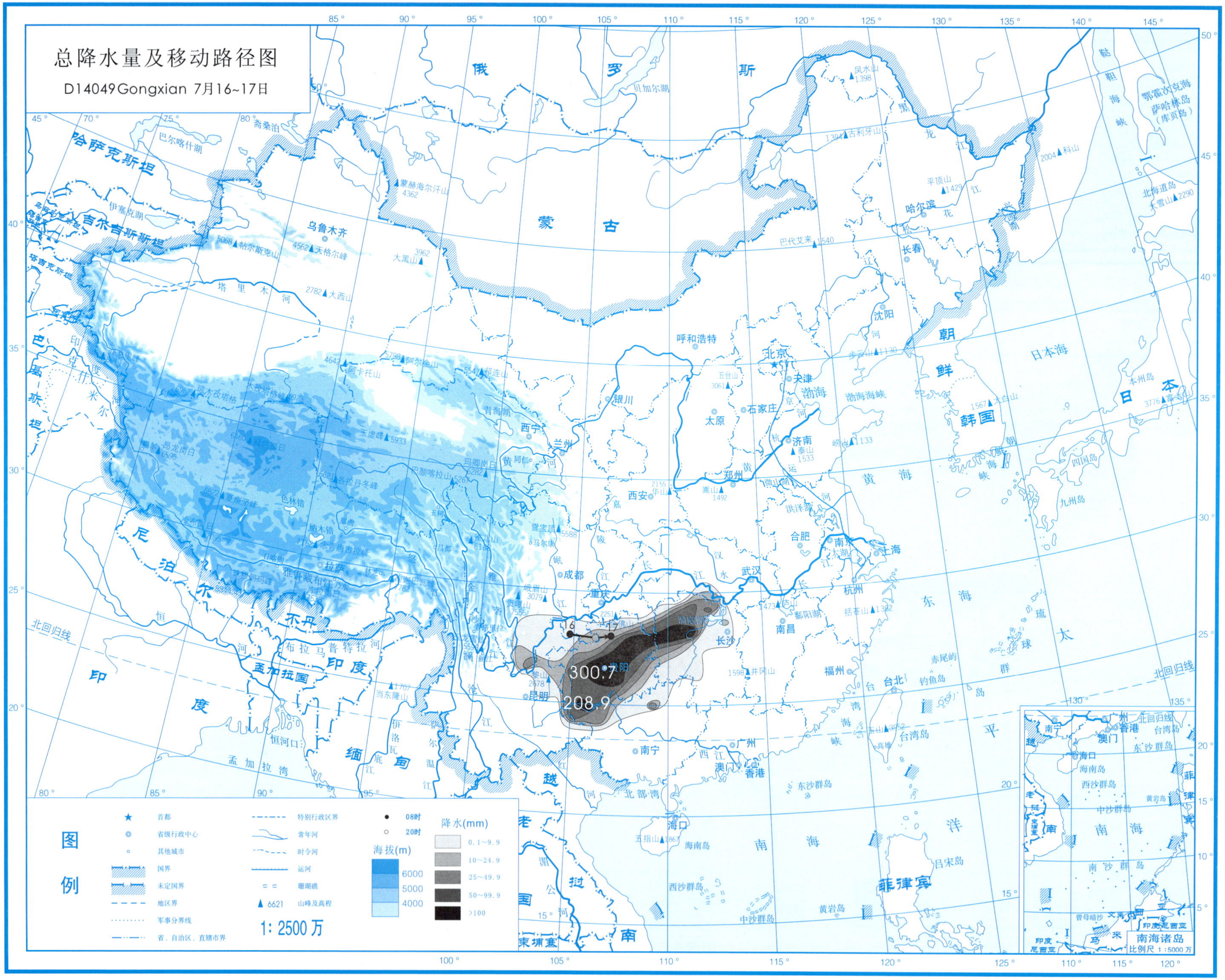
总降水量及移动路径图
D14049Gongxian 7月16~17日
300.7
208.9
图例
首都
省级行政中心
其他城市
国界
未定国界
地区界
军事分界线
省、自治区、直辖市界
特别行政区界
常年河
时令河
运河
珊瑚礁
6621 山峰及高程
1: 2500万
08时
20时
海拔(m)
6000
5000
4000
降水(mm)
0.1~9.9
10~24.9
25~49.9
50~99.9
>100
南海诸岛
比例尺 1:5000万

总降水日数图

D14049Gongxian 7月16~17日

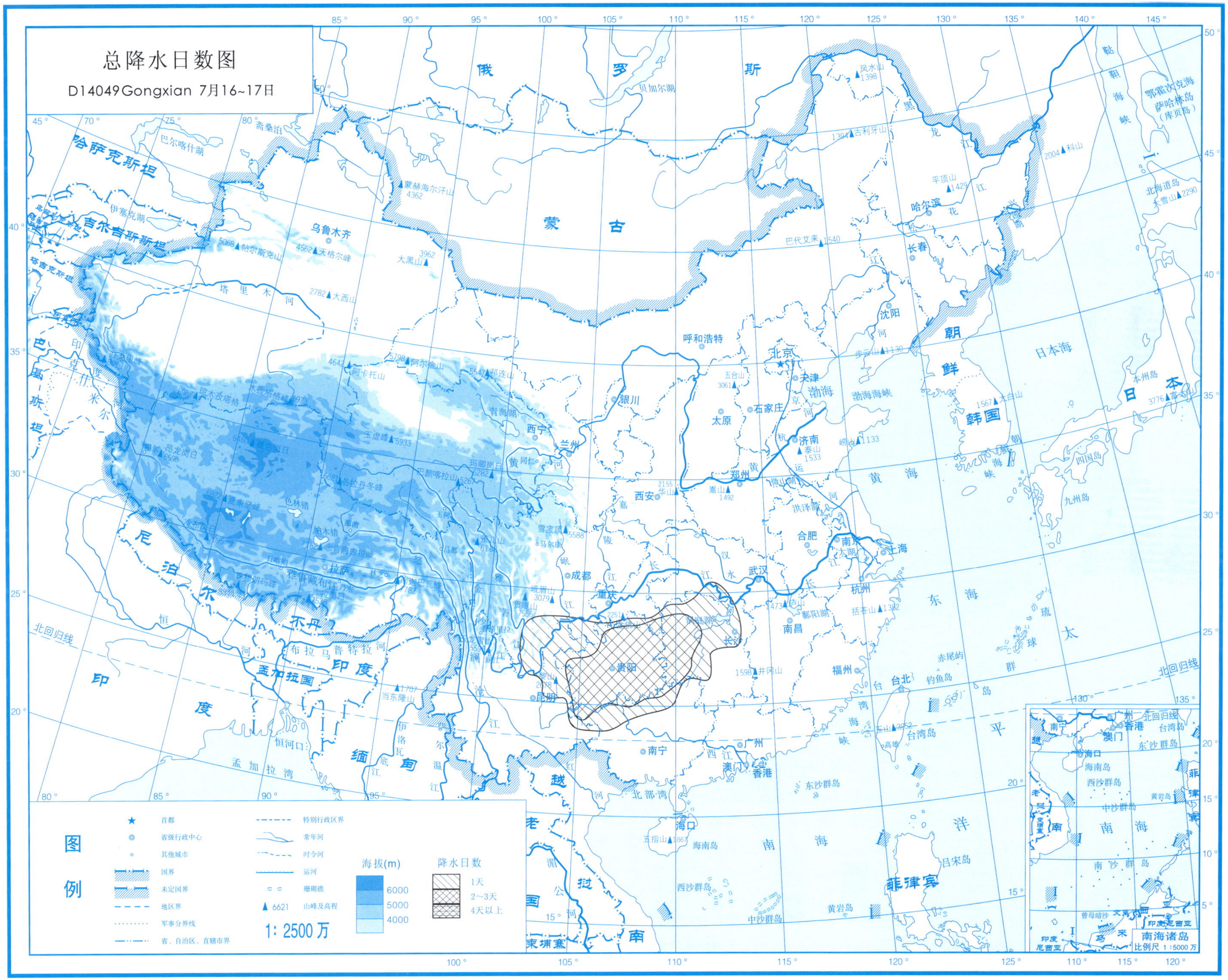

总降水量及移动路径图

D14050Litang 7月28~29日

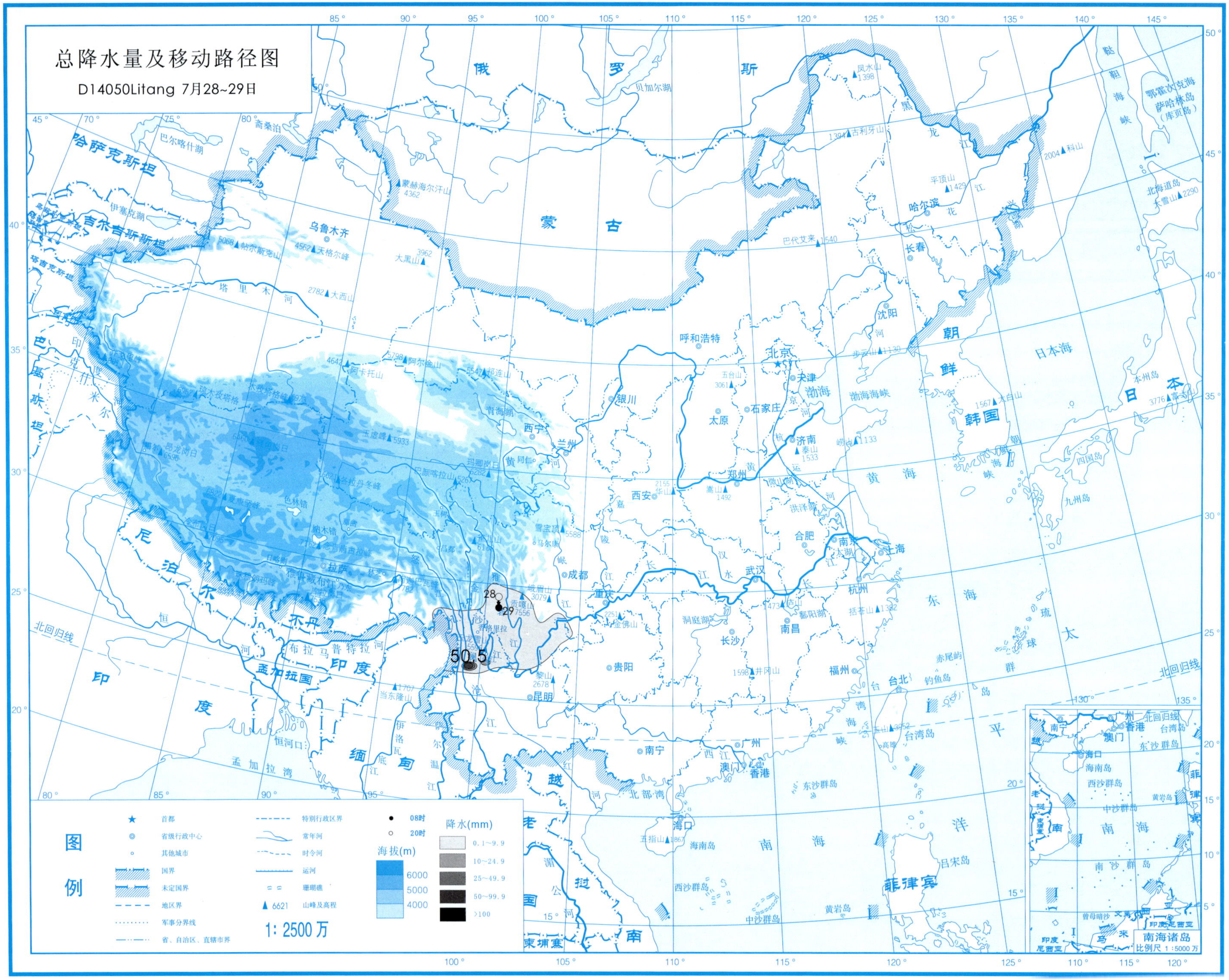

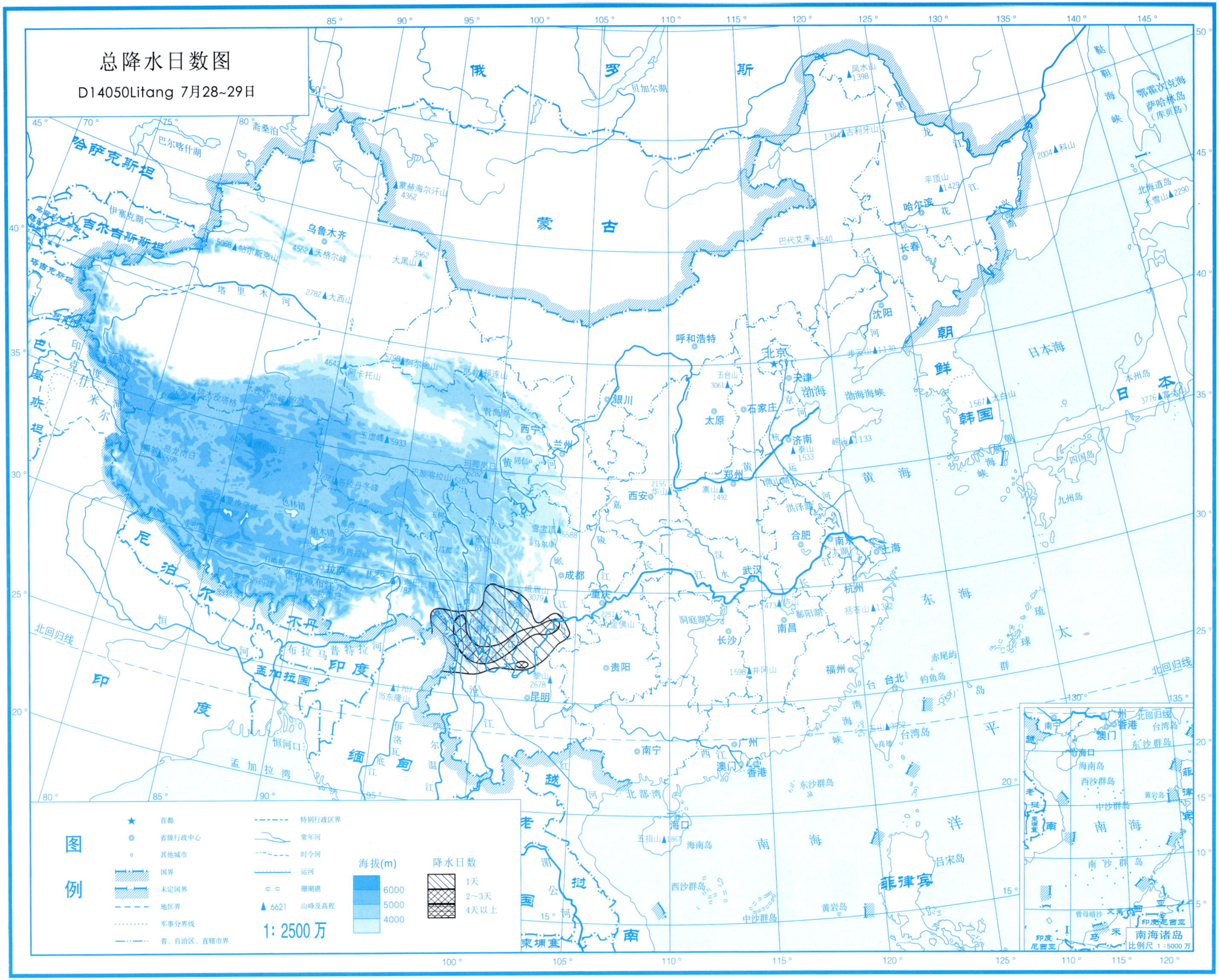
总降水日数图
D14050Litang 7月28~29日
图例
首都
省级行政中心
其他城市
国界
未定国界
地区界
军事分界线
省、自治区、直辖市界
特别行政区界
常年河
时令河
运河
珊瑚礁
6621 山峰及高程
1: 2500 万
海拔(m)
6000
5000
4000
降水日数
1天
2~3天
4天以上
南海诸岛
比例尺 1:5000 万

总降水量及移动路径图

D14051Yanyuan 8月1~3日

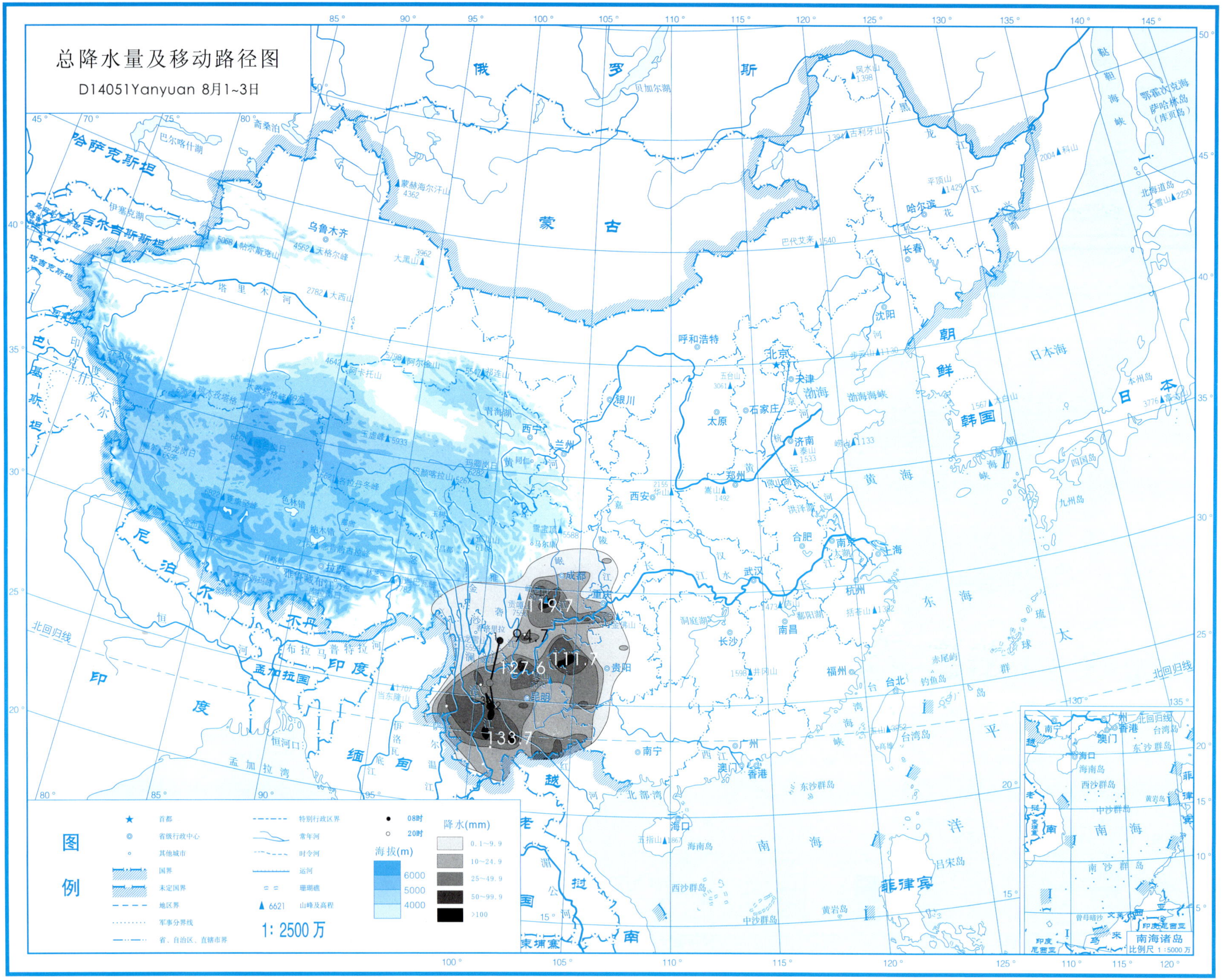

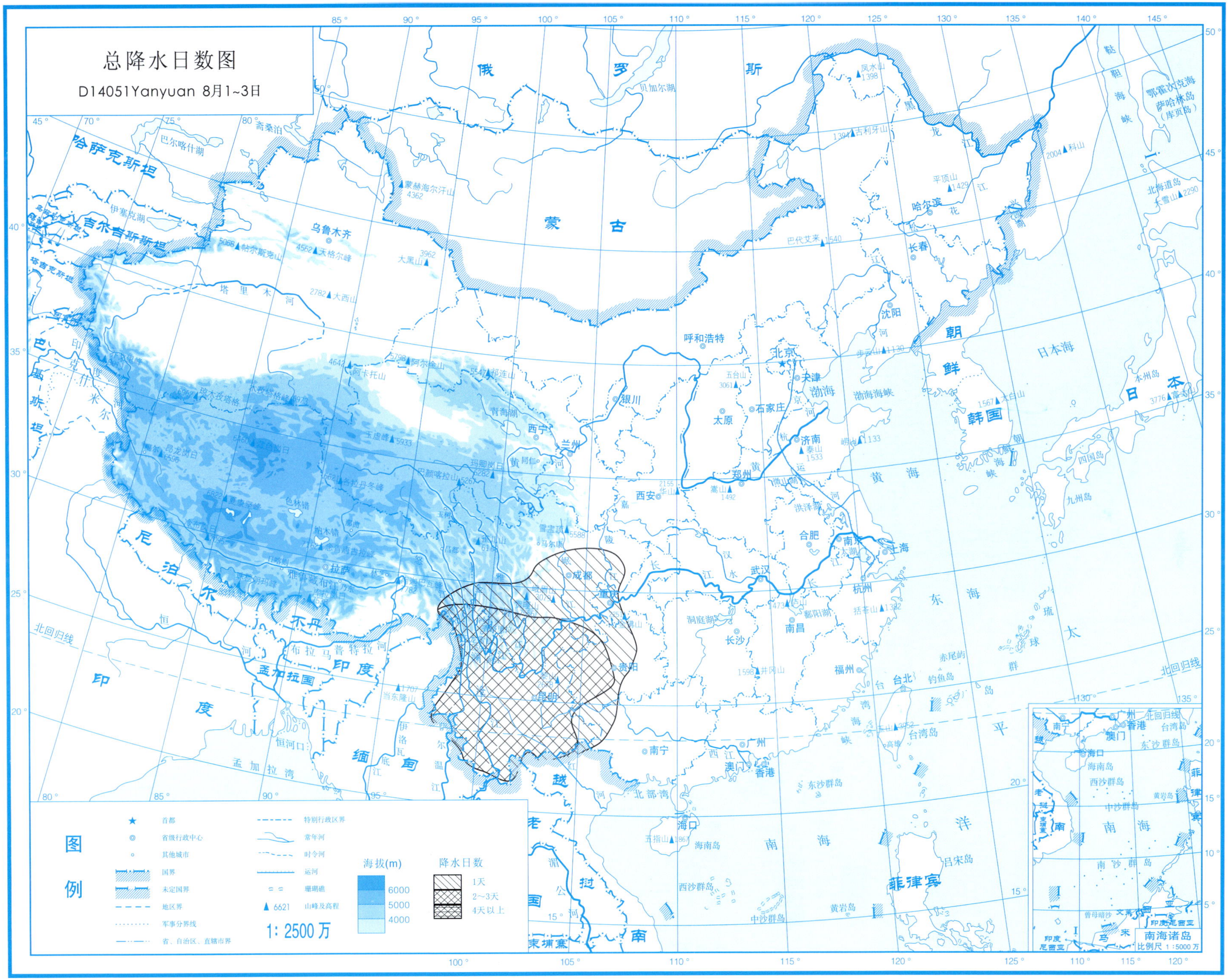
总降水日数图
D14051Yanyuan 8月1~3日
图例
首都
省级行政中心
其他城市
国界
未定国界
地区界
军事分界线
省、自治区、直辖市界
特别行政区界
常年河
时令河
运河
珊瑚礁
6621 山峰及高程
1: 2500 万
海拔(m)
6000
5000
4000
降水日数
1天
2~3天
4天以上
俄 罗 斯
蒙 古
哈萨克斯坦
吉尔吉斯斯坦
塔吉克斯坦
巴基斯坦
尼泊尔
不丹
印度
孟加拉国
缅甸
老挝
越南
泰国
柬埔寨
朝鲜
韩国
日本
菲律宾
北京
天津
石家庄
太原
呼和浩特
沈阳
长春
哈尔滨
济南
郑州
西安
银川
兰州
西宁
乌鲁木齐
拉萨
成都
重庆
贵阳
昆明
南宁
广州
香港
澳门
海口
长沙
武汉
南昌
合肥
南京
上海
杭州
福州
台北
日本海
渤海
黄海
东海
南海
太平洋
北回归线
南海诸岛
比例尺 1:5000 万

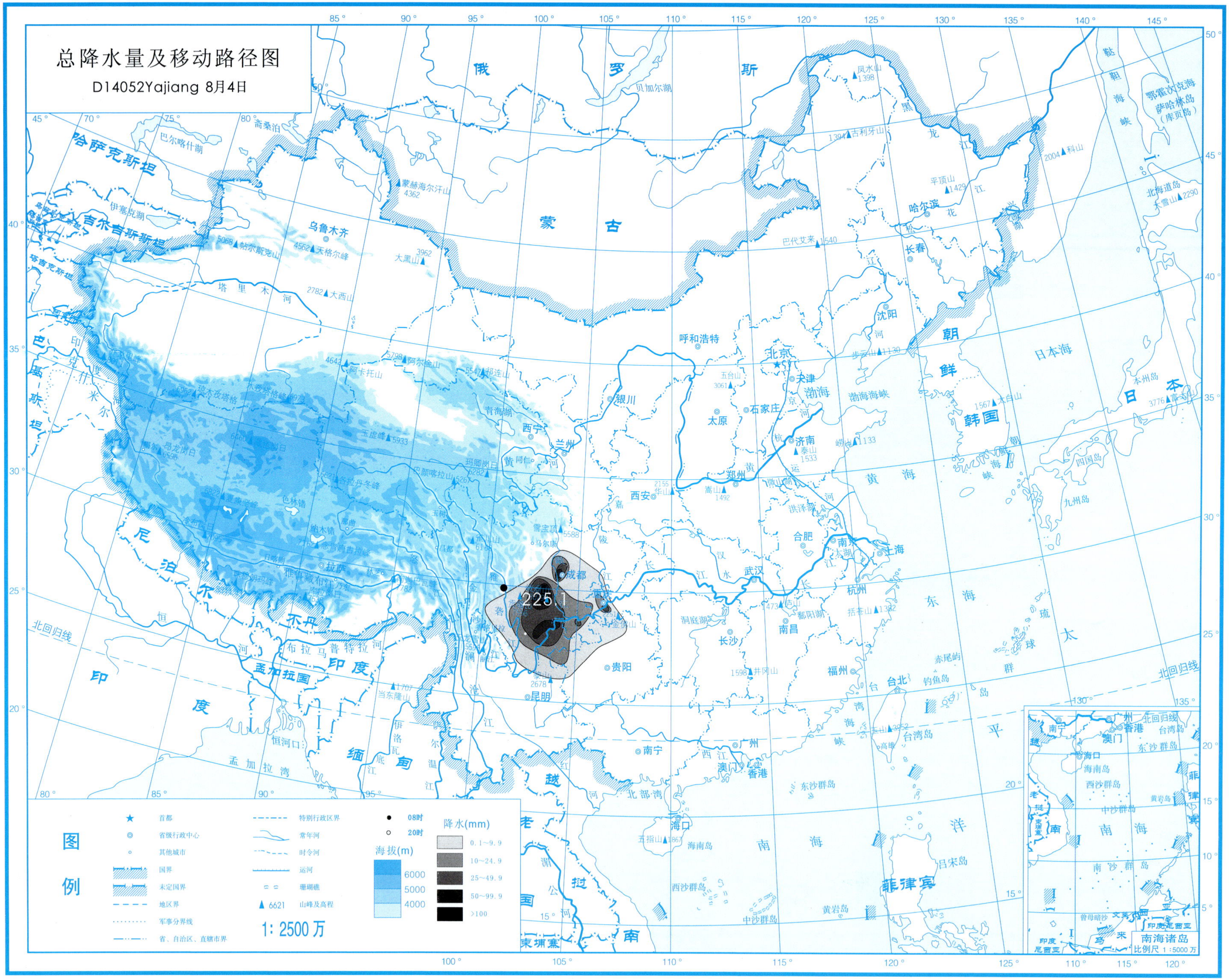
总降水量及移动路径图
D14052Yajiang 8月4日
225.1
图例
首都
省级行政中心
其他城市
国界
未定国界
地区界
军事分界线
省、自治区、直辖市界
特别行政区界
常年河
时令河
运河
珊瑚礁
6621 山峰及高程
1: 2500 万
08时
20时
海拔(m)
6000
5000
4000
降水(mm)
0.1~9.9
10~24.9
25~49.9
50~99.9
>100
南海诸岛
比例尺 1:5000 万

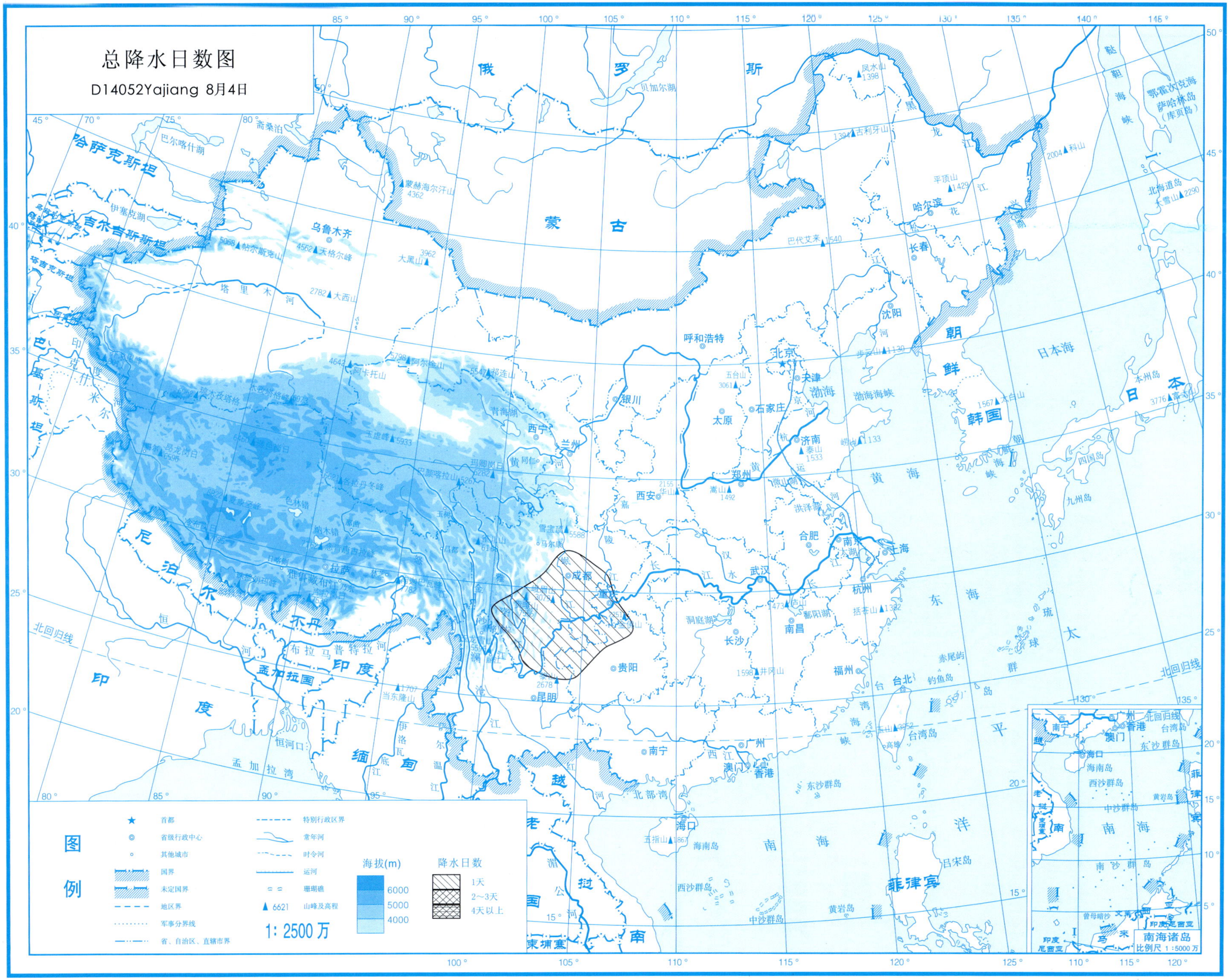
总降水日数图
D14052Yajiang 8月4日
图例
首都
省级行政中心
其他城市
国界
未定国界
地区界
军事分界线
省、自治区、直辖市界
特别行政区界
常年河
时令河
运河
珊瑚礁
山峰及高程
海拔(m)
6000
5000
4000
降水日数
1天
2～3天
4天以上
1: 2500 万
南海诸岛
比例尺 1:5000 万

总降水量及移动路径图

D14053Litang 8月7日

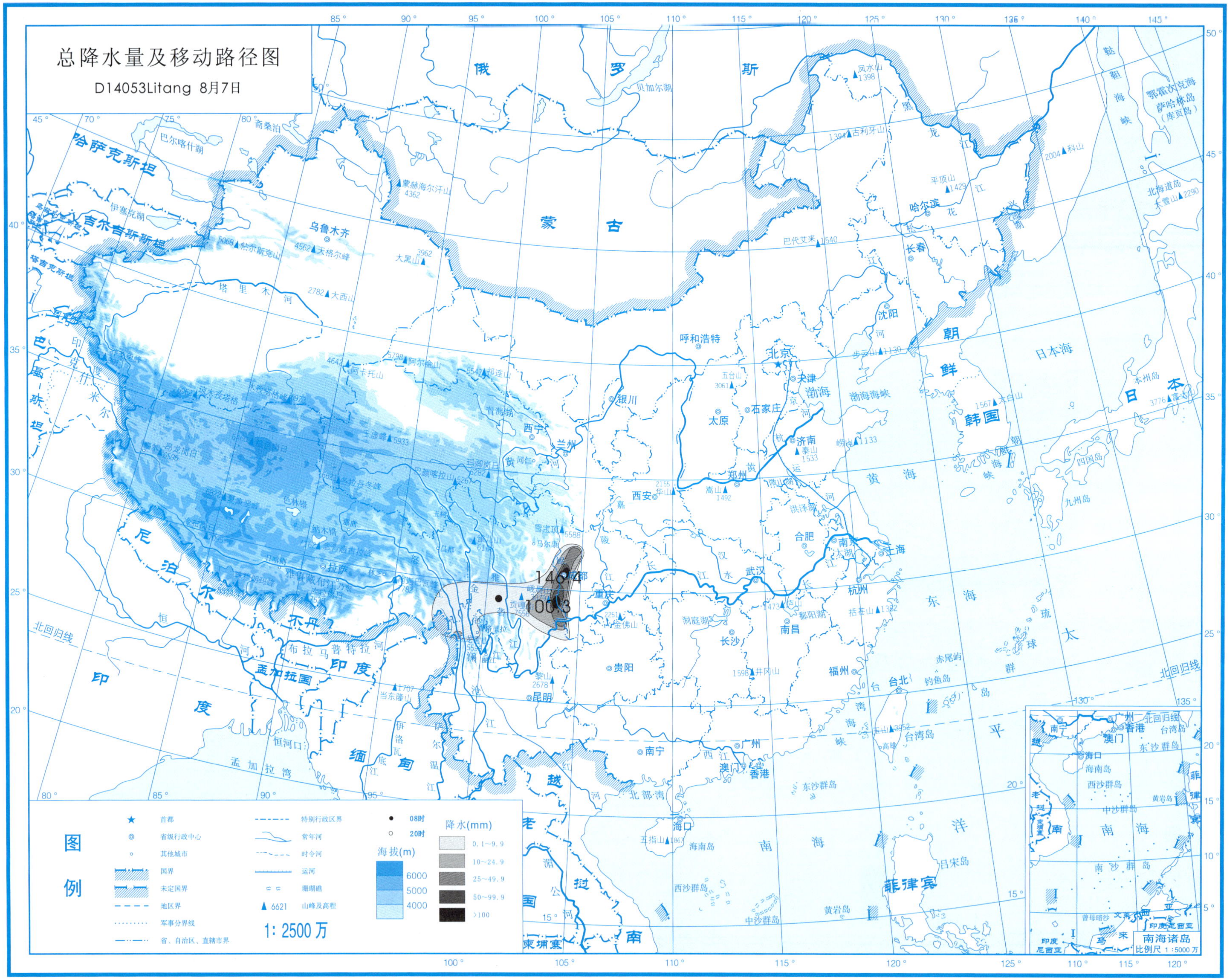

总降水日数图

D14053Litang 8月7日

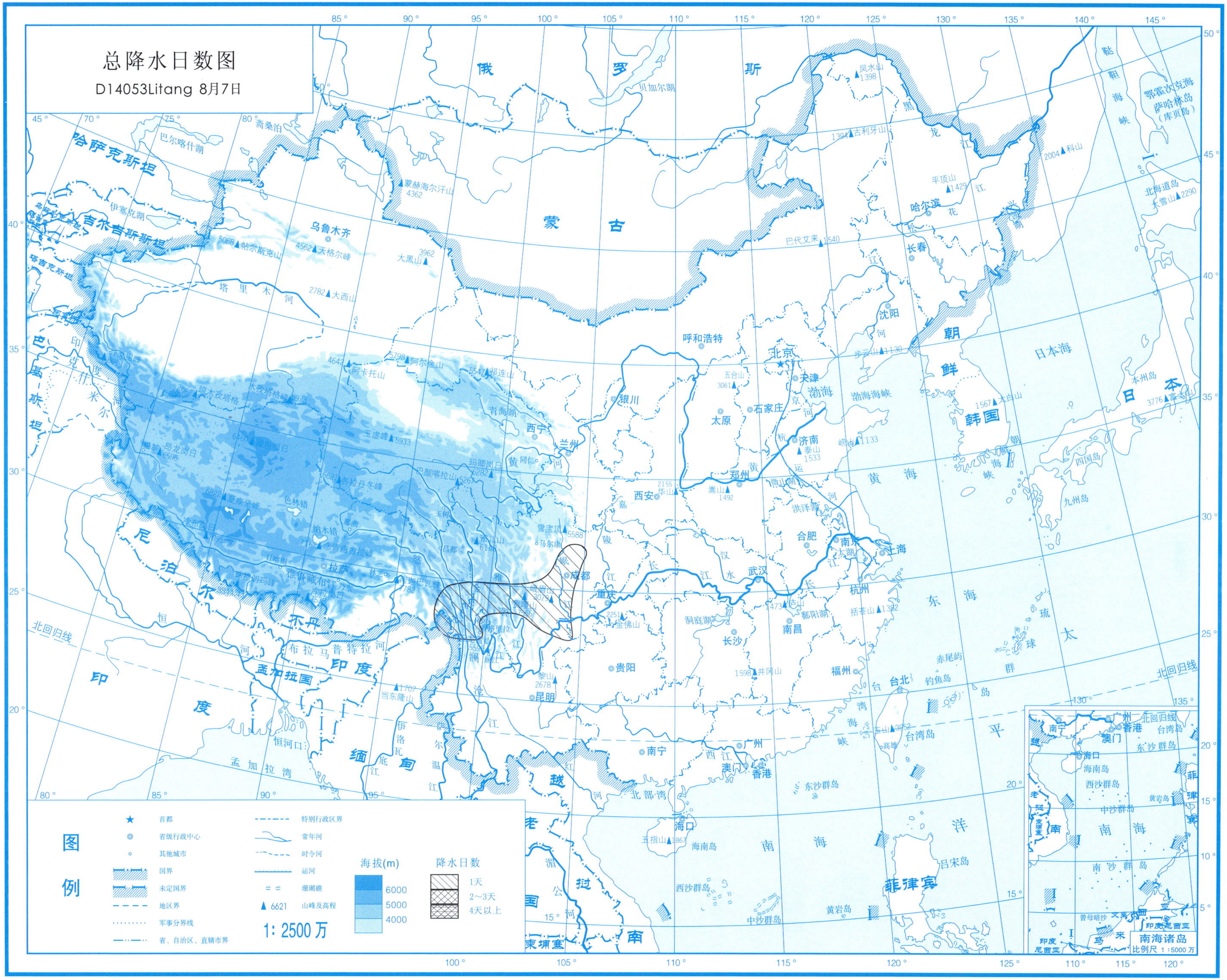

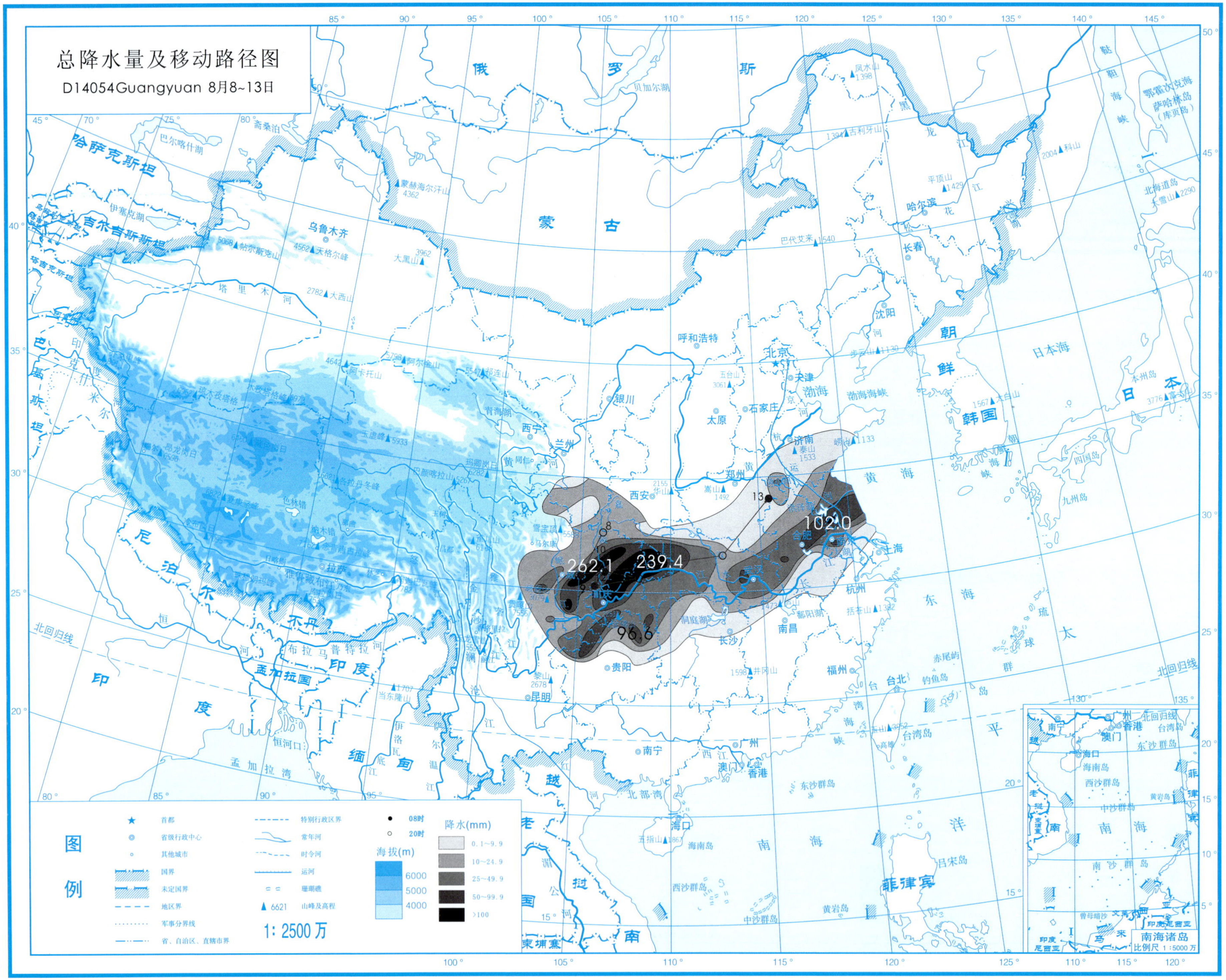
总降水量及移动路径图
D14054Guangyuan 8月8~13日
262.1
239.4
102.0
96.6
13
8
10
图例
首都
省级行政中心
其他城市
国界
未定国界
地区界
军事分界线
省、自治区、直辖市界
特别行政区界
常年河
时令河
运河
珊瑚礁
6621 山峰及高程
1∶2500万
08时
20时
海拔(m)
6000
5000
4000
降水(mm)
0.1~9.9
10~24.9
25~49.9
50~99.9
>100
南海诸岛
比例尺 1∶5000万

总降水日数图

D14054Guangyuan 8月8~13日

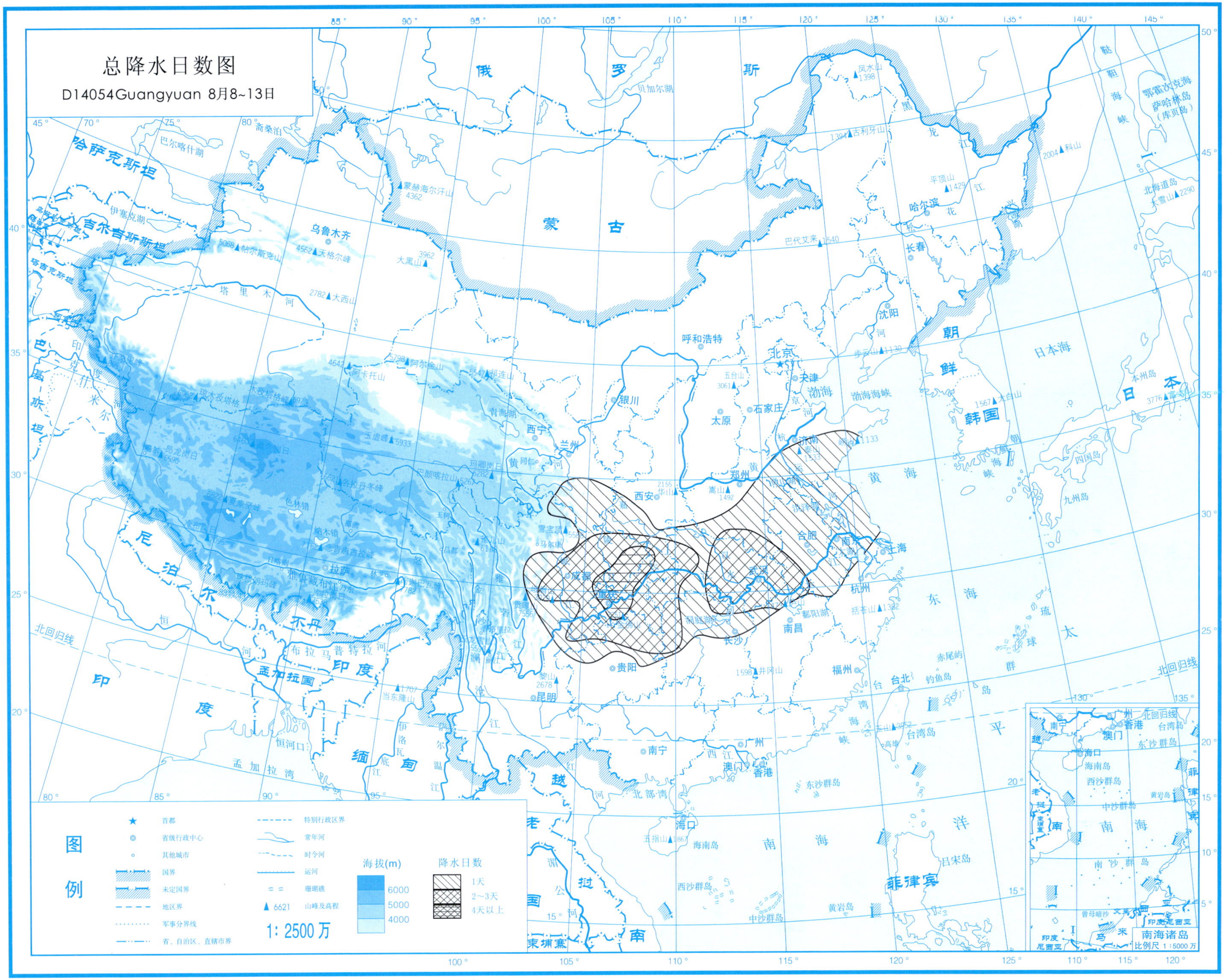

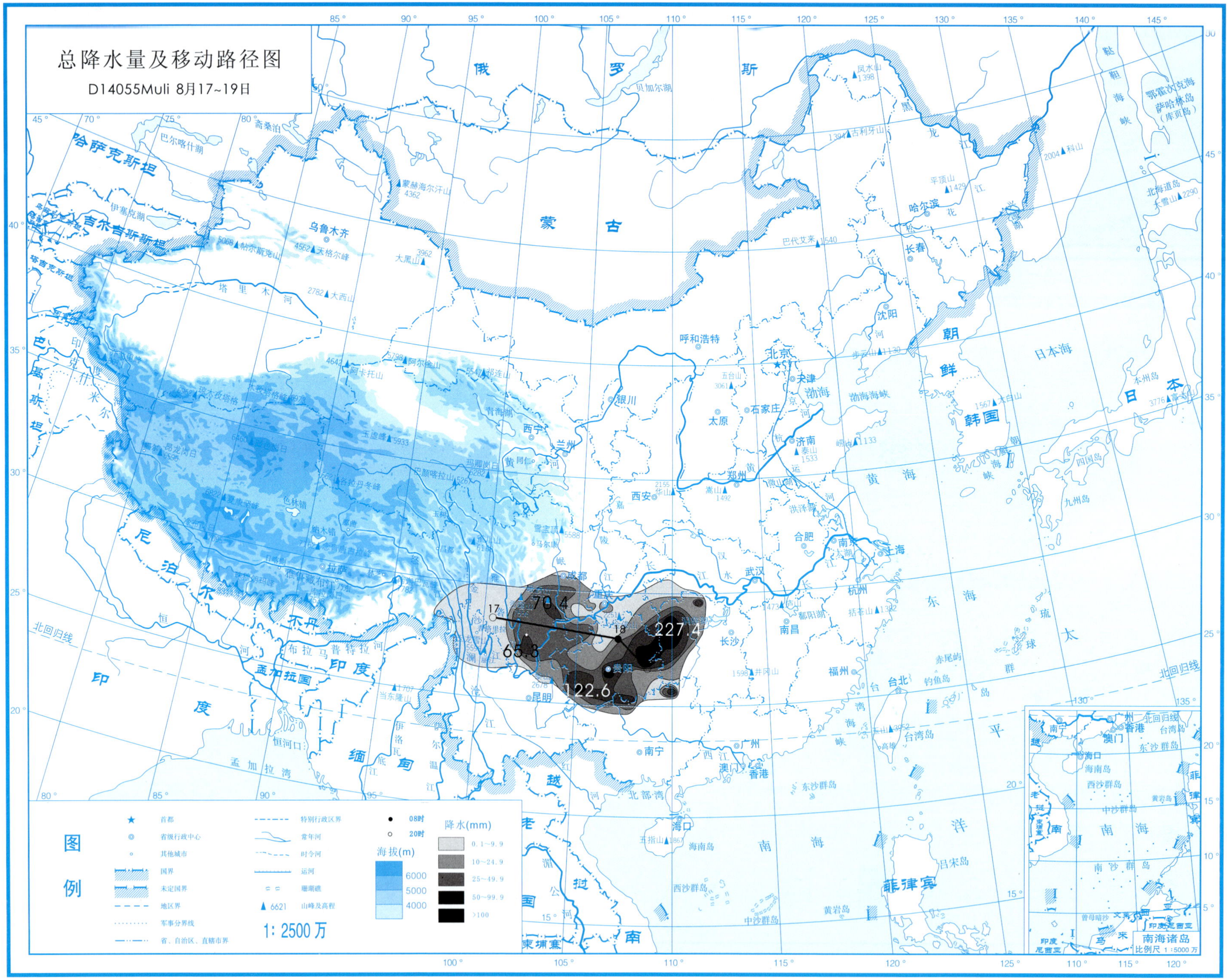
总降水量及移动路径图
D14055Muli 8月17~19日
17
18
70.4
227.4
65.3
122.6
图例
首都
省级行政中心
其他城市
国界
未定国界
地区界
军事分界线
省、自治区、直辖市界
特别行政区界
常年河
时令河
运河
珊瑚礁
6621 山峰及高程
08时
20时
海拔(m)
6000
5000
4000
降水(mm)
0.1~9.9
10~24.9
25~49.9
50~99.9
>100
1: 2500万
南海诸岛
比例尺 1:5000万

总降水日数图

D14056Xinlong 8月20~23日

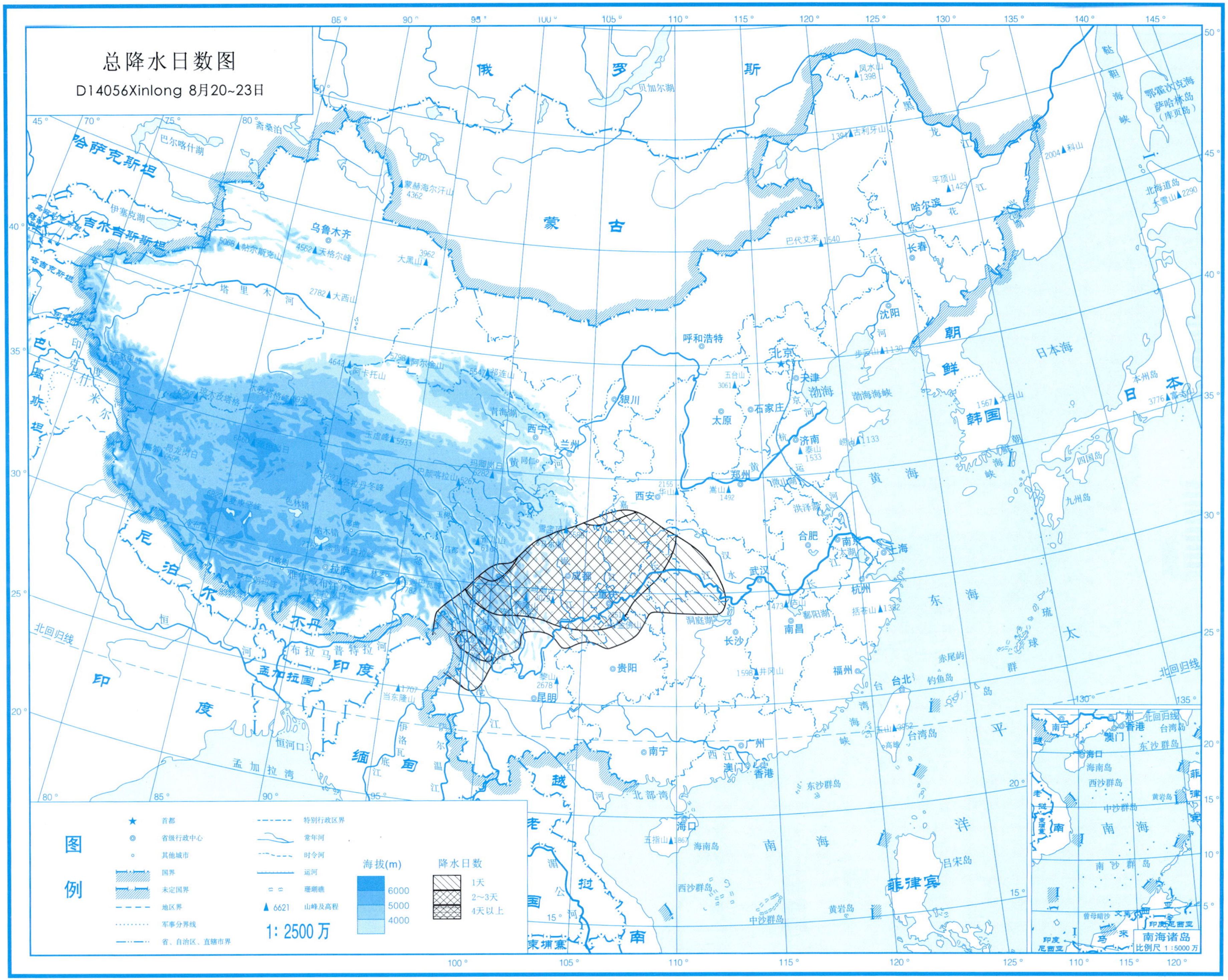

总降水量及移动路径图

D14057Renshou 8月26~27日

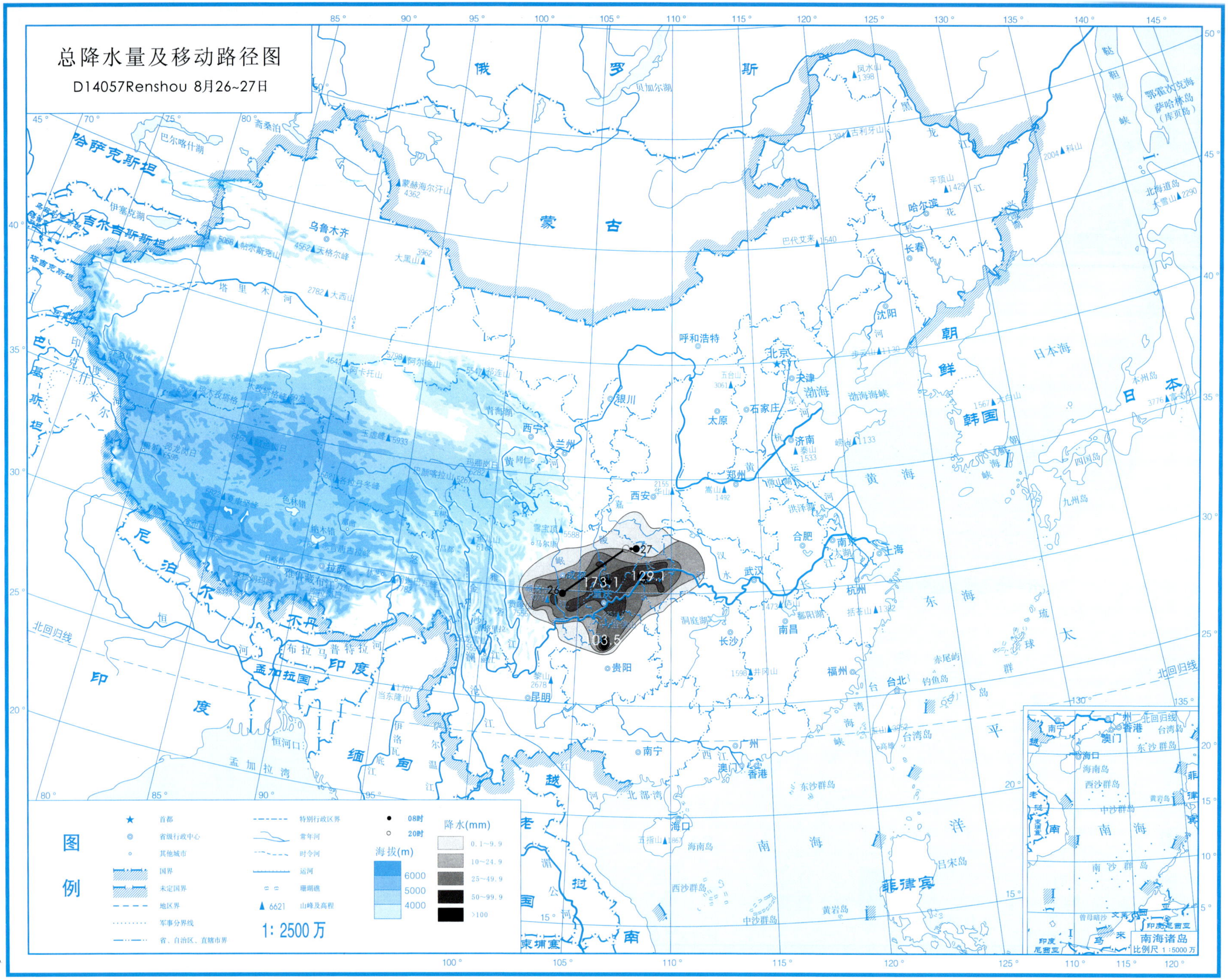

总降水日数图

D14057Renshou 8月26~27日

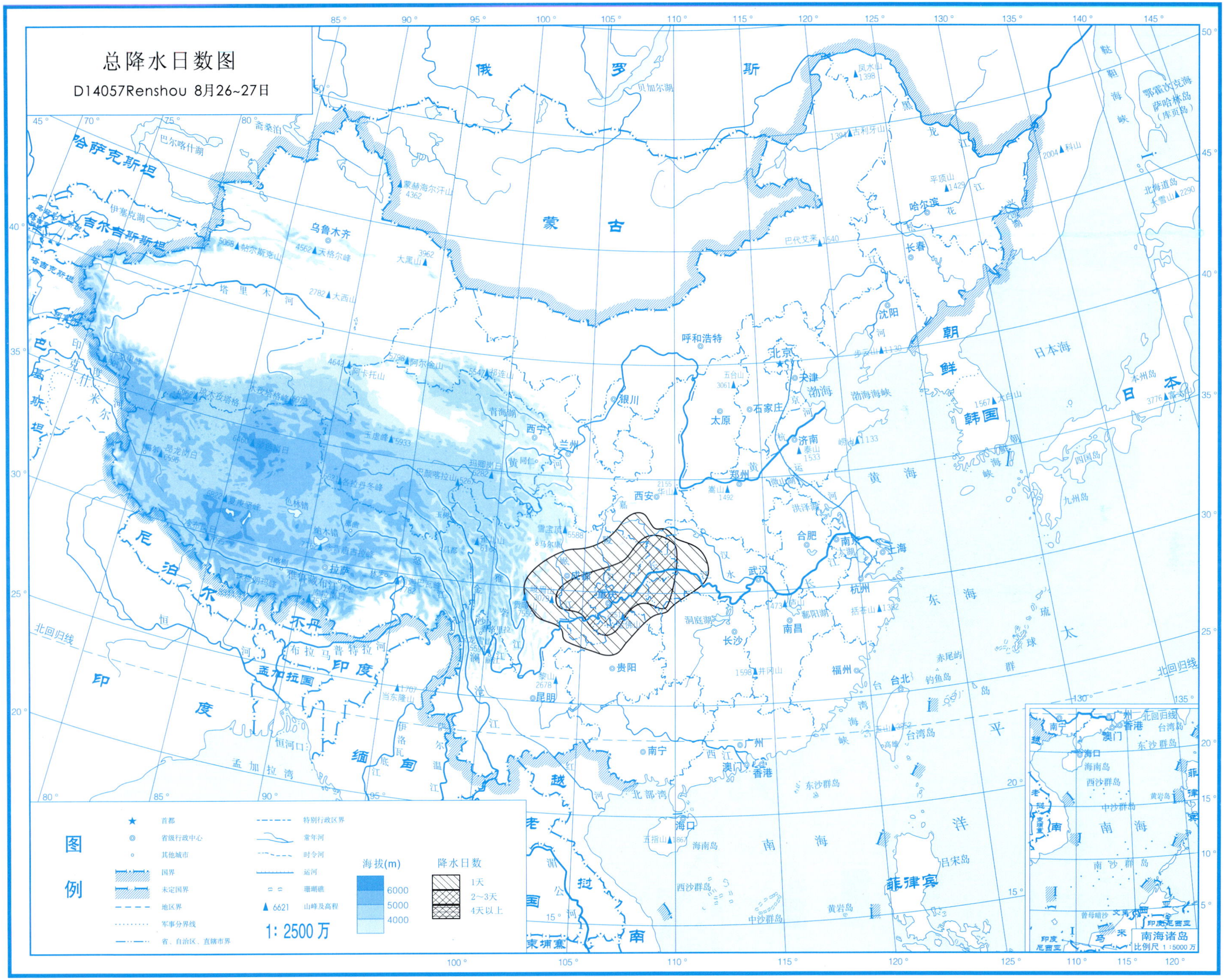

总降水量及移动路径图

D14058Jiulong 8月31日~9月1日

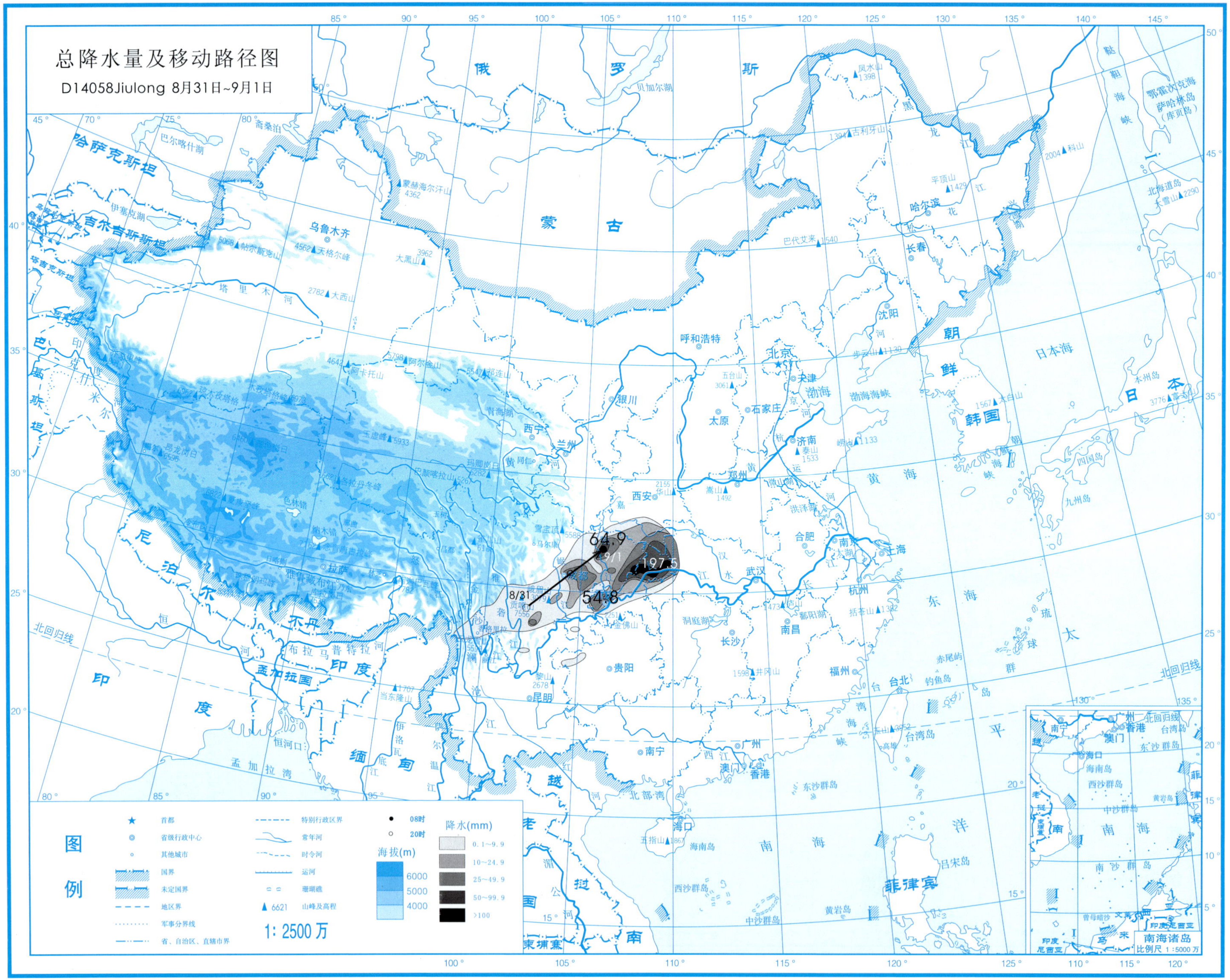

总降水日数图

D14058Jiulong 8月31日~9月1日

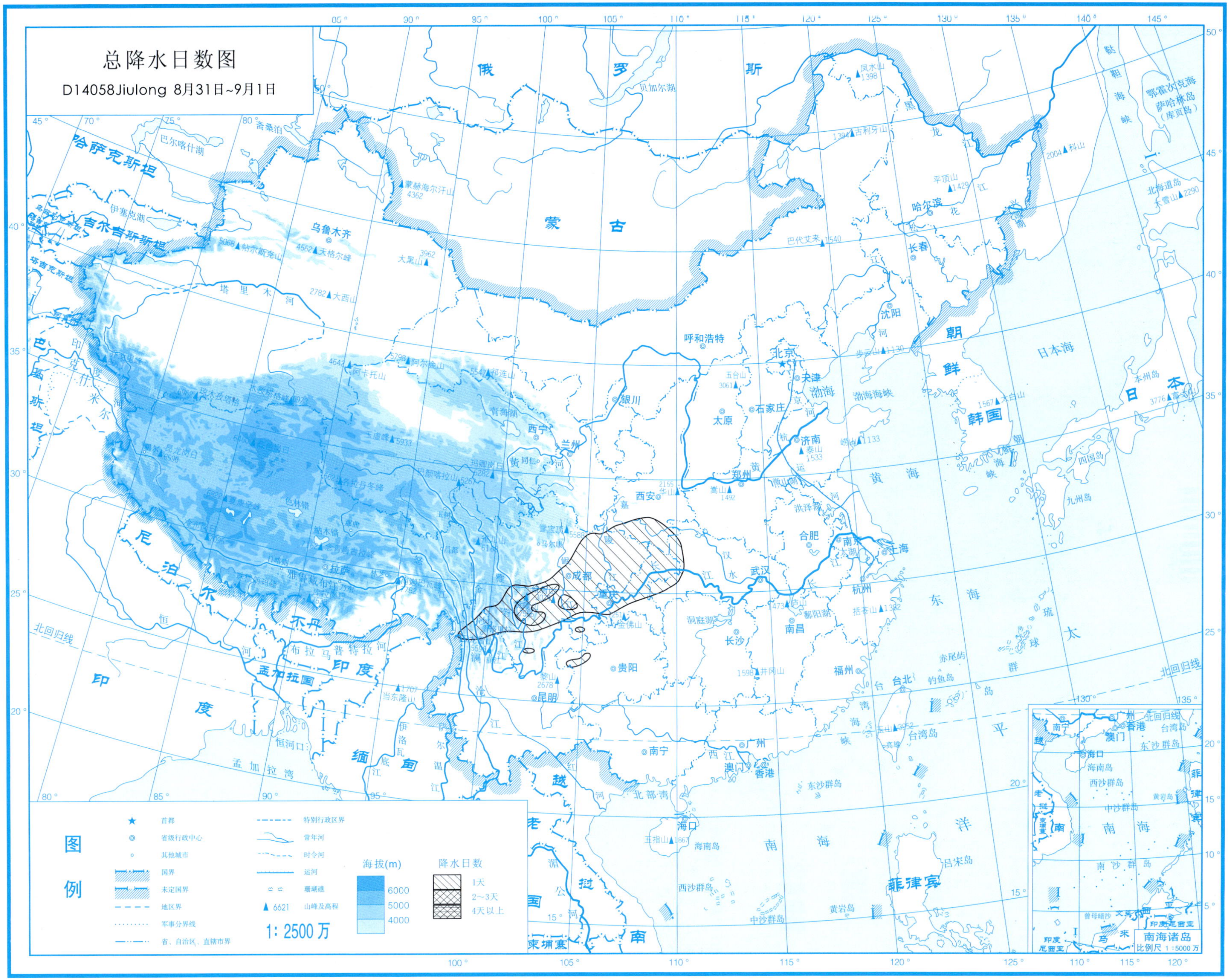

总降水量及移动路径图

D14059Songpan 9月3~5日

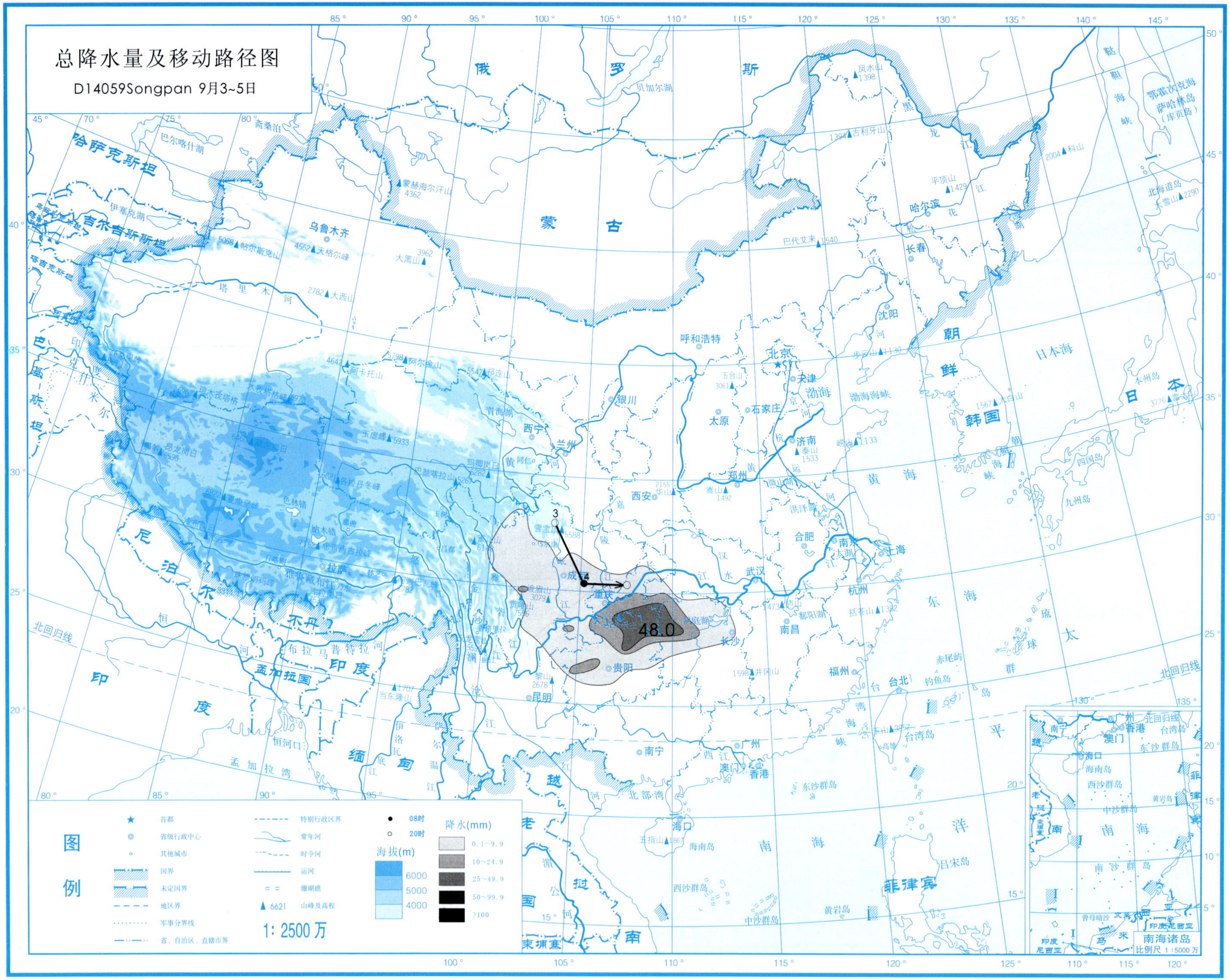

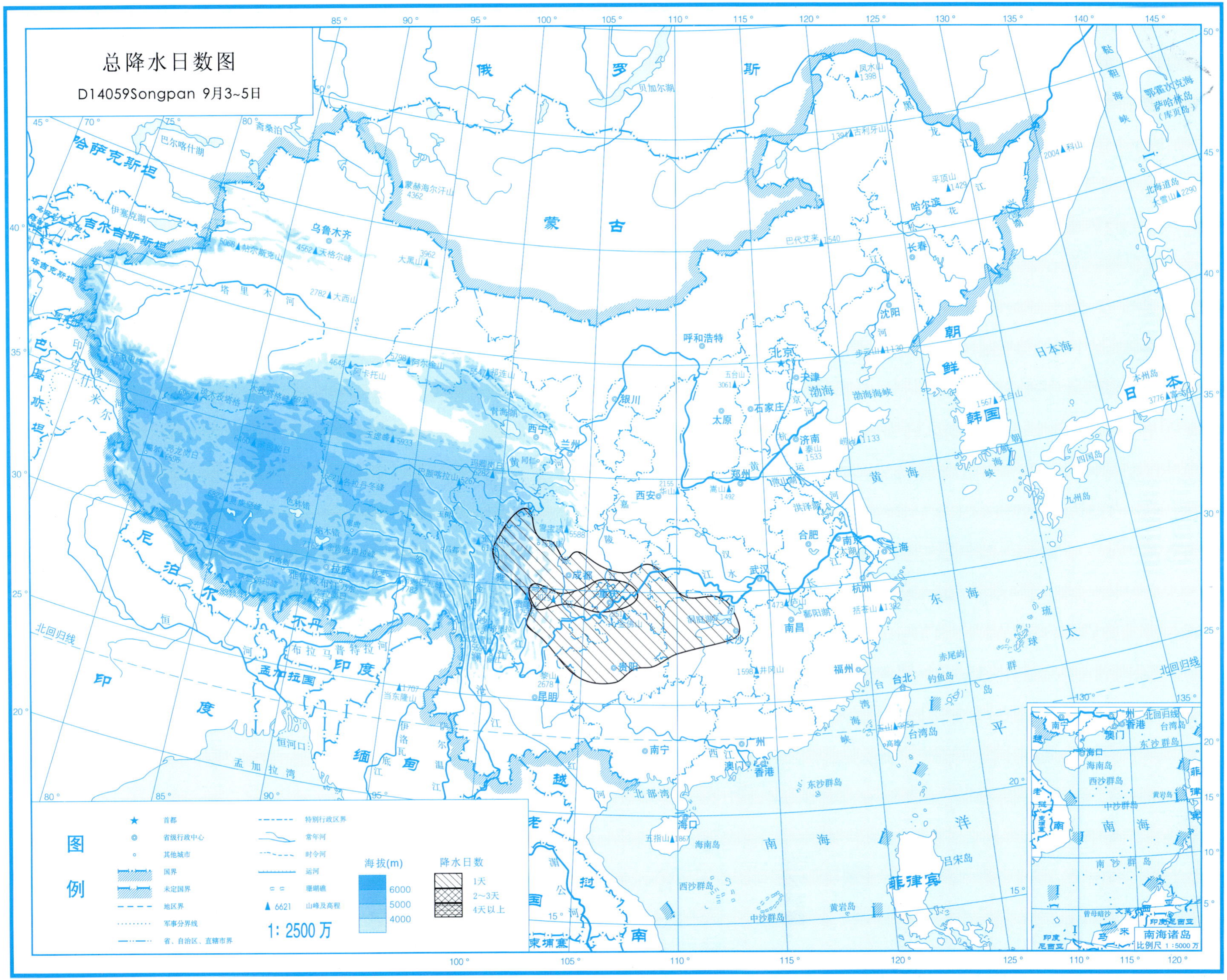
总降水日数图
D14059Songpan 9月3~5日
图例
首都
省级行政中心
其他城市
国界
未定国界
地区界
军事分界线
省、自治区、直辖市界
特别行政区界
常年河
时令河
运河
珊瑚礁
6621 山峰及高程
海拔(m)
6000
5000
4000
降水日数
1天
2~3天
4天以上
1: 2500万
南海诸岛
比例尺 1:5000万

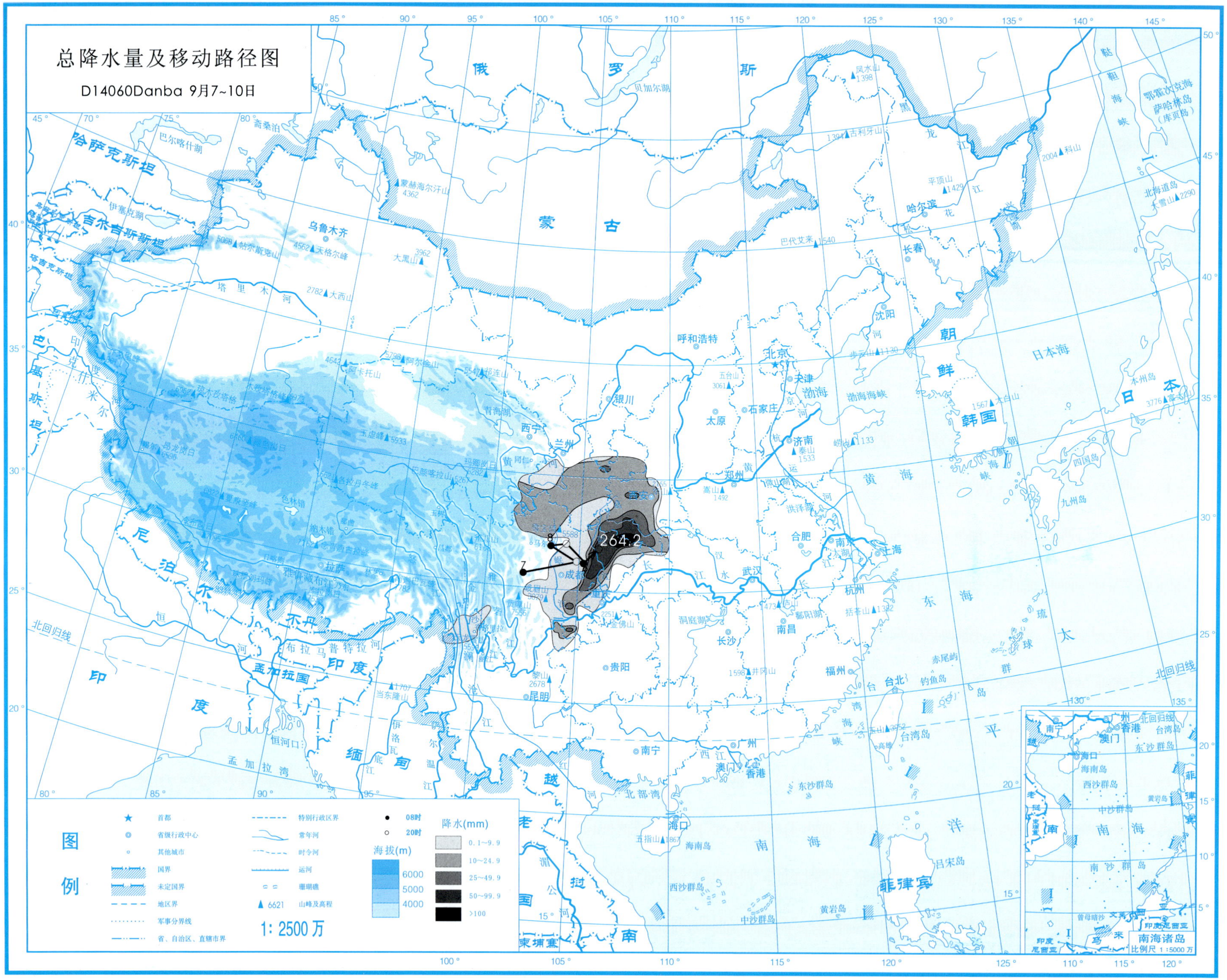

总降水量及移动路径图

D14060Danba 9月7~10日

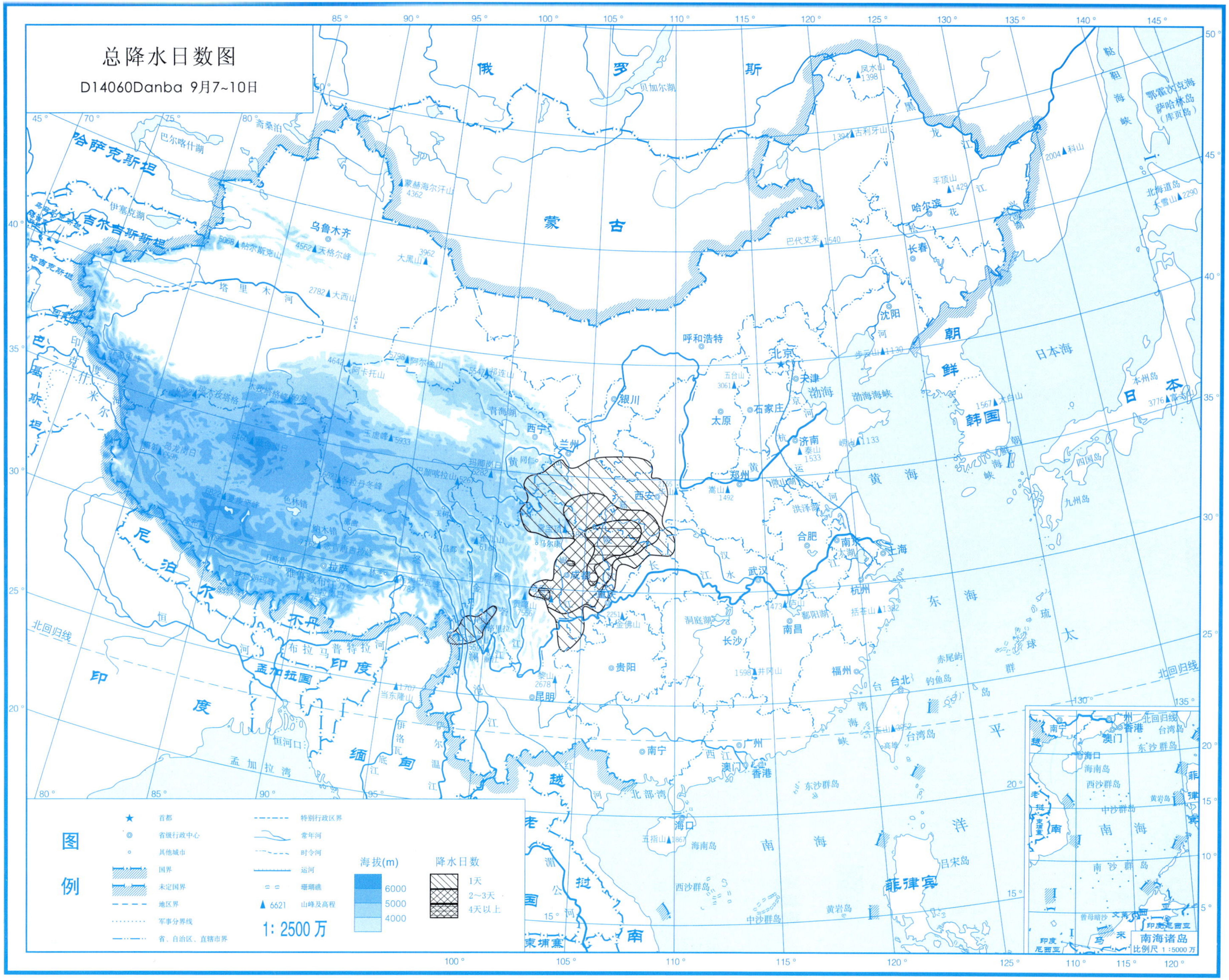

总降水日数图
D14060Danba 9月7~10日
俄
罗
斯
蒙
古
哈萨克斯坦
吉尔吉斯斯坦
塔吉克斯坦
巴基斯坦
尼泊尔
不丹
孟加拉国
印度
缅甸
老挝
越南
泰国
柬埔寨
朝鲜
韩国
日本
菲律宾
乌鲁木齐
呼和浩特
北京
天津
石家庄
太原
济南
银川
兰州
西宁
西安
郑州
合肥
南京
上海
杭州
武汉
长沙
南昌
福州
台北
贵阳
昆明
南宁
广州
香港
澳门
海口
拉萨
成都
重庆
沈阳
长春
哈尔滨
日本海
黄海
东海
南海
渤海
太平洋
南海诸岛
比例尺 1:5000 万
图例
首都
省级行政中心
其他城市
国界
未定国界
地区界
军事分界线
省、自治区、直辖市界
特别行政区界
常年河
时令河
运河
珊瑚礁
6621 山峰及高程
1: 2500 万
海拔(m)
6000
5000
4000
降水日数
1天
2~3天
4天以上

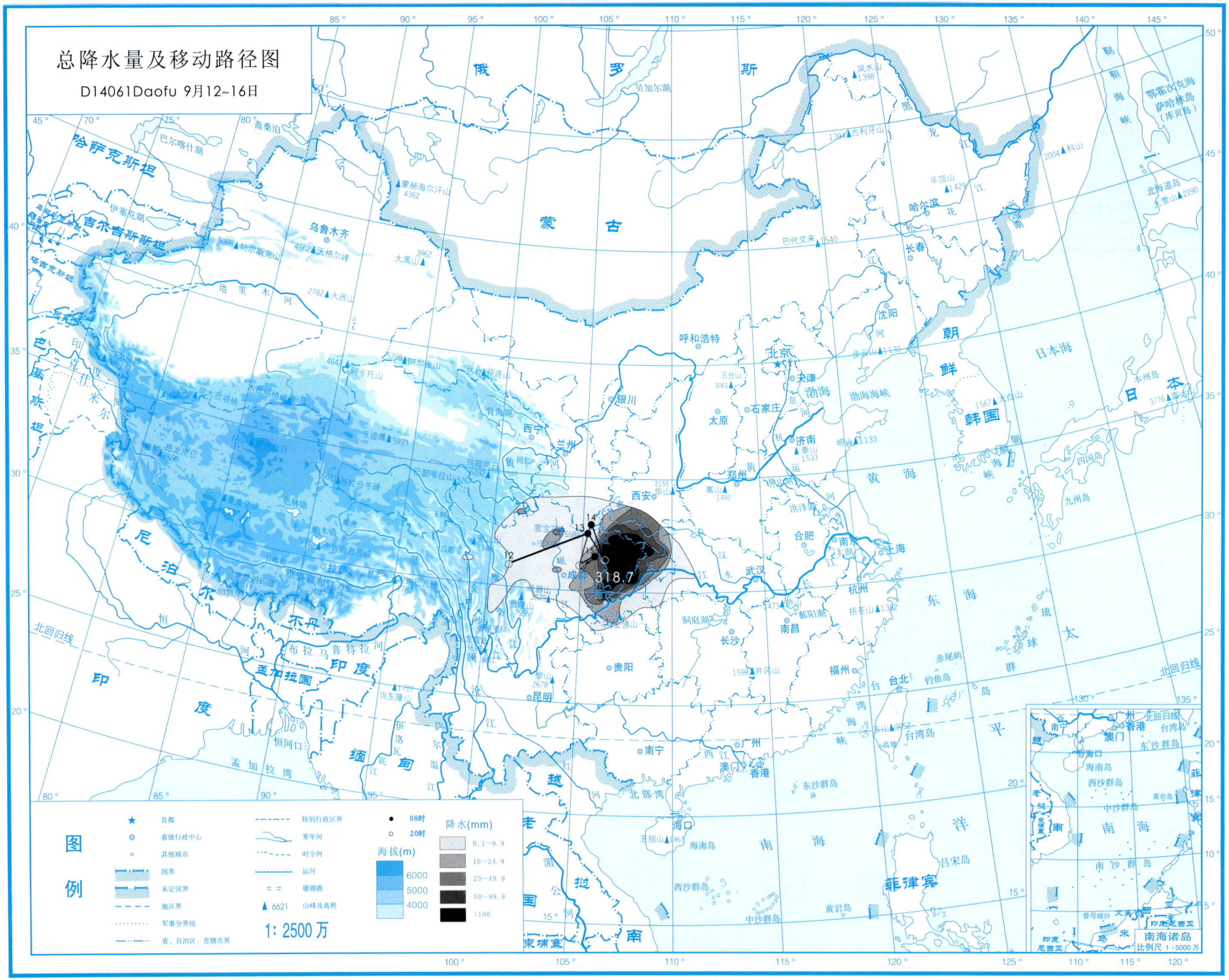

总降水量及移动路径图

D14061Daofu 9月12~16日

总降水日数图

D14061Daofu 9月12~16日

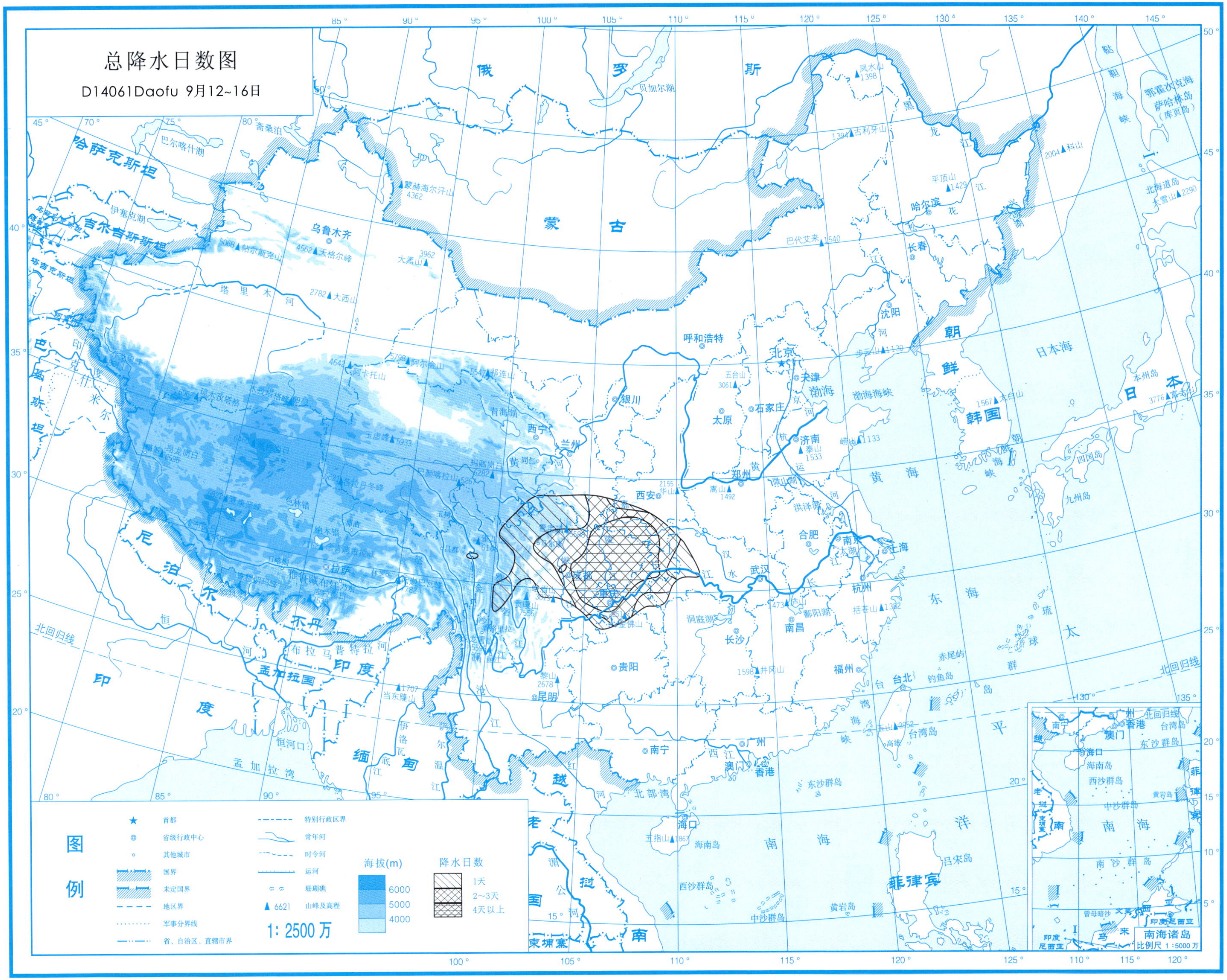

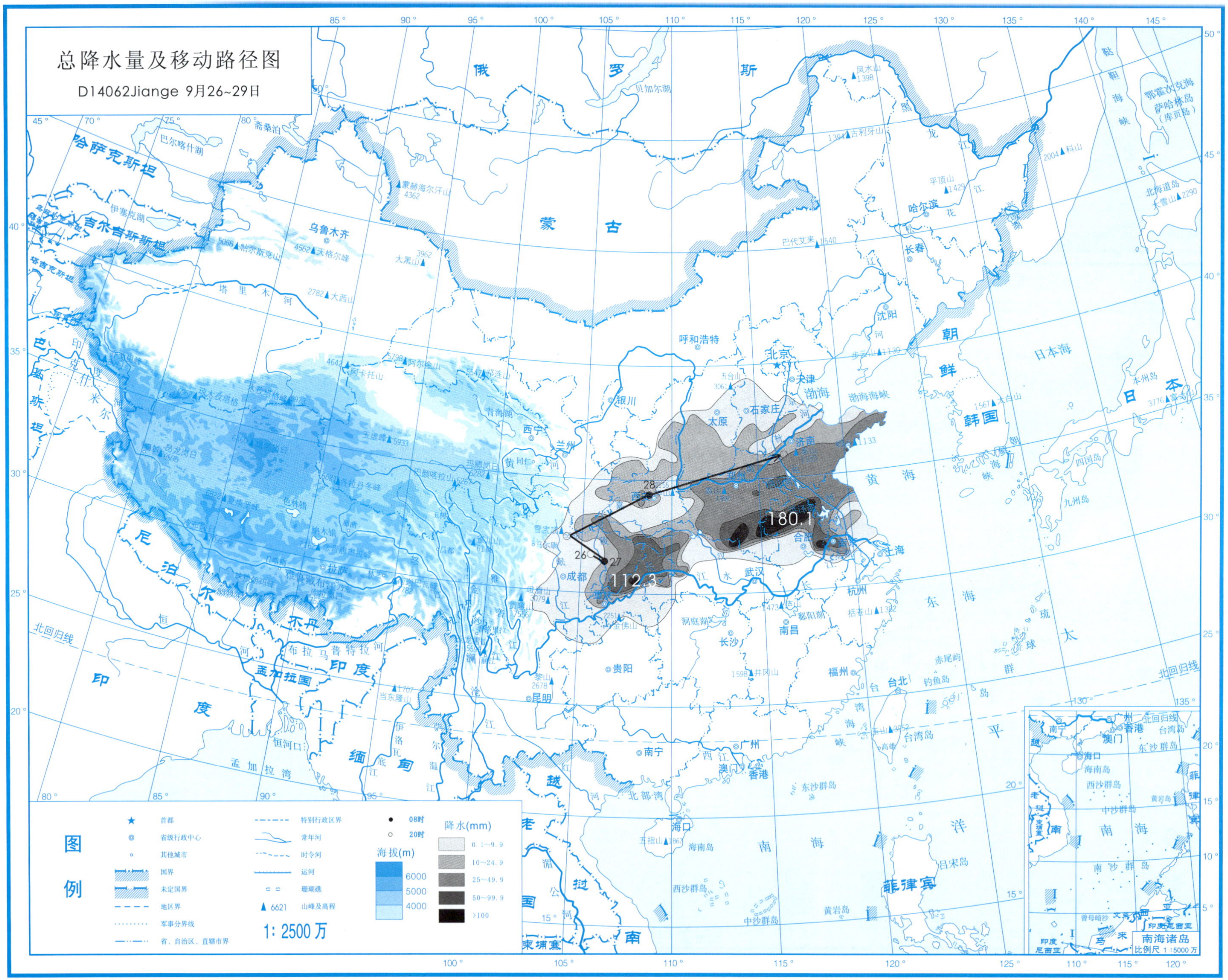
总降水量及移动路径图
D14062Jiange 9月26~29日
180.1
112.3
26
27
28
图例
首都
省级行政中心
其他城市
国界
未定国界
地区界
军事分界线
省、自治区、直辖市界
特别行政区界
常年河
时令河
运河
珊瑚礁
6621 山峰及高程
08时
20时
海拔(m)
6000
5000
4000
降水(mm)
0.1~9.9
10~24.9
25~49.9
50~99.9
>100
1: 2500 万
南海诸岛
比例尺 1 :5000 万

总降水日数图

D14062Jiange 9月26~29日

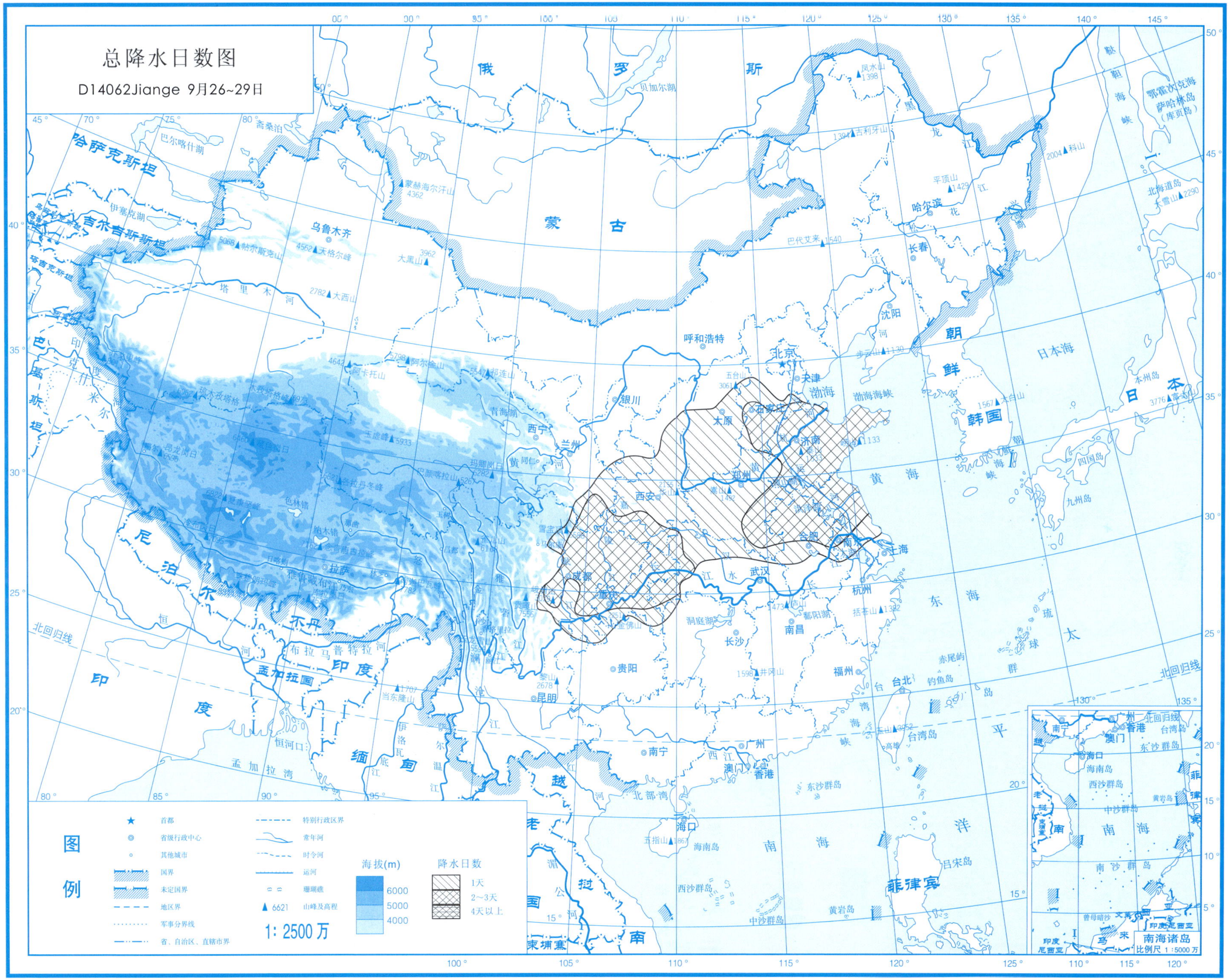

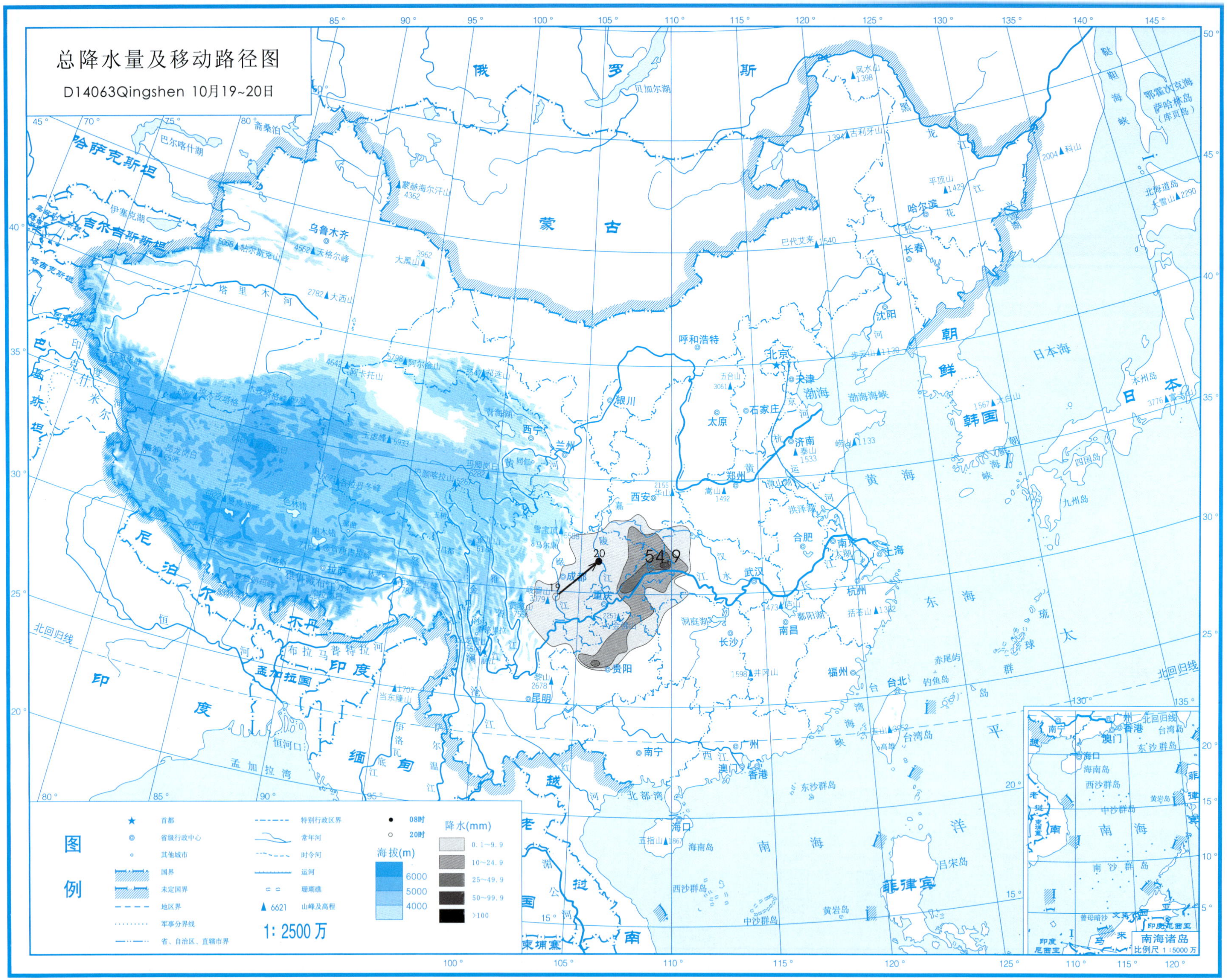
总降水量及移动路径图
D14063Qingshen 10月19~20日
54.9
19
20
图例
首都
省级行政中心
其他城市
国界
未定国界
地区界
军事分界线
省、自治区、直辖市界
特别行政区界
常年河
时令河
运河
珊瑚礁
6621 山峰及高程
1: 2500 万
08时
20时
海拔(m)
6000
5000
4000
降水(mm)
0.1~9.9
10~24.9
25~49.9
50~99.9
>100
南海诸岛
比例尺 1:5000 万

总降水日数图

D14063Qingshen 10月19~20日

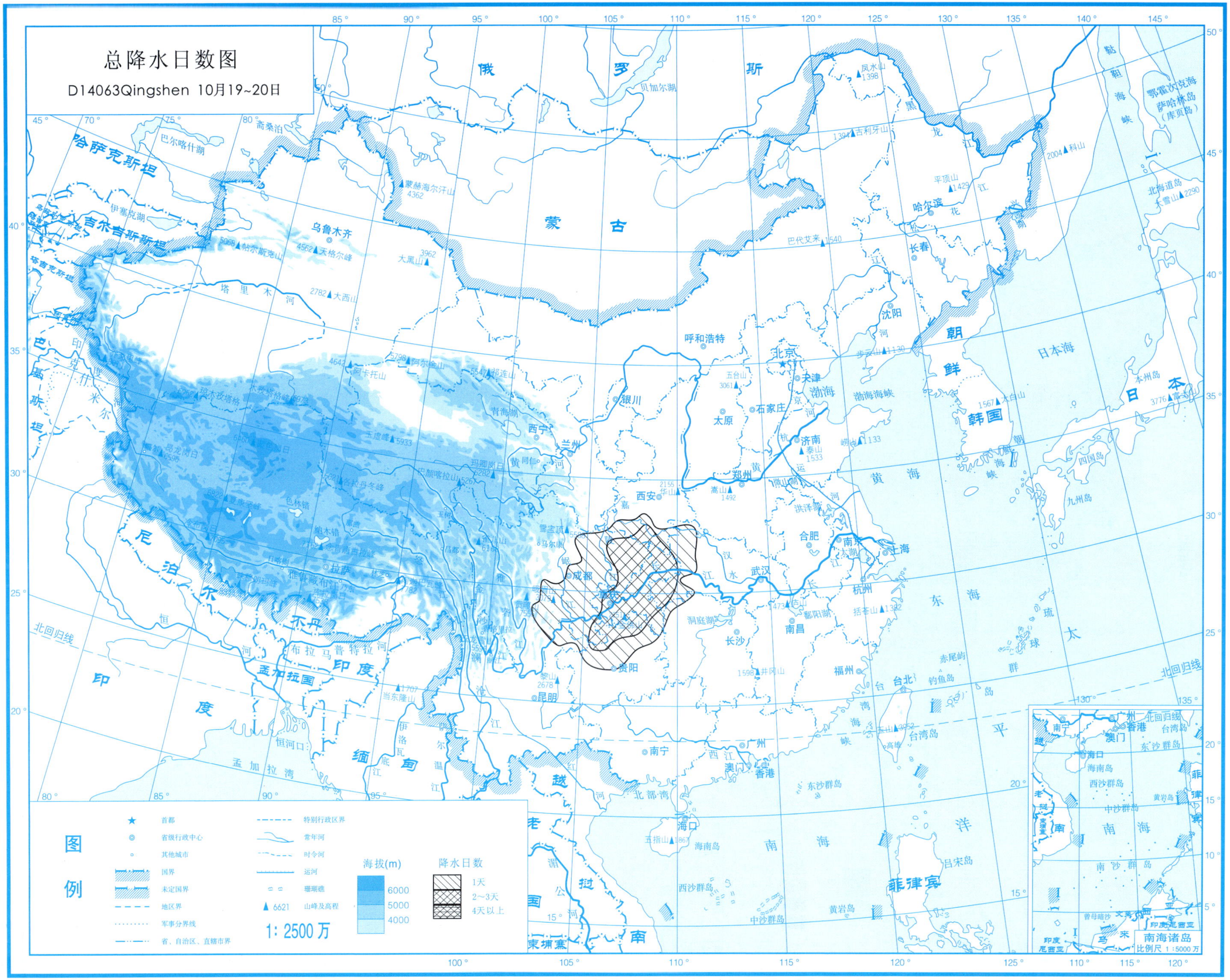

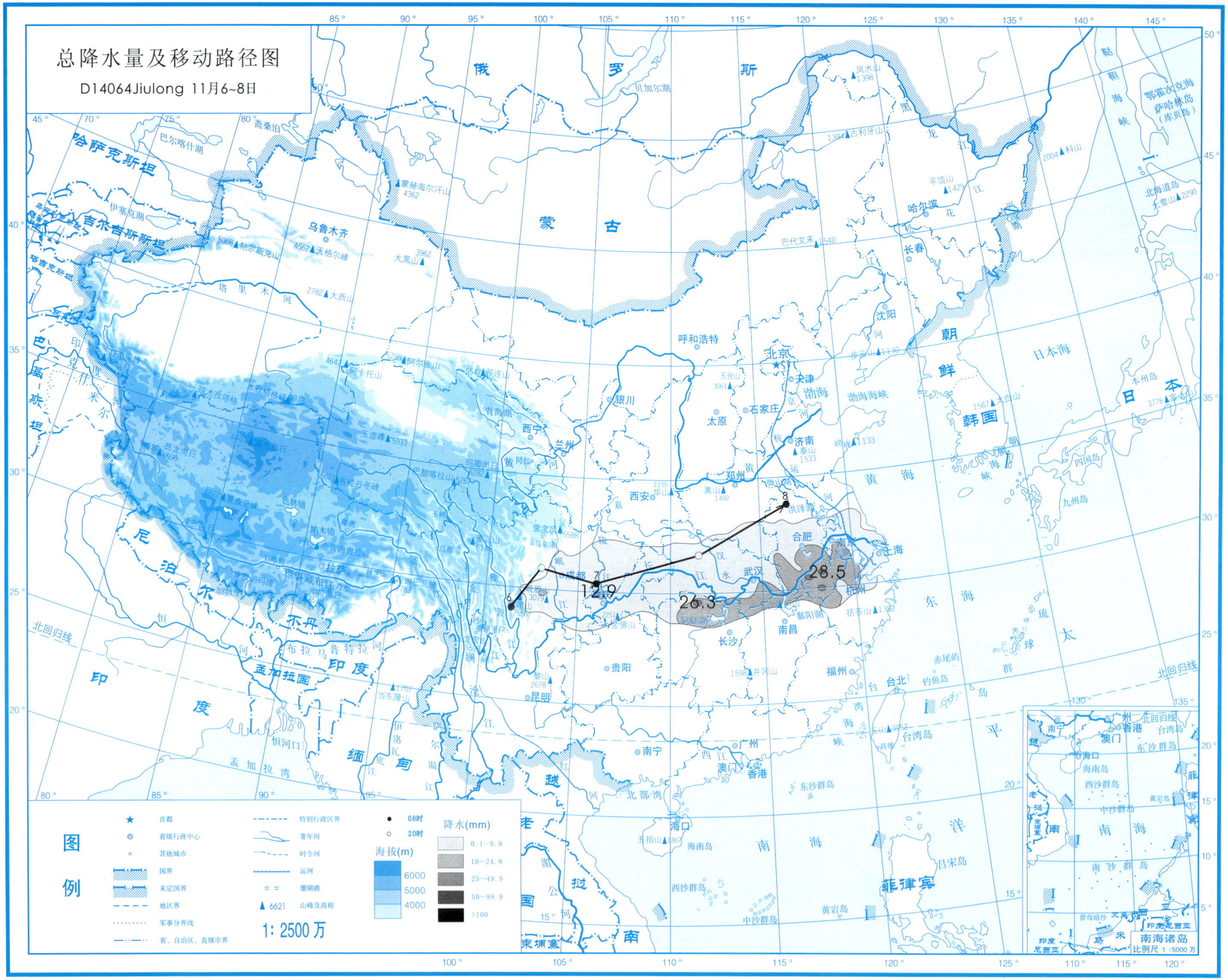

总降水量及移动路径图

D14064Jiulong 11月6~8日

总降水日数图

D14064Jiulong 11月6~8日

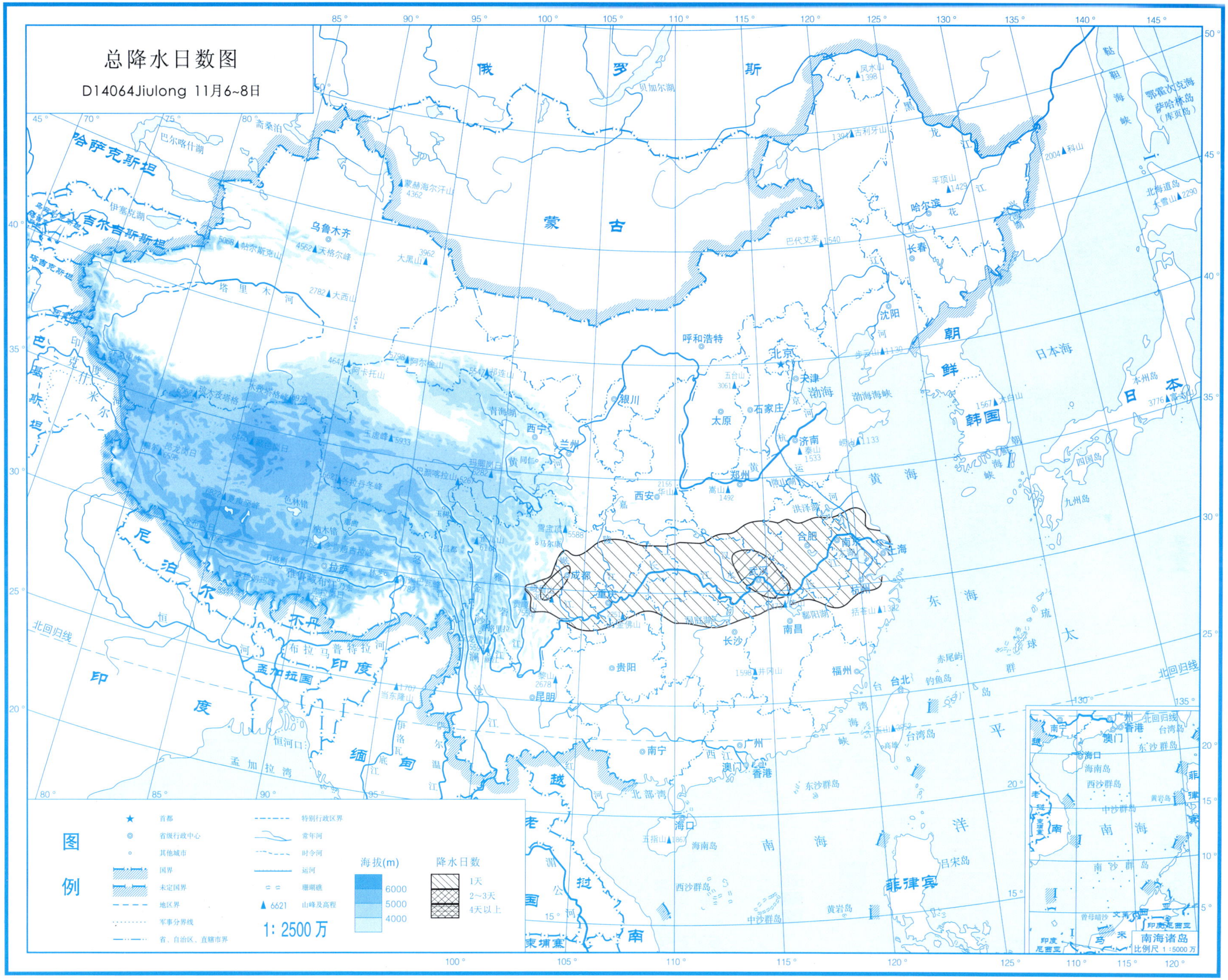

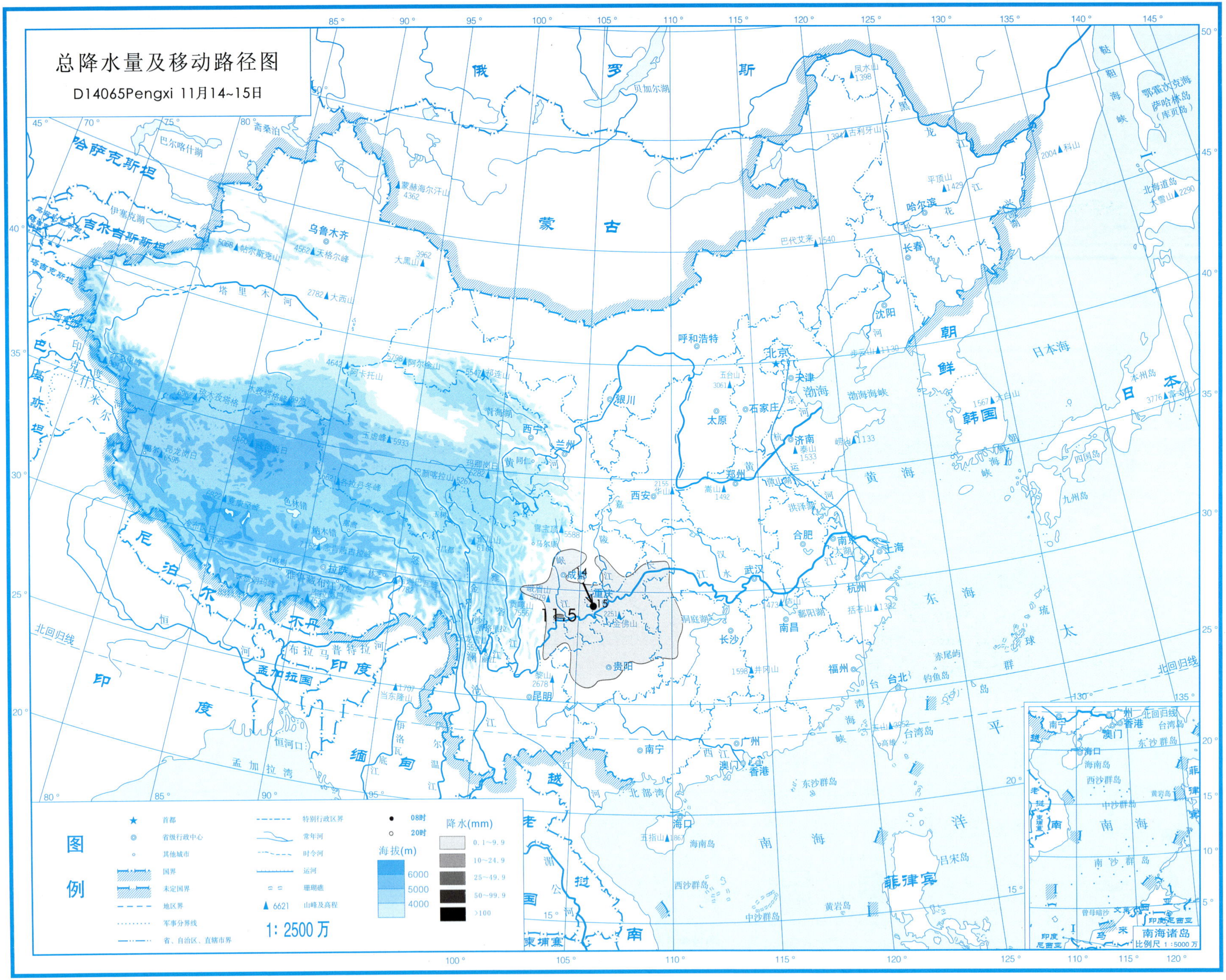
总降水量及移动路径图
D14065Pengxi 11月14~15日
14
15
11.5
成都
重庆
贵阳
昆明
西安
武汉
长沙
北京
上海
图例
首都
省级行政中心
其他城市
国界
未定国界
地区界
军事分界线
省、自治区、直辖市界
特别行政区界
常年河
时令河
运河
珊瑚礁
山峰及高程
08时
20时
降水(mm)
0.1~9.9
10~24.9
25~49.9
50~99.9
>100
海拔(m)
6000
5000
4000
1: 2500 万
南海诸岛
比例尺 1:5000 万

总降水日数图

D14065Pengxi 11月14~15日

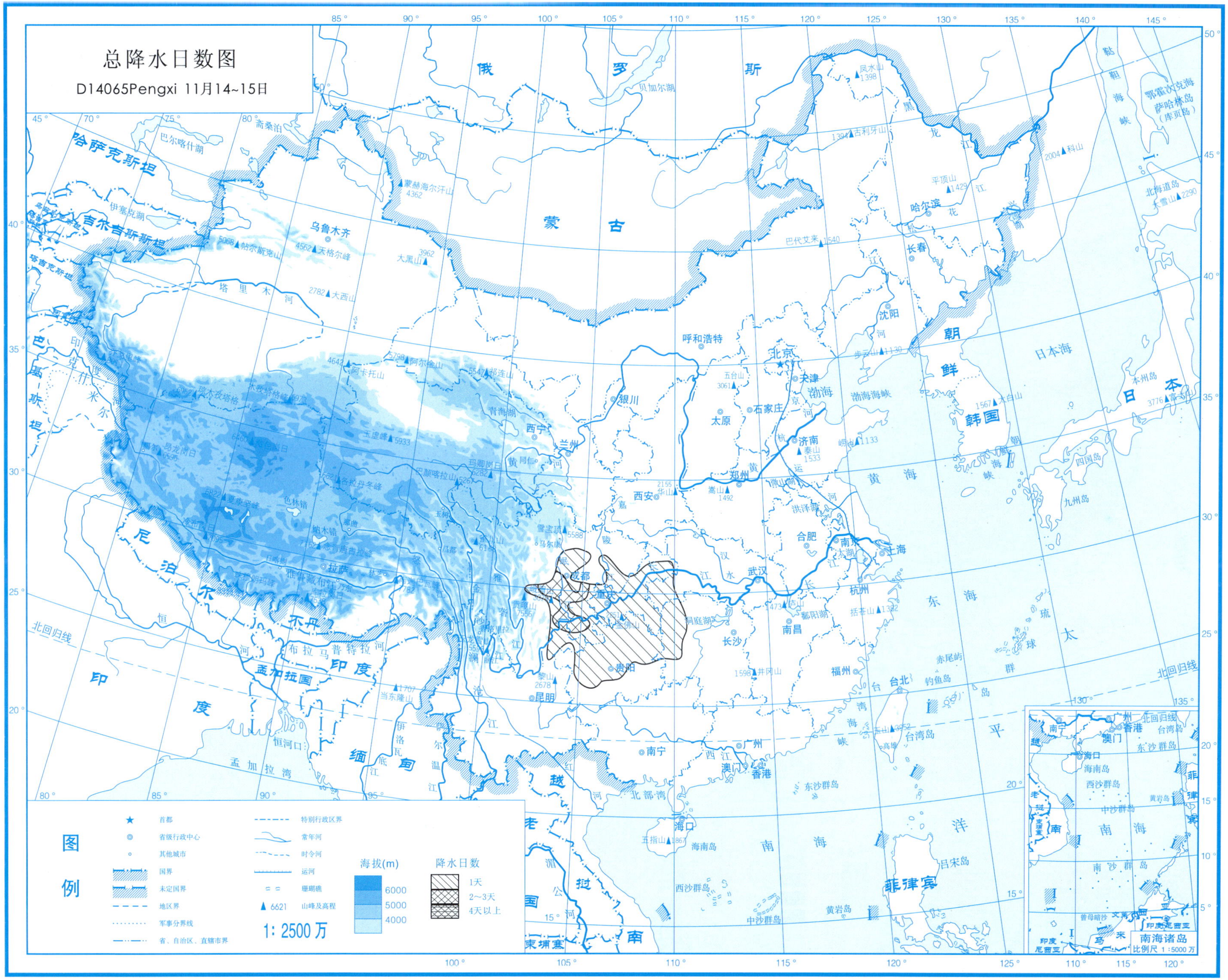

总降水量及移动路径图

D14066Muli 11月15~17日

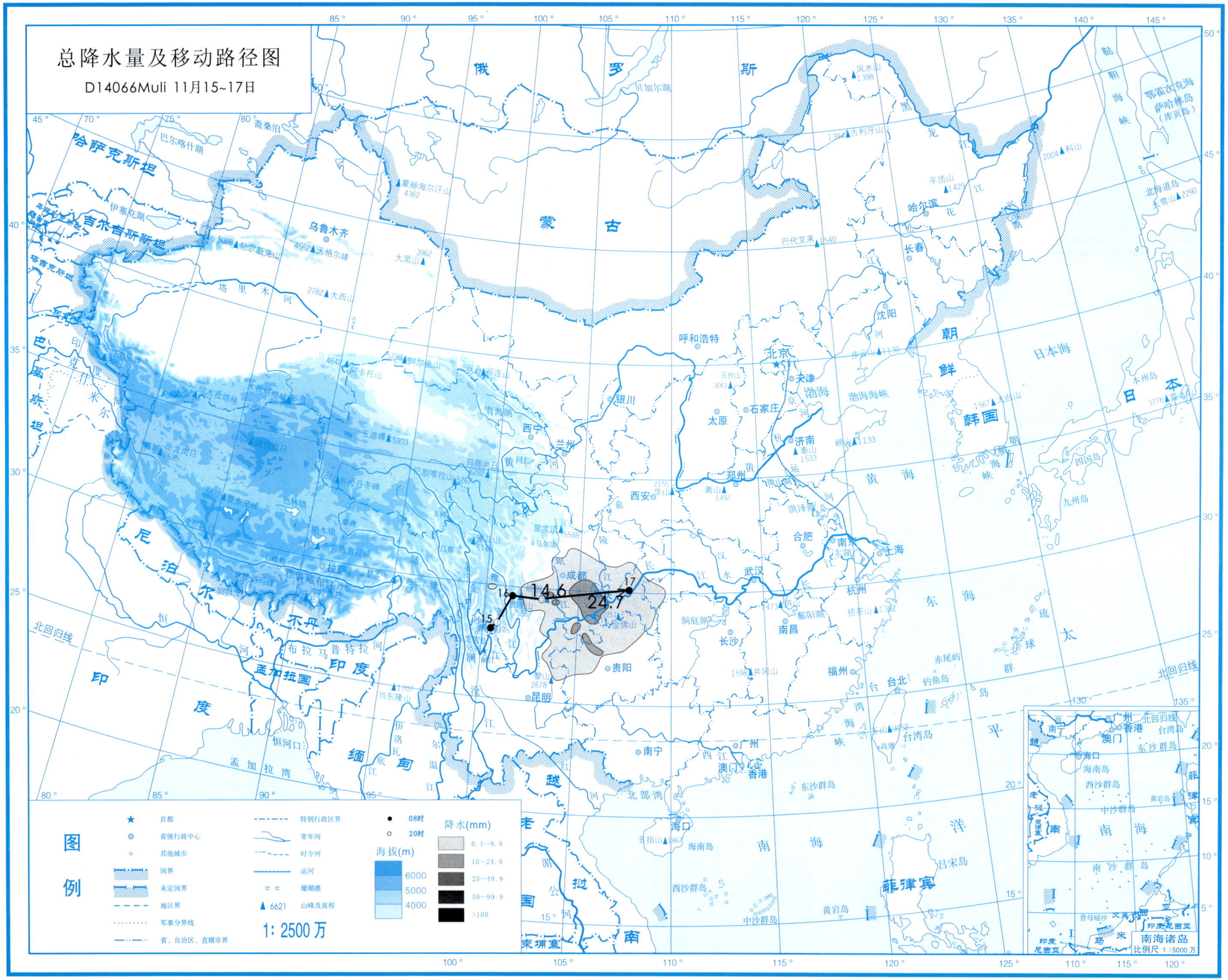

总降水日数图

D14066Muli 11月15~17日

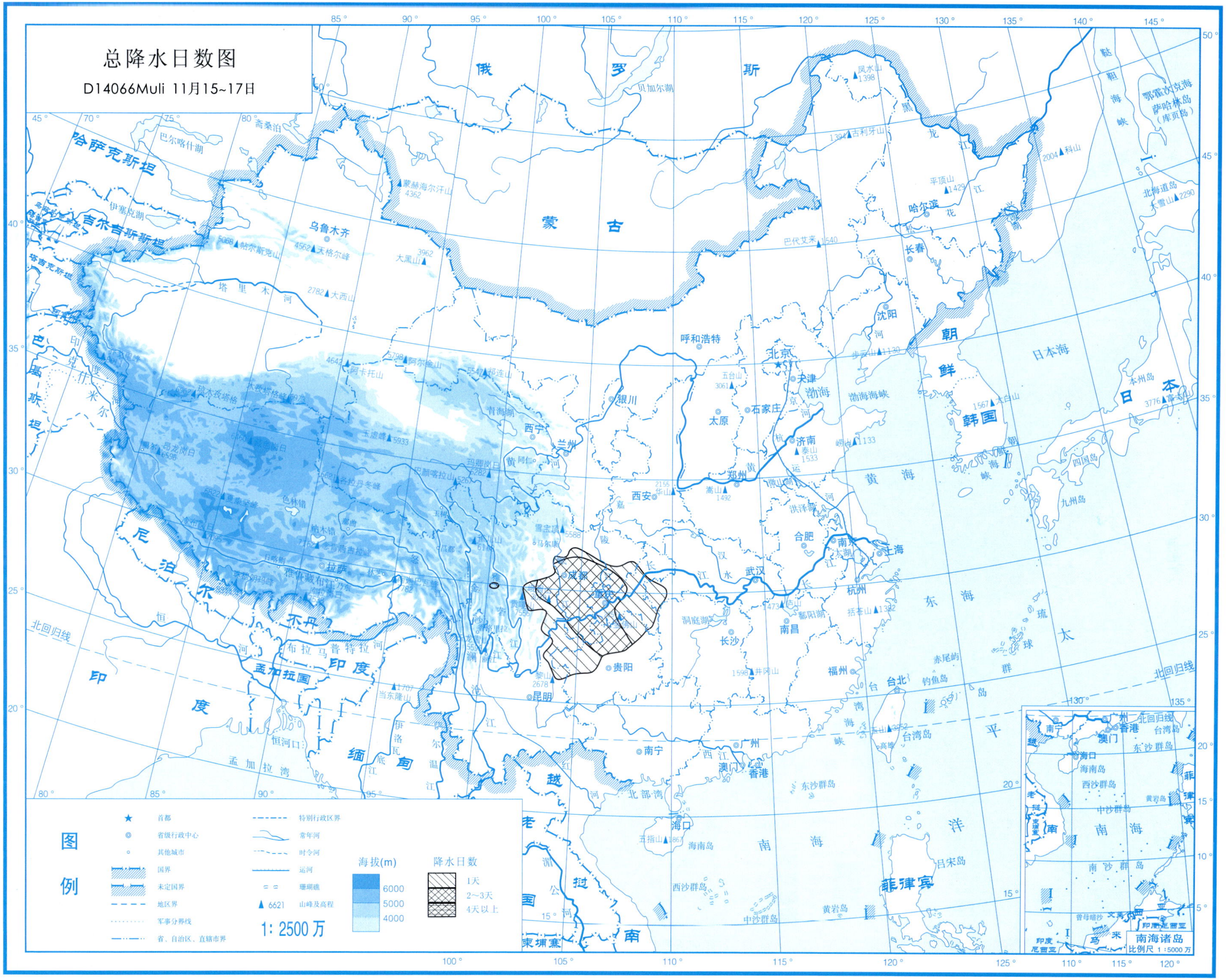

总降水量及移动路径图

D14067Kangding 11月20~21日

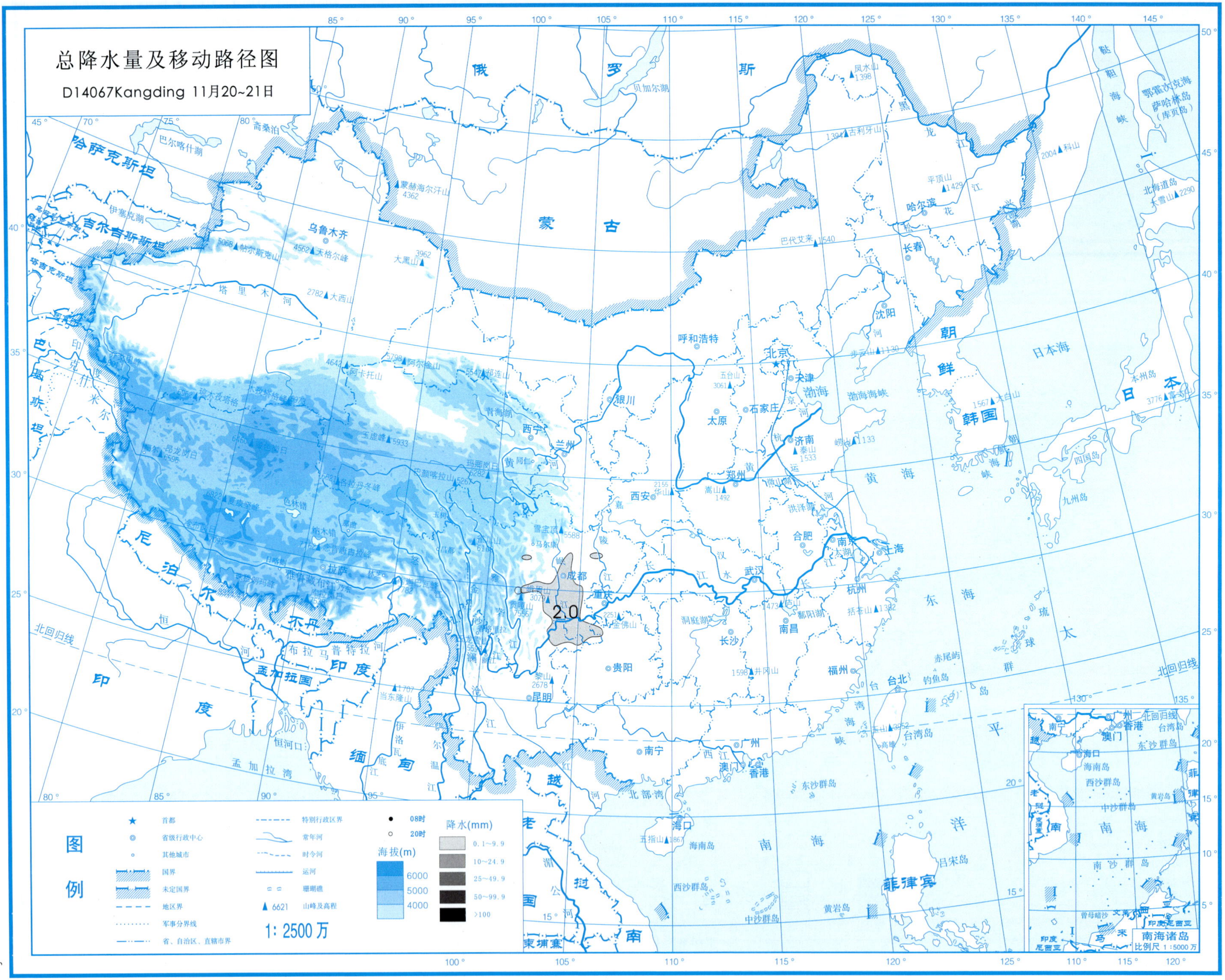

总降水日数图

D14067Kangding 11月20~21日

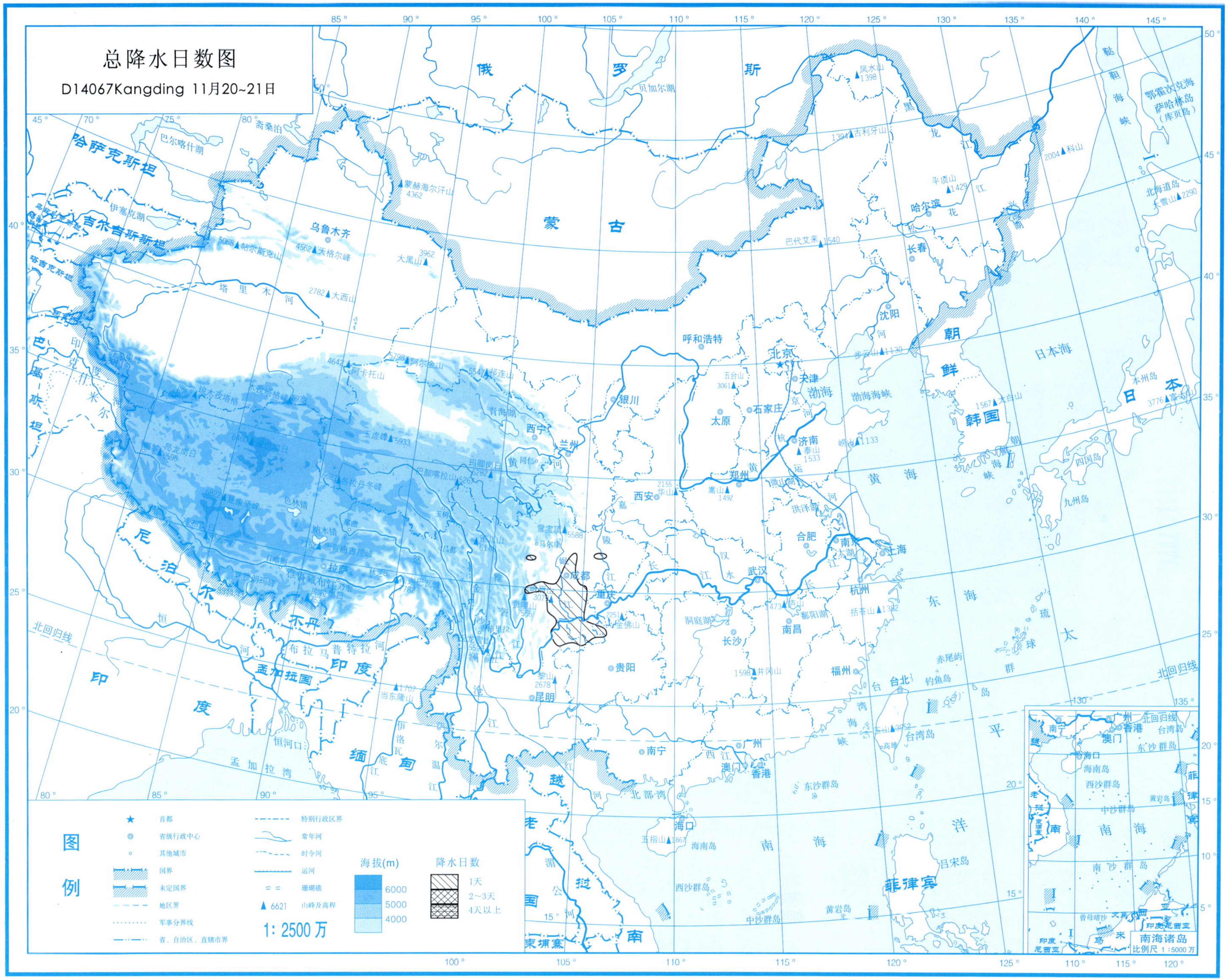

总降水量及移动路径图

D14068Songpan 11月22~24日

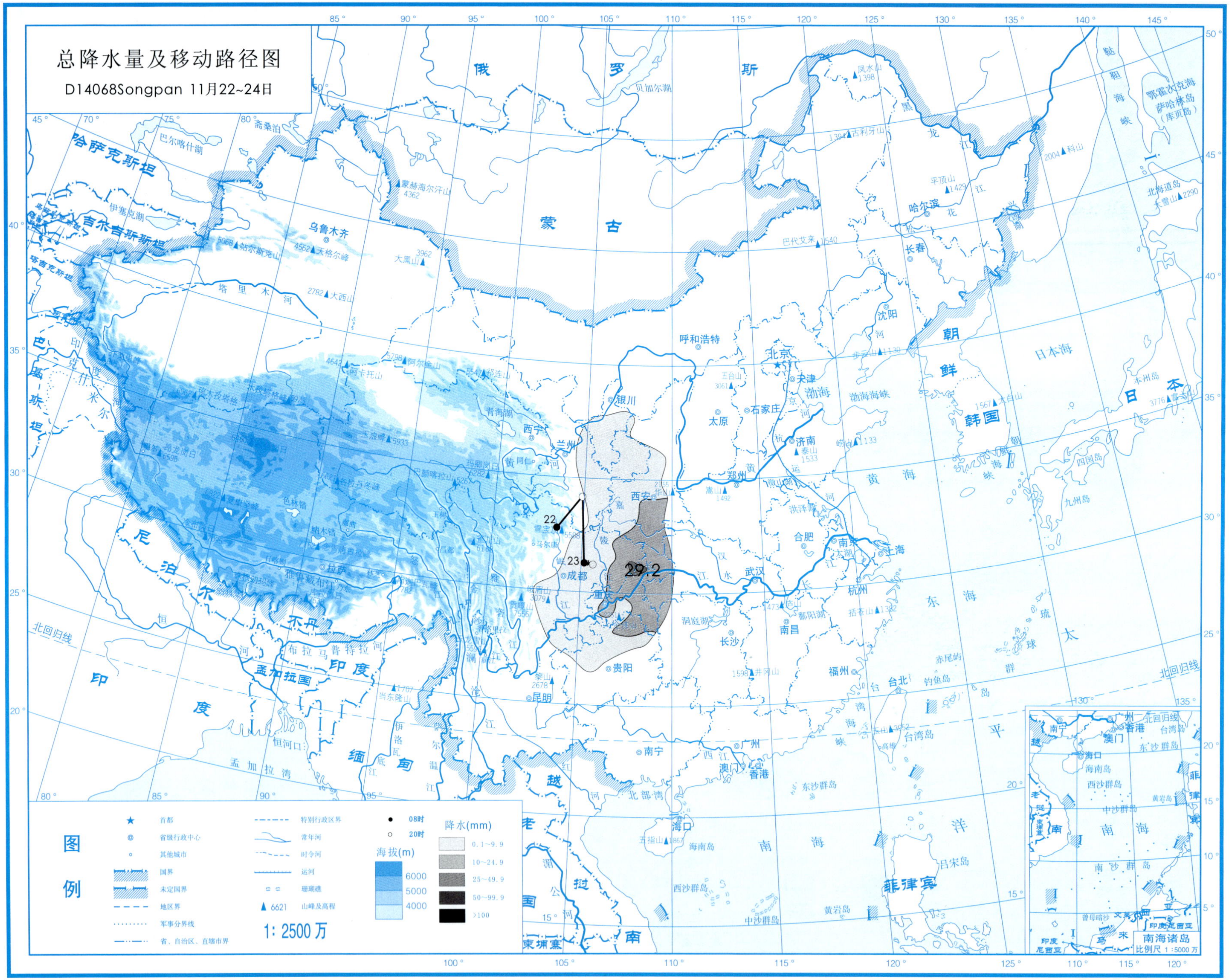

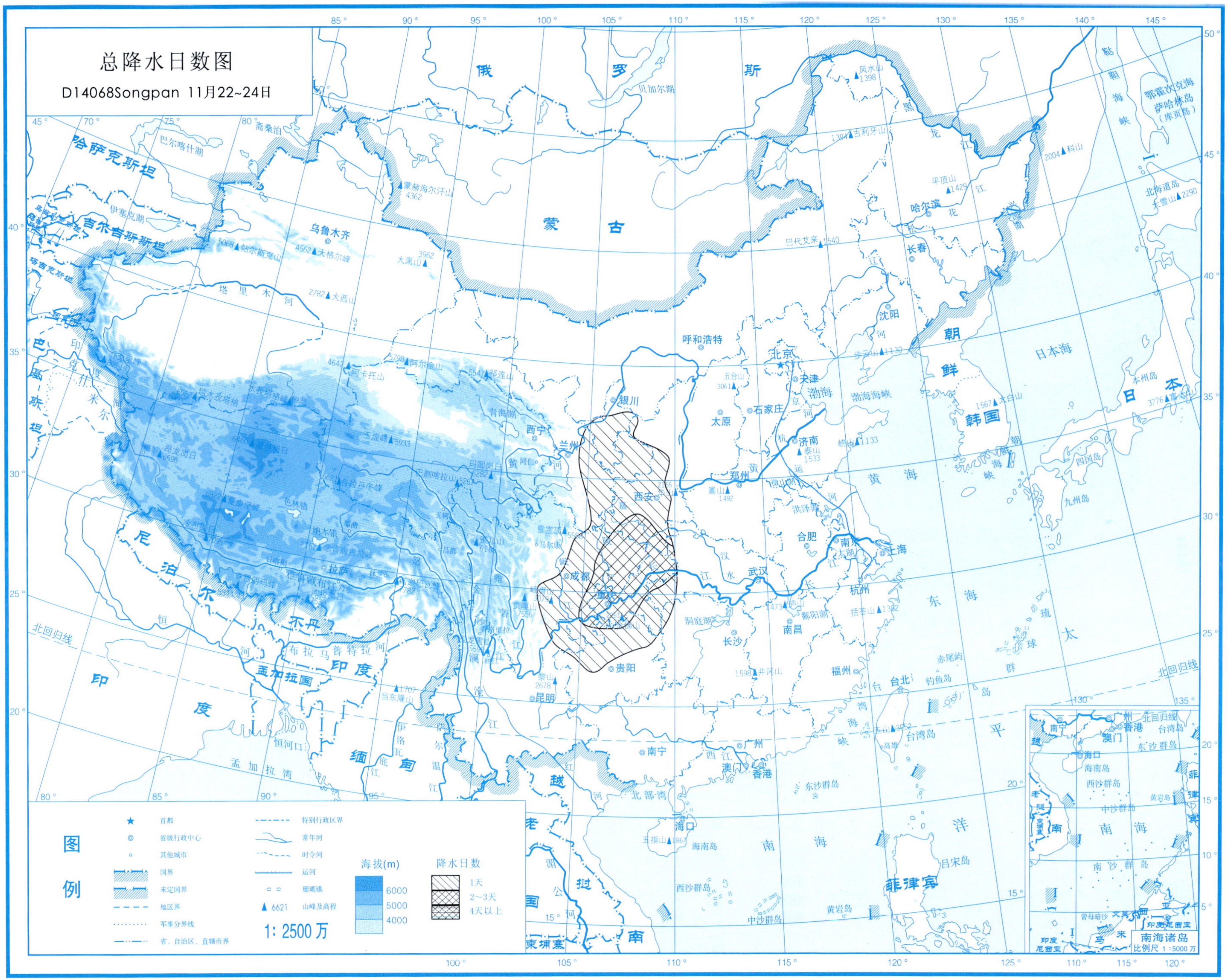
总降水日数图
D14068Songpan 11月22~24日
俄
罗
斯
蒙
古
哈萨克斯坦
吉尔吉斯斯坦
塔吉克斯坦
尼
泊
尔
不丹
印
度
孟加拉国
缅
甸
老
挝
越
南
朝
鲜
韩国
日
本
日本海
黄
海
东
海
南
海
太
平
洋
菲律宾
北回归线
乌鲁木齐
呼和浩特
北京
天津
银川
石家庄
太原
济南
西宁
兰州
郑州
西安
合肥
南京
上海
成都
重庆
武汉
杭州
长沙
南昌
贵阳
福州
台北
昆明
南宁
广州
澳门
香港
海口
哈尔滨
长春
沈阳
拉萨
渤海
洞庭湖
鄱阳湖
青海湖
贝加尔湖
巴尔喀什湖
伊塞克湖
塔里木河
海南岛
台湾岛
东沙群岛
西沙群岛
中沙群岛
黄岩岛
南海诸岛
比例尺 1:5000万
图例
首都
省级行政中心
其他城市
国界
未定国界
地区界
军事分界线
省、自治区、直辖市界
特别行政区界
常年河
时令河
运河
珊瑚礁
6621 山峰及高程
海拔(m)
6000
5000
4000
降水日数
1天
2~3天
4天以上
1: 2500 万

总降水量及移动路径图

D14069Nanchong 12月10~12日

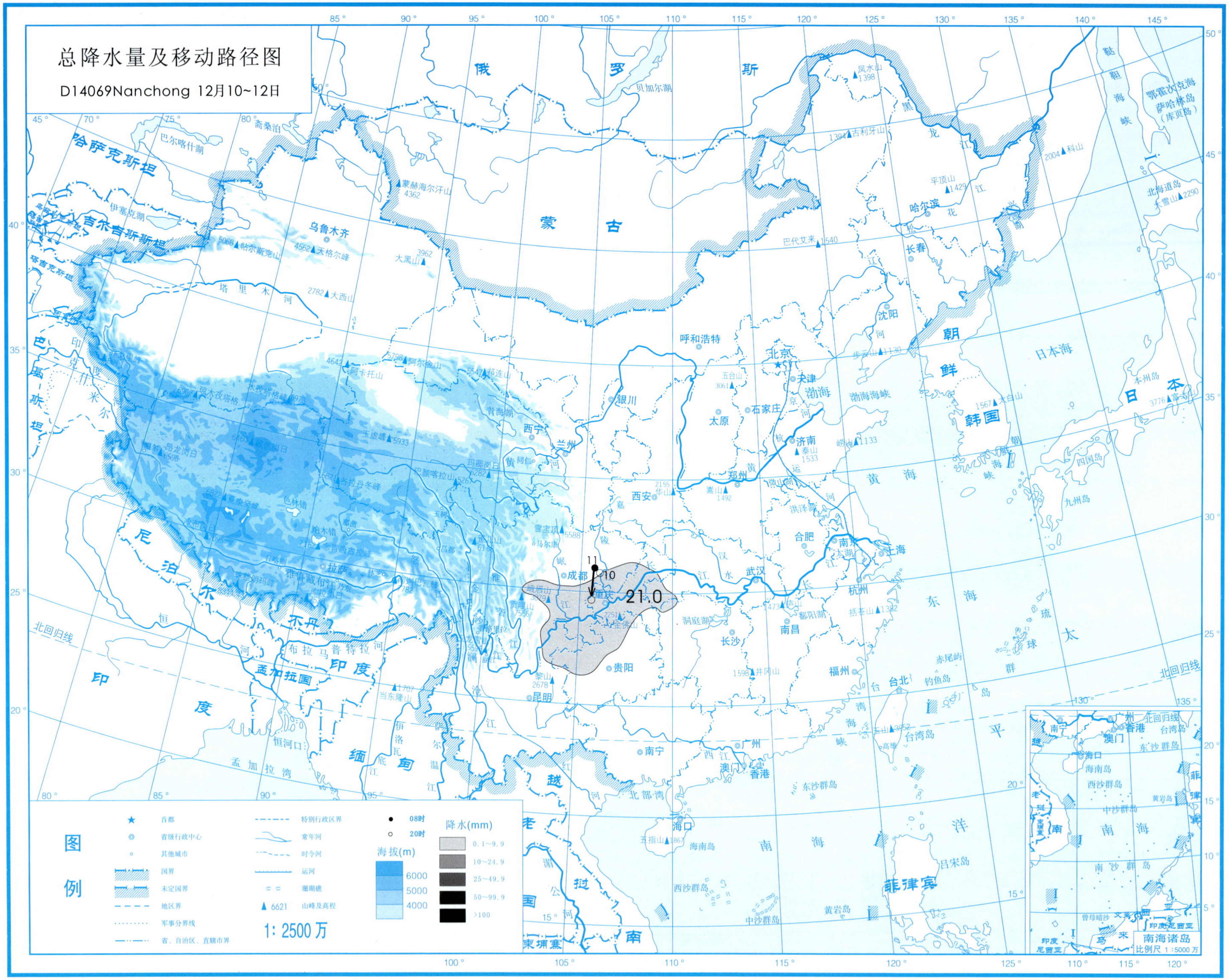

总降水日数图

D14069Nanchong 12月10~12日

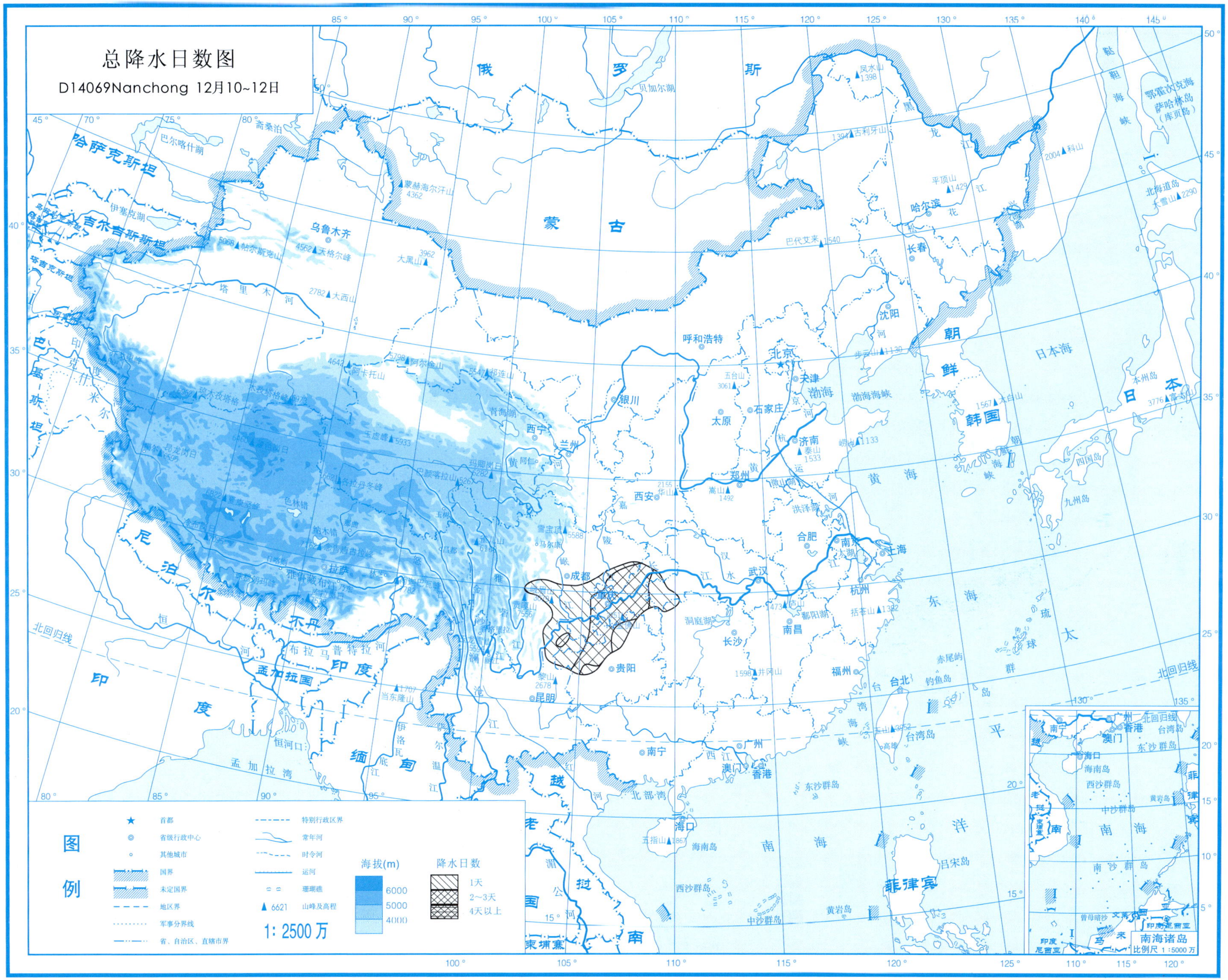

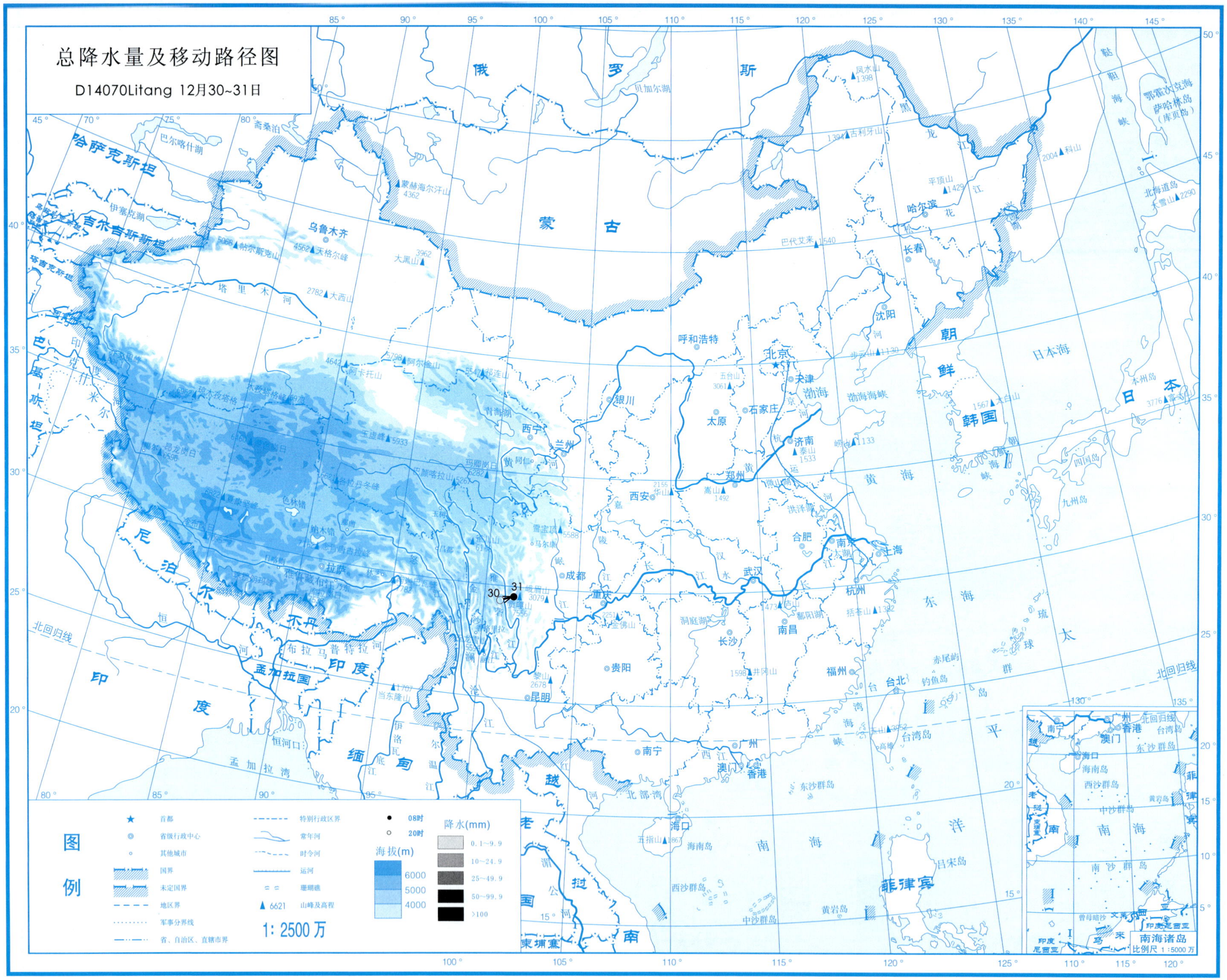
总降水量及移动路径图
D14070Litang 12月30~31日
30
31
图例
首都
省级行政中心
其他城市
国界
未定国界
地区界
军事分界线
省、自治区、直辖市界
特别行政区界
常年河
时令河
运河
珊瑚礁
6621 山峰及高程
1: 2500 万
08时
20时
海拔(m)
6000
5000
4000
降水(mm)
0.1~9.9
10~24.9
25~49.9
50~99.9
>100
南海诸岛
比例尺 1:5000 万

总降水日数图

D14070Litang 12月30~31日

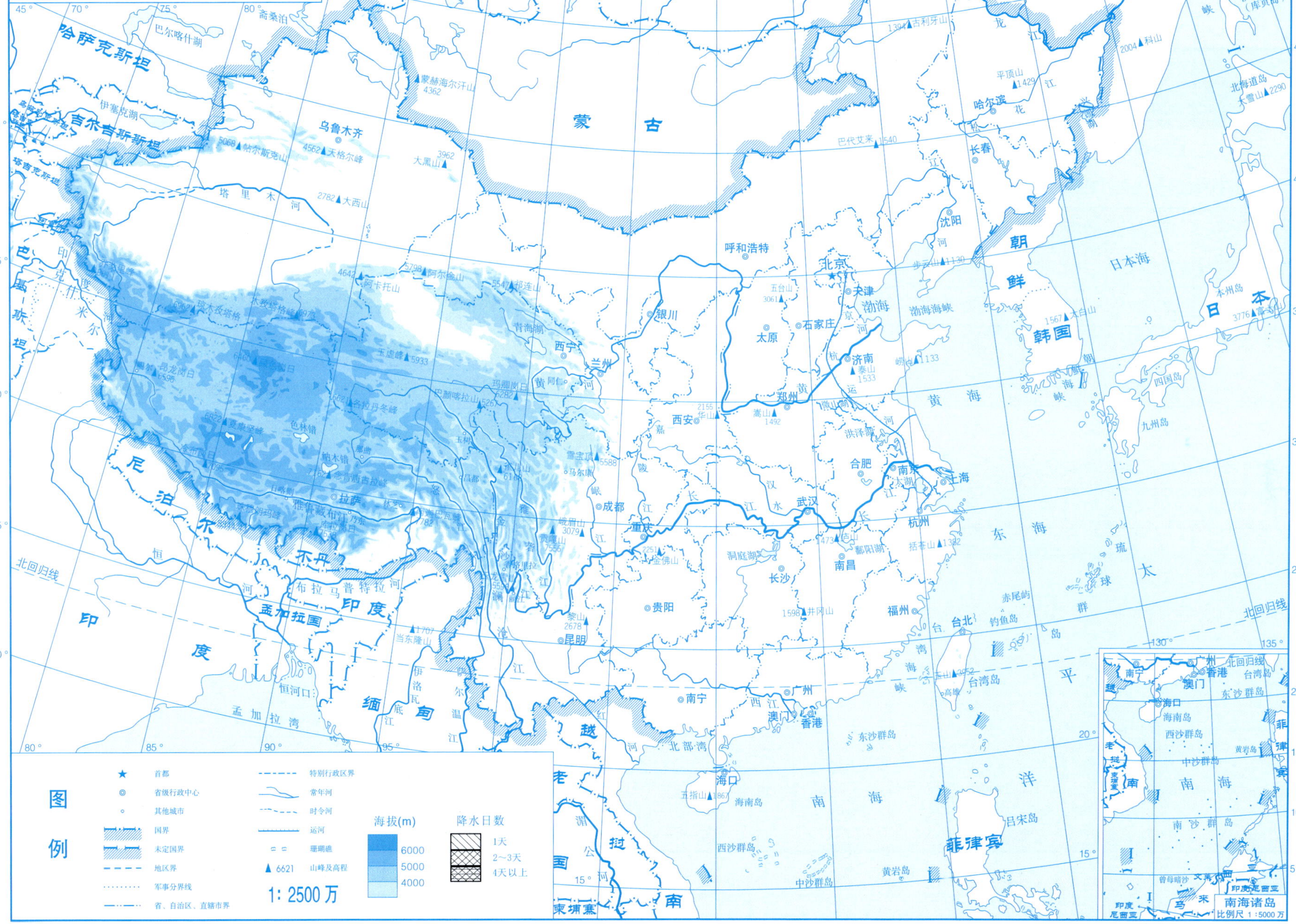

西南低涡中心位置资料表

月	日	时	中心位置		位势高度/位势什米
			北纬/(°)	东经/(°)	
①1月1~2日					
(D14001)天全，Tianquan					
1	1	08	30.24	102.42	304
		20	32.26	104.06	300
	2	08	30.90	105.61	301
		20	28.12	107.24	303
消失					
②1月6~7日					
(D14002)盐亭，Yanting					
1	6	20	31.13	105.65	298
	7	08	31.75	108.88	301
消失					
③1月9~11日					
(D14003)理塘，Litang					
1	9	08	29.37	100.89	307
		20	32.83	103.8	303
	10	08	33.34	103.64	303
		20	32.10	107.51	304
	11	08	32.04	107.50	306
消失					
④1月16日					
(D14004)合江，Hejiang					
1	16	08	28.83	105.67	307
		20	29.69	109.12	308
消失					
⑤2月8~9日					
(D14005)安岳，Anyue					
2	8	20	30.02	105.49	296
	9	08	32.08	106.76	300
消失					
⑥2月12~13日					
(D14006)仁寿，Renshou					
2	12	08	29.80	104.23	298
		20	30.77	113.05	300
	13	08	33.56	114.81	302
消失					
⑦2月16日					
(D14007)蓬溪，Pengxi					
2	16	08	30.69	105.78	298
		20	32.56	107.75	299
消失					
⑧2月27日					
(D14008)道孚，Daofu					
2	27	08	30.83	101.15	304
消失					

西南低涡中心位置资料表（续-1）

月	日	时	中心位置		位势高度/位势什米
			北纬/(°)	东经/(°)	
⑨3月5~6日 （D14009）资中，Zizhong					
3	5	20	29.84	104.80	303
	6	08	31.65	108.66	304
消失					
⑩3月13日 （D14010）蓬安，Pengan					
3	13	08	31.14	106.27	308
		20	30.29	106.49	310
消失					
⑪3月17~18日 （D14011）松潘，Songpan					
3	17	20	32.60	103.67	307
	18	08	30.81	105.66	306
		20	30.57	106.89	307
消失					
⑫3月20~23日 （D14012）广安，Guangan					
3	20	08	30.58	106.61	311
		20	31.71	105.97	311
	21	08	32.70	103.92	309
		20	33.16	103.53	305
	22	08	35.14	104.71	305
		20	35.07	104.86	305
	23	08	34.64	105.40	306
消失					
⑬3月25日 （D14013）石棉，Shimian					
3	25	20	29.22	102.34	307
消失					
⑭3月28~29日 （D14014）合江，Hejiang					
3	28	08	28.80	106.18	302
		20	29.50	112.04	304
	29	08	31.23	118.00	302
消失					
⑮3月29日 （D14015）稻城，Daocheng					
3	29	08	28.63	100.36	306
消失					
⑯3月30日~4月1日 （D14016）岳池，Yuechi					
3	30	08	30.64	106.17	303
		20	30.00	107.79	304
	31	08	30.65	115.81	305
		20	30.49	120.61	305
4	1	08	30.65	121.08	305
		20	30.03	121.25	305
消失					

西南低涡中心位置资料表（续-2）

月	日	时	中心位置		位势高度/位势什米
			北纬/(°)	东经/(°)	
⑰ 3月31日~4月2日（D14017）盐源，Yanyuan					
3	31	20	27.40	101.90	307
4	1	08	30.37	107.07	307
		20	30.77	105.76	305
	2	08	30.74	105.94	304
		20	30.43	113.05	306
消失					
⑱ 4月3~4日（D14018）米易，Miyi					
4	3	08	27.05	101.80	310
		20	27.03	101.97	310
	4	08	28.03	101.02	310
消失					
⑲ 4月5日（D14019）安岳，Anyue					
4	5	20	29.99	105.69	308
消失					

月	日	时	中心位置		位势高度/位势什米
			北纬/(°)	东经/(°)	
⑳ 4月10~13日（D14020）剑阁，Jiange					
4	10	20	31.64	105.53	307
	11	08	34.03	107.24	306
		20	34.90	111.93	305
	12	08	33.10	120.82	306
		20	34.55	121.26	304
	13	08	34.02	128.49	304
消失					
㉑ 4月19日（D14021）通江，Tongjiang					
4	19	08	32.09	107.19	308
消失					
㉒ 4月20~21日（D14022）松潘，Songpan					
4	20	20	32.65	103.90	305
	21	08	32.58	110.76	306
消失					

月	日	时	中心位置		位势高度/位势什米
			北纬/(°)	东经/(°)	
㉓ 4月24~30日（D14023）广安，Guangan					
4	24	08	30.45	106.55	306
		20	30.32	106.11	306
	25	08	32.38	108.00	307
		20	35.74	114.13	309
	26	08	36.15	117.73	307
		20	35.74	117.97	308
	27	08	37.39	120.91	306
		20	36.01	121.50	302
	28	08	35.43	125.17	302
		20	35.90	125.23	299
	29	08	34.97	125.59	298
		20	35.43	127.75	299
	30	08	37.26	130.14	300
消失					

西南低涡中心位置资料表（续-3）

月	日	时	中心位置 北纬/(°)	中心位置 东经/(°)	位势高度/位势什米
㉔ 4月27~28日					
（D14024）乡城，Xiangcheng					
4	27	20	29.40	99.68	304
	28	08	28.03	100.91	310
消失					
㉕ 4月27~28日					
（D14025）乐至，Lezhi					
4	27	20	30.34	105.13	311
	28	08	30.48	105.53	311
消失					
㉖ 5月1~3日					
（D14026）乡城，Xiangcheng					
5	1	20	29.37	99.77	305
	2	08	27.97	100.66	312
		20	28.77	100.74	307
	3	08	29.80	101.28	310
		20	29.24	100.50	304
消失					

月	日	时	中心位置 北纬/(°)	中心位置 东经/(°)	位势高度/位势什米
㉗ 5月8~14日					
（D14027）雅江，Yajiang					
5	8	08	29.19	100.93	306
		20	29.68	105.04	304
	9	08	30.29	105.11	303
		20	30.33	105.88	303
	10	08	30.94	105.96	302
		20	35.53	112.20	303
	11	08	38.99	116.52	296
		20	40.53	119.65	288
	12	08	44.17	123.99	283
		20	49.25	127.76	280
	13	08	47.39	132.24	280
		20	47.34	135.81	282
	14	08	48.08	139.51	284
		20	48.37	140.19	287
消失					

月	日	时	中心位置 北纬/(°)	中心位置 东经/(°)	位势高度/位势什米
㉘ 5月12~13日					
（D14028）松潘，Songpan					
5	12	20	32.46	103.81	302
	13	08	33.57	106.61	304
消失					
㉙ 5月14日					
（D14029)巴中，Bazhong					
5	14	08	31.61	106.51	304
消失					
㉚ 5月16日					
（D14030）广元，Guangyuan					
5	16	08	32.62	106.24	304
		20	34.30	108.98	306
消失					

西南低涡中心位置资料表（续-4）

月	日	时	中心位置		位势高度/位势什米
			北纬/(°)	东经/(°)	
㉛ 5月23~25日					
（D14031）康定，Kangding					
5	23	20	29.59	101.58	300
	24	08	29.08	102.42	309
		20	30.15	105.76	311
	25	08	30.72	106.48	313
消失					
㉜ 5月29日					
（D14032）垫江，Dianjiang					
5	29	08	30.34	107.40	309
		20	30.29	105.96	309
消失					
㉝ 6月3日					
（D14033）安岳，Anyue					
6	3	08	29.85	105.13	306
消失					

月	日	时	中心位置		位势高度/位势什米
			北纬/(°)	东经/(°)	
㉞ 6月4~6日					
（D14034）九龙，Jiulong					
6	4	08	29.03	101.34	307
		20	28.86	106.05	308
	5	08	30.31	105.93	308
		20	30.85	105.94	307
	6	08	32.85	107.98	308
消失					
㉟ 6月5~6日					
（D14035）德昌，Dechang					
6	5	20	27.13	101.96	305
	6	08	27.35	101.52	308
消失					

月	日	时	中心位置		位势高度/位势什米
			北纬/(°)	东经/(°)	
㊱ 6月8~10日					
（D14036）岳池，Yuechi					
6	8	08	30.41	106.45	308
		20	28.50	105.73	307
	9	08	30.34	105.75	307
		20	30.57	106.30	307
	10	08	29.81	105.90	308
消失					
㊲ 6月10日					
（D14037）盐源，Yanyuan					
6	10	08	27.42	101.23	306
		20	28.55	100.84	301
消失					
㊳ 6月19~20日					
（D14038）隆昌，Longchang					
6	19	08	29.65	105.47	305
		20	29.64	107.65	306
	20	08	28.38	106.20	306
消失					

西南低涡中心位置资料表（续-5）

月	日	时	中心位置		位势高度/位势什米
			北纬/(°)	东经/(°)	
㊴6月22~23日					
（D14039）稻城，Daocheng					
6	22	20	28.51	100.44	300
	23	08	28.73	100.38	307
消失					
㊵6月24~25日					
（D14040）九龙，Jiulong					
6	24	20	29.18	101.28	299
	25	08	31.02	105.73	305
		20	30.80	106.49	307
消失					
㊶6月27~29日					
（D14041）木里，Muli					
6	27	08	27.89	100.52	309
		20	28.09	100.66	302
	28	08	27.51	101.13	309
		20	28.82	99.90	305
	29	08	23.99	102.04	309
消失					

月	日	时	中心位置		位势高度/位势什米
			北纬/(°)	东经/(°)	
㊷6月28日					
（D14042）盐源，Yanyuan					
6	28	08	27.26	101.78	310
		20	30.21	105.76	309
消失					
㊸6月30日					
（D14043）仪陇，Yilong					
6	30	20	31.46	106.47	311
消失					

月	日	时	中心位置		位势高度/位势什米
			北纬/(°)	东经/(°)	
㊹7月2~7日					
（D14044）雅江，Yajiang					
7	2	20	29.32	100.89	307
	3	08	30.79	106.16	308
		20	29.26	107.32	306
	4	08	30.95	110.12	307
		20	30.99	112.66	307
	5	08	31.76	115.95	308
		20	34.81	120.02	306
	6	08	34.84	122.46	306
		20	36.33	127.28	307
	7	08	36.44	127.56	307
		20	36.24	127.17	308
消失					
㊺7月3日					
（D14045）会理，Huili					
7	3	20	26.78	102.36	307
消失					

西南低涡中心位置资料表（续-6）

月	日	时	中心位置		位势高度/位势什米
			北纬/(°)	东经/(°)	
㊻ 7月5~7日					
（D14046）稻城，Daocheng					
7	5	08	29.26	100.07	307
		20	30.88	100.87	304
	6	08	30.34	102.54	308
		20	29.74	100.58	306
	7	08	27.50	101.26	308
消失					
㊼ 7月9~11日					
（D14047）乐山，Leshan					
7	9	20	29.67	103.75	308
	10	08	31.44	105.11	308
		20	30.19	105.01	310
	11	08	31.08	106.36	309
		20	31.88	107.08	308
消失					
㊽ 7月10日					
（D14048）木里，Muli					
7	10	20	28.57	100.58	305
消失					
㊾ 7月16~17日					
（D14049）珙县，Gongxian					
7	16	08	28.09	104.82	310
		20	28.03	106.13	310
	17	08	28.14	107.02	310
消失					
㊿ 7月28~29日					
（D14050）理塘，Litang					
7	28	20	29.51	100.63	303
	29	08	29.07	100.72	309
消失					
51 8月1~3日					
（D14051）盐源，Yanyuan					
8	1	08	27.61	101.03	309
		20	25.69	100.74	309
	2	08	24.66	100.87	310
		20	25.40	100.43	309
	3	08	24.66	100.80	310
消失					
52 8月4日					
（D14052）雅江，Yajiang					
8	4	08	29.90	100.97	307
消失					
53 8月7日					
（D14053）理塘，Litang					
8	7	08	29.41	100.72	308
消失					

西南低涡中心位置资料表（续-7）

月	日	时	中心位置		位势高度/位势什米
			北纬/(°)	东经/(°)	
㊹8月8~13日（D14054）广元，Guangyuan					
8	8	20	32.62	106.28	308
	9	08	30.71	105.11	308
		20	30.94	105.94	310
	10	08	31.53	106.53	309
		20	31.55	106.55	308
	11	08	30.33	105.88	308
		20	30.67	108.26	307
	12	08	30.93	106.43	306
		20	31.68	112.88	307
	13	08	34.04	115.61	307
消失					
㊺8月17~18日（D14055）木里，Muli					
8	17	20	28.62	100.53	305
	18	08	28.02	107.20	311
		20	26.73	108.75	312
消失					

月	日	时	中心位置		位势高度/位势什米
			北纬/(°)	东经/(°)	
㊻8月20~23日（D14056）新龙，Xinlong					
8	20	20	30.53	100.72	305
	21	08	29.81	101.25	308
		20	30.35	101.85	307
	22	08	29.27	101.98	309
		20	30.84	105.89	310
	23	08	31.96	109.45	310
消失					
㊼8月26~27日（D14057）仁寿，Renshou					
8	26	08	29.88	104.15	312
		20	31.96	107.51	312
	27	08	32.02	108.05	313
消失					

月	日	时	中心位置		位势高度/位势什米
			北纬/(°)	东经/(°)	
㊽8月31日~9月1日（D14058）九龙，Jiulong					
8	31	20	29.15	102.13	307
9	1	08	31.94	106.21	311
消失					
㊾9月3~4日（D14059）松潘，Songpan					
9	3	20	32.98	103.47	310
	4	08	30.45	105.21	311
		20	30.42	107.54	310
消失					

西南低涡中心位置资料表（续-8）

月	日	时	中心位置 北纬/(°)	中心位置 东经/(°)	位势高度/位势什米
⑥⓪ 9月7~9日					
（D14060）丹巴，Danba					
9	7	20	30.73	102.02	311
		08	31.36	104.92	310
	8	20	31.94	103.43	309
		08	32.07	104.23	310
	9	20	31.25	105.30	311
		08	31.92	106.07	311
消失					
⑥① 9月12~15日					
（D14061）道孚，Daofu					
9	12	20	31.01	101.03	304
	13	08	32.61	105.29	310
		20	31.50	106.27	311
	14	08	33.04	105.49	310
		20	31.20	104.86	311
	15	08	31.63	105.73	311
		20	31.22	105.12	311
消失					

月	日	时	中心位置 北纬/(°)	中心位置 东经/(°)	位势高度/位势什米
⑥② 9月26~28日					
（D14062）剑阁，Jiange					
9	26	20	31.79	105.54	310
	27	08	31.46	106.27	312
		20	32.48	104.12	309
	28	08	34.43	108.73	311
		20	36.05	116.60	310
消失					
⑥③ 10月19~20日					
（D14063）青神，Qingshen					
10	19	20	29.79	103.78	310
	20	08	31.48	105.97	309
消失					

月	日	时	中心位置 北纬/(°)	中心位置 东经/(°)	位势高度/位势什米
⑥④ 11月6~8日					
（D14064）九龙，Jiulong					
11	6	08	29.21	101.46	309
		20	31.04	102.90	310
	7	08	30.45	106.01	311
		20	31.79	111.58	310
	8	08	33.83	116.57	309
消失					
⑥⑤ 11月14~15日					
（D14065）蓬溪，Pengxi					
11	14	20	30.54	105.10	306
	15	08	29.43	105.85	311
消失					

西南低涡中心位置资料表（续-9）

月	日	时	中心位置		位势高度/位势什米
			北纬/(°)	东经/(°)	
⑥⑥ 11月15~17日 （D14066）木里，Muli					
11	15	08	28.16	100.45	309
		20	28.42	100.81	305
	16	08	29.65	101.50	310
		20	29.58	103.07	311
	17	08	30.16	107.70	314
消失					

月	日	时	中心位置		位势高度/位势什米
			北纬/(°)	东经/(°)	
⑥⑦ 11月20日 （D14067）康定，Kangding					
11	20	20	29.94	101.68	305
消失					
⑥⑧ 11月22~23日 （D14068）松潘，Songpan					
11	22	08	32.84	103.59	307
		20	34.22	104.93	306
	23	08	31.38	105.19	307
		20	31.28	105.68	307
消失					

月	日	时	中心位置		位势高度/位势什米
			北纬/(°)	东经/(°)	
⑥⑨ 12月10~11日 （D14069）南充，Nanchong					
12	10	20	30.94	106.04	308
	11	08	31.15	105.76	308
		20	29.74	105.63	307
消失					
⑦⓪ 12月30~31日 （D14070）理塘，Litang					
12	30	20	29.33	100.83	307
	31	08	29.55	101.59	312
消失					